高等职业技术院校园林工程技术专业任务驱动型教材

园林测量

（第2版）

人力资源社会保障部教材办公室　组织编写

陈涛／主编

中国劳动社会保障出版社

内容简介

本教材按照“任务驱动”的模式，以测量技能为主线，介绍了园林测量的基本知识、基本理论和实践技能，常规测量仪器和工具的操作，先进测绘仪器的功能、基本构造和使用方法，小范围大比例尺地形图测绘的过程和方法，以及如何在居住小区、公园、庭院、广场等中小型绿地的园林规划设计和园林工程施工中正确使用地形图和有关测量信息，如何利用测量仪器和工具进行一般工程的施工放样等内容。教材既可作为高等职业技术院校园林相关专业教材，也可作为从事园林工作人员的参考书、自学用书。

本教材由陈涛任主编，韩东锋任副主编，姚忠臣、田萍参加编写。曾斌审稿。

图书在版编目（CIP）数据

园林测量 / 陈涛主编. —2版. —北京：中国劳动社会保障出版社，2017
高等职业技术院校园林工程技术专业任务驱动型教材
ISBN 978-7-5167-3021-8

Ⅰ. ①园…　Ⅱ. ①陈…　Ⅲ. ①园林-测量学-高等职业教育-教材　Ⅳ. ①TU986

中国版本图书馆CIP数据核字（2017）第130449号

中国劳动社会保障出版社出版发行
（北京市惠新东街 1 号　邮政编码：100029）
*
北京市艺辉印刷有限公司印刷装订　新华书店经销
787 毫米 ×1092 毫米　16 开本　19.25 印张　364 千字
2017 年 7 月第 2 版　2024 年 7 月第 6 次印刷
定价：37.00 元

营销中心电话：400-606-6496
出版社网址：http://www.class.com.cn
http://jg.class.com.cn

版权专有　侵权必究
如有印装差错，请与本社联系调换：（010）81211666
我社将与版权执法机关配合，大力打击盗印、销售和使用盗版图书活动，敬请广大读者协助举报，经查实将给予举报者奖励。
举报电话：（010）64954652

前　言

高等职业技术院校园林工程技术专业任务驱动型教材自出版以来，在学校的教学中发挥了重要作用。近年来，园林行业发展迅速，企业对从业人员的知识水平和职业能力也提出了更高的要求。为了适应这一变化，满足学校培养人才的需求，我们组织了一批教学经验丰富、实践能力强的教师与行业、企业专家，在充分调研的基础上，对现有教材进行了修订。

在内容上，新版教材仍然坚持以培养学生的四大能力，即园林工程施工技术能力、园林工程施工组织管理能力、园林测绘与设计能力、园林植物栽培养护及应用能力为目标，根据园林行业的现状和发展趋势以及企业的岗位需求，调整、更新了相关教材的结构和内容，体现行业新理念、新标准、新技术和新方法；根据教学需要增加了大量来源于园林工程实际的案例、实训和例题，以引导学生运用所学知识分析和解决实际问题。另外，为了更方便教学，此次修订将《园林花卉栽培与养护》分为《园林花卉》和《园林花卉识别》,《园林花卉》侧重于园林花卉的分类、习性、栽培养护及繁殖方法等,《园林花卉识别》侧重于园林花卉的形态特征与园林用途。

在表现形式上，新版教材充分考虑到学生的认知规律，通过设置“小知识”“技能提示”“知识链接”等不同栏目，增加教材的亲和力，激发学生的学习兴趣。同时，尽可能多地以图表代替冗长的文字叙述，使教材更加生动直观，易于学习。

本套教材的编写得到了有关省市人力资源和社会保障部门及一批高等职业技术院校的大力支持，教材的编审人员做了大量的工作，在此，我们表示诚挚的谢意！同时，恳切希望广大读者对教材提出宝贵的意见和建议。

人力资源社会保障部教材办公室

目 录

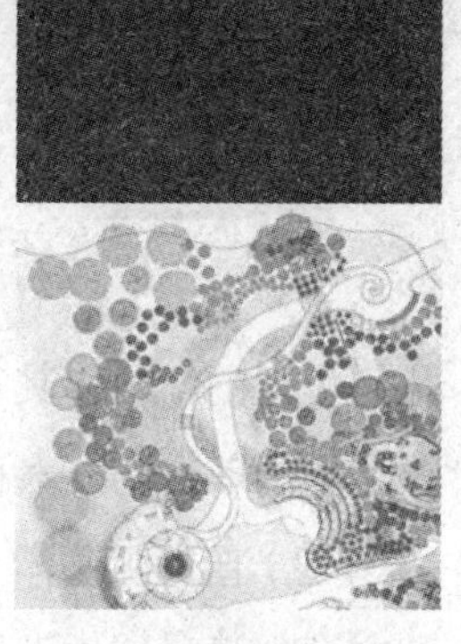

模块一

园林测量基础知识

测量学是研究如何测定地面点的平面位置和高程，将地球表面的几何形状及其他信息绘制成图，以及确定地球的形状和大小的学科。园林测量是为园林类相关专业服务的专项测量工作。本模块主要讲述园林测量的基本知识，涉及的主要内容包括园林测量概述、园林测量误差等。

课题一
园林测量概述

任务目标

◇了解测量学的学科分类
◇熟悉园林测量的任务与作用
◇掌握地面点位确定的方法
◇熟悉园林测量的基本内容和基本原则
◇了解比例尺的概念、种类及精度

相关知识

一、测量学的学科分类及园林测量的任务与作用

1. 测量学的学科分类

随着生产和科学技术的发展，测量学包括的内容越来越丰富，按其研究对象和应用范围，可以分为下述几个学科。

（1）大地测量学　如果研究的对象是地表上一个很大的区域甚至是整个地球，必须考虑地球的曲率。大地测量学是研究和测定地球形状、大小和地球重力场，以及测定地面点

几何位置的学科，其基本任务是建立国家大地控制网、测定地球的形状、大小，研究地球重力场的理论、技术和方法。

（2）普通测量学　普通测量学是研究地球表面局部区域内测绘工作的基本理论、仪器和方法的学科。由于地球半径很大，可以把地球表面局部区域当成平面对待而不考虑其曲率，也可不顾及地球重力场的影响。

（3）工程测量学　工程测量学是研究在工程建设的设计施工和管理各阶段中进行测量工作的理论、技术和方法的学科。按工程建设进行的程度分为规划设计阶段测量、施工阶段测量、竣工阶段测量、营运管理阶段测量。

（4）摄影测量学　研究利用摄影或遥感手段获取被测物体的信息（数字形式或影像形式），然后对这些信息进行分析和处理，以确定被测物体的形状、大小和位置，并判断其性质的学科称为摄影测量学。依据摄影时摄影机所处位置不同，可分为地面摄影测量、航空摄影测量、航天摄影测量等。

（5）地图制图学　地图制图学是利用测量所获得的资料，研究如何投影编绘和制印成地图，反映自然界和人类社会各种现象的空间分布、相互联系及其动态变化，以及地图制作的理论、工艺技术和应用等方面的学科。

2. 园林测量的任务与作用

（1）园林测量的任务　测量信息是最重要的基础信息之一。在园林行业中，测量工作主要有测绘和测设两项任务。

1）测绘。测绘就是测绘地形图，是指使用测量仪器和工具，按照一定的方法，通过测量和计算，将地球表面局部地区的地物和地貌按规定的比例尺缩绘成图或制成数据信息，为园林规划设计等工作提供技术资料。

2）测设。测设也称施工放样，是指利用测量仪器和工具，将图样上已规划设计好的园林工程或建筑物的位置及地形处理情况在地面上准确标定出来，作为施工的依据。

（2）园林测量的作用　园林测量在城乡建设规划、城镇园林化的发展、环境保护及地籍管理等园林建设中均发挥了不可替代的作用。例如，在进行公园或园林绿地规划设计、园林苗圃的布局与建立设计之前，必须了解设计区域的地面高低起伏、坡向和坡度变化情况及道路、水系、房屋、管线、植被等地物的分布情况，以便合理地进行山、水、园路、植物、园林建筑的综合规划和设计，而这些资料信息通常是在测绘工作者绘制而成的平面图、地形图上获得的。

同时，在园林工程规划设计时，若要将规划设计的结果标绘到平面图或地形图上成为规划设计图，必须具有规划区域的图样资料和测绘成果，方能保证工程的合理选址、选线，进而设计得出经济、可行的方案；园林道路、场地平整等园林工程还需要详细的专项

工程测量，以便进行细部设计。

另外，在园林工程施工过程中，要把设计图上的园林建筑物和挖湖、堆山等各项园林工程位置准确地测设在实际地面上，这就需要使用测量仪器和工具，按照一定的方法精确地进行施工放样测量；为了保证园林工程完工后能够正常地运营，也是日后改建、扩建、维修的需要，还应进行竣工测量，编绘竣工图。

二、地面点位的确定

1. 地球的形状和大小

地球的形状近似一个椭球，它的自然表面是极其复杂的不规则曲面，包含高山、丘陵、平原、盆地和海洋等。地球表面起伏很大，陆地上最高点珠穆朗玛峰的岩石面高出平均海水面 8 844.43 m，而海洋中最深点马里亚纳海沟却低于平均海水面 11 034 m，两点高差近 20 km。

地球上海洋面积占整个地球表面积的 71%，假定海水处于完全“静止”状态，把海水面延伸到大陆内部从而形成包围整个地球的连续曲面，称为水准面。由于受风浪和潮汐的影响，海水面时高时低，故水准面有无数个，其中与平均海水面重合的封闭曲面称为大地水准面。地面上任一点到大地水准面的垂直距离称为该点的绝对高程或海拔，常称高程，用 H 表示；地面上两点的高程之差称为高差，用 h 表示。在园林测量中，有些测区引用绝对高程有困难，为了工作方便而采用假定的水准面作为高程起算的基准面，那么，地面上一点到假定水准面的垂直距离称为该点的相对高程或假定高程。

大地水准面虽然比地球的自然表面规则得多，但依然无法使用一个数学公式表示。为了便于测绘成果的计算，我国选择了一个大小、形状与大地水准面极为接近并且又能用数学公式表达的旋转椭球来代表地球的形状和大小，这个椭球称为参考椭球，如图 1—1 所示。

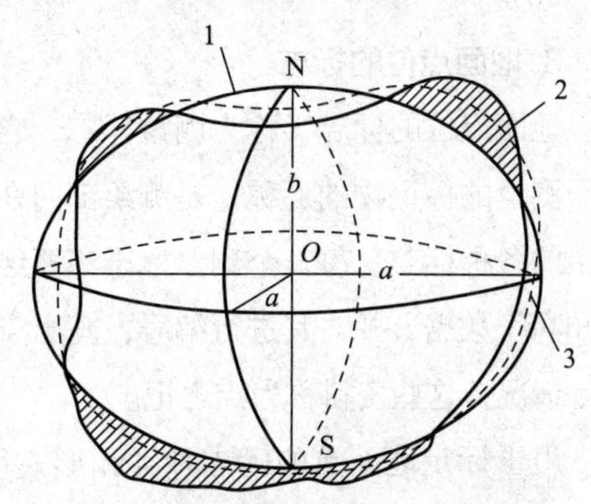

图 1—1　大地水准面与参考椭球

1—参考椭球　2—地球表面　3—大地水准面

参考椭球的大小和形状由椭球的长半径 a、短半径 b 和扁率 f 三个元素所决定，三者之间的关系式为 $f=\dfrac{a-b}{a}$。

几个世纪以来，许多学者曾分别测算出参考椭球的元素值，随着测绘科学技术的进步，椭球元素也可以越来越精确地被测定。我国采用的参考椭球的长半径、短半径和扁率分别为 6 378.140 km、6 356.755 3 km、$\frac{1}{298.257}$。由于参考椭球的扁率很小，因此可以把地球当成一个圆球，半径可按 $R=\frac{2a+b}{3}$ 计算，其近似值为 6 371 km。

2. 地面点位的表示方法

测量工作的实质是确定地面点的位置，常将其成果用各种图样资料明显而准确地表示出来，而确定地面某点的位置包含确定其平面位置和高低位置，即用坐标（x，y）和高程（H）来表示点位，这就需要设定一个基准面作为点位的投影面。若在小范围内进行测量作业，可用水平面作为地面点投影的基准面。当研究和测定整个地球的形状或进行大区域的测绘工作时，可用大地坐标来确定地面点的位置。

以参考椭球面为基准面，地面点沿椭球面的法线投影在该基准面上的位置，称为该点的大地坐标，用大地经度和大地纬度表示。如图 1—2 所示，包含地面点 P 的法线且通过椭球旋转轴的平面称为 P 的大地子午面，过 P 点的大地子午面与起始大地子午面所夹的两面角就称为 P 点的大地经度，用 L 表示，其值分为东经 0°～180° 和西经 0°～180°。过点 P 的法线与椭球赤道面所夹的线面角就称为 P 点的大地纬度，用 B 表示，其值分为北纬 0°～90° 和南纬 0°～90°。

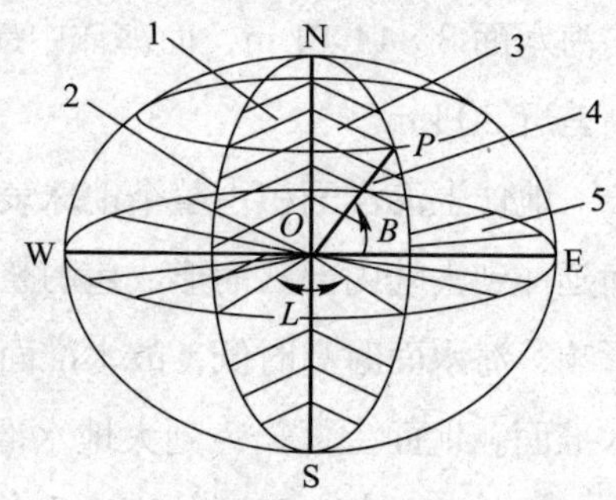

图 1—2　大地坐标

1—起始大地子午面　2—零子午线
3—P 点的大地子午面　4—P 点的法线
5—椭球赤道面

3. 地面点位的标志

地面点位的标志又称为测量标志，它是标定地面测量控制点位置的标石、觇标及其他用于测量的标记物的通称，是测绘部门在测量时建立和测量后留存在地面、地下或者建筑物上的各种标志。每一个测量标志都要经过精确的测量、计算，求出它在地面上的平面位置和高程数据，并对其进行编号，画出点位草图，同时记录点位的等级、所在地及委托保管等情况，这些资料称为点之记。

用于标定地面点的标志种类和形式很多，可根据测量的要求和使用时间的长短等情况选取，一般分为永久性标志和临时性标志。永久性标志一般采用石桩或混凝土桩，桩顶刻“+”符号或将铜、铸铁、玻璃、瓷片等做的标志镶嵌在顶面，以标定点位，有时要深埋到地面冻土层以下；如点位布设在硬质柏油或水泥路面，则用长 5～20 cm、粗 0.3～0.8 cm、顶部呈半球形且刻“+”符号的粗铁钉打入地面。临时性标志可采用木桩，并在桩顶钉以半球形铁钉或刻画一个“+”符号表示点位。

三、园林测量的基本内容

在实际园林测量工作中，往往很难直接测出点的平面位置和高程，而是实地测量出有关点位关系的基本元素，然后经过计算而得。如图 1—3 所示，A、B 是已知平面位置和高程的两个点，1、2 两点为待确定的点位。此时，只要测出水平距离 D_{B1} 和 D_{12}、角度 β_B 和 β_1 高差 h_{B1} 和 h_{12}，经过计算就能得出 1、2 两点的平面位置和高程。因此，距离、角度和高差（高程）是确定点位关系的三要素，对其进行观测是测量的基本内容。

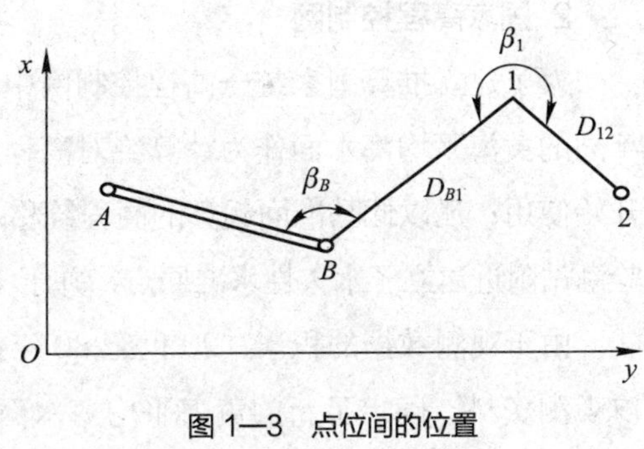

图 1—3　点位间的位置

四、园林测量的基本原则

在园林测量工作中，误差是不可避免的，有时甚至误差较大。比如测量时，若从一点开始逐点累推施测，而不加以控制和检核，则后一点的误差就会累积到前一点，误差逐点累积起来，最后可能会超过容许的范围。为了防止测量误差的积累，提高测量精度，在实际测量中，必须遵循“由整体到局部、由高精度到低精度、先控制测量后碎部测量”的原则。另外，测量的各道工序往往都是相互关联的，前期工作的精度高低将会对后期的工作产生较大的影响，甚至造成全面返工，这就要求测绘工作的每个步骤都应进行检核。因此，在进行图样资料测绘时，应首先在测区范围内选取一定数量具有控制作用的点，用测量仪器和相应的方法精确测出其位置，即控制测量；然后，再根据控制点的位置，测定其周围一定范围内的地物和地貌，即碎部测量。

为了满足国防、科研及经济建设等的需要，我国在全国范围内建立了国家控制网，包括国家平面控制网和国家高程控制网。

1. 国家平面控制网

如图 1—4 所示，国家平面控制网是根据“从整体到局部、逐级控制、逐级加密”的原则布设的，分为“一、二、三、四”四个等级。就精度来讲，一等级点最高，低级点受高级点逐层控制，即

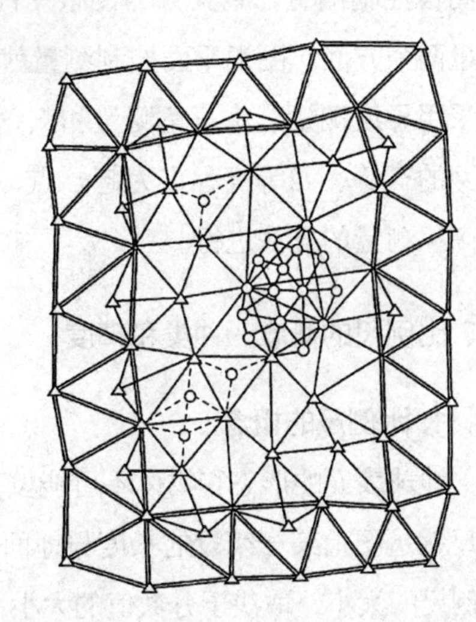

图 1—4　国家平面控制网

随着控制点密度的逐级加大，精度也越来越低。目前，我国提供使用的国家平面控制网含三角点、导线点共 154 348 个，构成“1954 年北京坐标系”和“1980 年西安坐标系”。

2. 国家高程控制网

为了建立推算国家统一高程控制网中所有点高程的起算依据，我国曾将 1950—1956 年间的黄海平均海水面作为计算绝对高程的基准面，即大地水准面，自 1959 年起在全国开始使用；凡以此基准面起算的高程统称为“1956 年黄海高程系”。为便于测量，在青岛验潮站附近建立了永久性水准原点，并于 1956 年推算出水准原点的高程为 72.289 m。

由于观测数据的积累，20 世纪 80 年代，我国又根据青岛验潮站 1953—1979 年的潮汐观测资料，确定了新的黄海平均海水面作为高程基准面。新的青岛水准原点的高程为 72.260 m，称为“1985 年国家高程基准”，自 1987 年开始使用。

同国家平面控制网一样，国家高程控制网也分为“一、二、三、四”四个等级，低一等级点受高一等级点的控制，如图 1—5 所示。目前，我国提供使用的“1985 年国家高程基准”共有水准点成果 114 041 个，水准路线长度为 416 619.1 km。

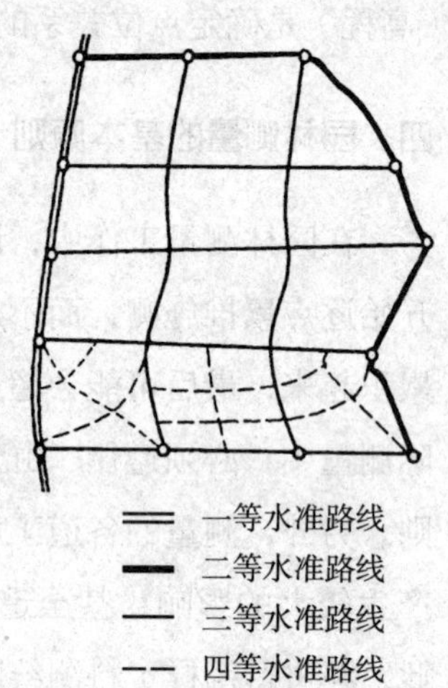

图 1—5　国家高程控制网

国家控制点的精度虽然很高，但分布密度较小，不能满足园林工程建设和测图的需要，因此必须在国家控制网的基础上，进一步加密控制点，作为局部范围内地形测量和工程测量的依据。直接以测图为目的建立的控制网称为图根控制网，其控制点称为图根控制点，简称图根点。测定图根点位置的工作，称为图根控制测量，它又分为图根平面控制测量和图根高程控制测量两个方面。图根平面控制测量就是测定图根点的平面位置，可采用导线测量、小三角测量和测角交会等方法进行。图根高程控制测量常以国家高程控制网的三等、四等高程点为起始点，布设加密图根点进行高程测量，可采用水准测量和三角高程测量的方法进行。

五、比例尺的概念、种类和精度

1. 比例尺的概念

地球表面的形态和物体不可能按真实大小描绘在图纸上，必须经过一定的比例缩小。比例尺就是图上某一线段的长度与地面上相应线段水平距离之比，用分子为 1 的分数式表示。比例尺的大小，取决于分数值的大小，即分母越大比例尺越小，分母越小则比例尺越大。

2. 比例尺的种类

（1）数字比例尺　数字比例尺是直接用分子为 1 的分数或数字比例形式来表示的，如

$\frac{1}{1\ 000}$、$\frac{1}{5\ 000}$等，也可写成 1∶1 000、1∶5 000 等。

（2）直线比例尺　直线比例尺直接画在图纸上，能避免因图纸伸缩引起的误差，并可直接进行图上长度与相应实地水平距离的量算。图 1—6 所示为 1∶1 000 的直线比例尺，绘制直线比例尺时，需先在图上绘一条直线，把它分成若干个 2 cm 或 1 cm 长的基本单位（一个基本单位为一大格），再把左端的一个基本单位分成十等份（一等份为一小格），最后在大格与小格的分界处注上“0”，在其他分格上标注其相应的实际水平距离。

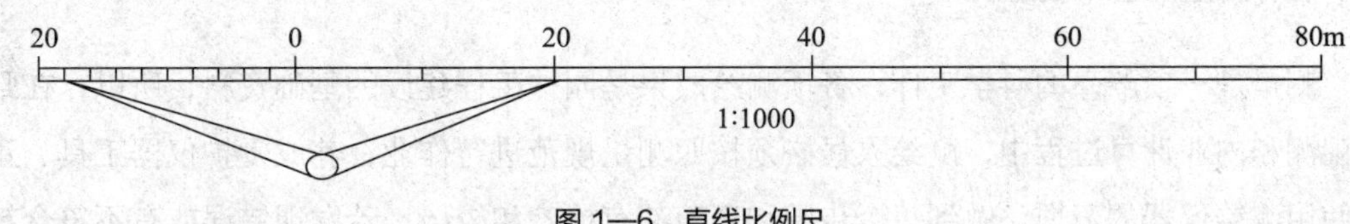

图 1—6　直线比例尺

应用时，张开两脚规的两个脚尖，对准图上待量的两点，然后移到直线比例尺上，使一脚尖对准直线比例尺右端的某一整分划线，而另一个脚尖落在左端的毫米分格线上，取两脚尖的读数之和，即为图上两点间相应的实地水平距离。在图 1—6 中，两脚规的两个脚尖间的距离为 37.5 m。

（3）三棱比例尺　直线比例尺可刻在三棱尺上，称为三棱比例尺，如图 1—7 所示。三棱比例尺用于图形的缩小或放大，即用来度量尺寸，不用来画线。三棱比例尺的三个面有六种不同比例的刻度，刻度数字单位是米，使用时要认清各个比例刻度最小格的读数。例如，1∶100 的比例尺上每一小格为 0.1 m，而 1∶1 000 的比例尺上每一小格为 1 m。因此，用三棱比例尺量取线段时，只要在尺面上找到测图比例，在三棱比例尺上直接读刻度值即可。

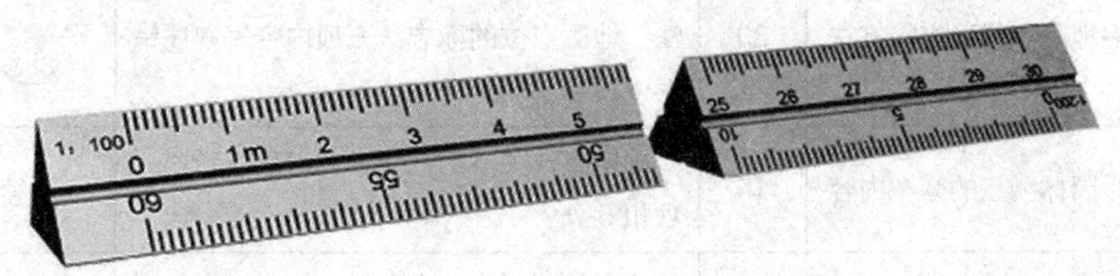

图 1—7　三棱比例尺

3. 比例尺的精度

正常人的肉眼能分辨的最小距离为 0.1 mm，而间距小于 0.1 mm 的两个点，只能视为一个点。因此，将图上 0.1 mm 所代表的实地水平距离称为比例尺的精度，即 0.1*M*（单位为 mm，*M* 为比例尺分母）。比例尺越大，精度数值越小，图上表示的地物、地貌越详尽，测图的工作量也越大；反之则相反。

测图时要根据工作需要选择合适的比例尺。根据比例尺精度，在测图中可解决两个方面的问题：一方面，根据比例尺的大小，可确定在碎部测量量距时的准确程度；另一方面，根据预定的量距精度要求，可确定所采用比例尺的大小。例如，测绘比例尺为 1∶1 000 的地形图时，碎部测量中实地量距精度只能达到 0.1 m，小于 0.1 m 的长度，在图上无法绘出；若要求在图上能显示 0.2 m 的精度，则所用测图比例尺不应小于 1∶2 000。

六、园林测量的基本要求

测量是一项严谨的科学工作，各项测绘成果是园林工程建设的基础资料，所以，在野外观测和内业计算过程中，测绘人员必须按照测量规范进行作业，养成爱护仪器工具、正确使用测绘仪器的习惯，做到每个步骤和环节都有检查和校核，若发现错误或有不符合精度要求的观测数据，应及时查明原因，必要时返工重测，杜绝随意涂改、伪造数据。测量一般以小组为基本单位进行工作，集体性和工作的连续性很强，因此，各位成员要具有团结协作精神，要服从指挥、踏实肯干。

评分标准

序号	项目与技术要求	配分	评分标准	实测记录	得分
1	了解测量学的学科分类	10	测量学的学科分类叙述不完整扣 5~10 分		
2	熟悉园林测量的任务与作用	10	园林测量的任务、园林测量的作用，两项内容每叙述错误一项扣 5 分		
3	掌握地面点位确定的方法	30	地球的形状和大小、地面点位的表示方法、地面点位的标志，三项内容每叙述错误一项扣 10 分		
4	熟悉园林测量的基本内容	15	确定点位关系的三要素，每叙述错误一项扣 5 分		
5	熟悉园林测量的基本原则	20	由整体到局部、由高精度到低精度、先控制测量后碎部测量和每个步骤都应进行检核，四项内容每叙述错误一项扣 5 分		
6	了解比例尺的概念、种类及其精度	15	比例尺的概念、比例尺的种类、比例尺的精度，三项内容每叙述错误一项扣 5 分		
合计得分					

思考与练习

在小范围和大区域进行测绘工作时，地面点投影的基准面有什么不同？

课题二

园林测量误差

任务目标

◇了解测量误差及其来源

◇熟悉测量误差的种类

◇掌握衡量观测值精度的标准

相关知识

一、测量误差的概念及其来源

1. 测量误差的概念

在测量工作中，对某一量进行多次观测，无论使用的测量仪器多么精密，观测时操作多么仔细，获得的各次观测结果之间总是存在着差异。例如，对某一段距离进行往、返丈量，往、返丈量的结果并不相等；对某两点之间的高差进行多次双仪高观测，观测的高差值并不一致。这些在同一量的各观测值之间或各观测值与其理论值之间存在差异的现象称为测量误差，可表示为 $\Delta_i=x-l_i$，其中：Δ_i 为观测值的真误差，x 为真实值，l_i 为观测值（$i=1, 2, \cdots, n$）。

2. 测量误差的来源

产生测量误差的原因很多，但归纳起来有：测量仪器的精密程度不可能十分完善而引起的误差；观测者感觉器官的鉴别能力有限、反应速度和固有习惯引起的误差；观测时所处的外界环境条件不断变化（如风、气温和光亮度等）而引起的误差。

通常把误差产生原因的三个方面称为观测条件，观测条件相同的各次观测称为同精度观测，它是园林测量误差的主要研究内容。在测量工作中，如果能对仪器进行检验和校正，操作时选择良好的观测条件，并严格按照规范的要求进行作业，可提高测量结果的精度，但并不能完全将测量误差消除。

二、测量误差的种类

1. 系统误差

在相同观测条件下，对某量进行一系列的观测，如果观测误差的大小和符号表现出一致性倾向，即按一定的规律变化或保持为常数，这种误差就称为系统误差。例如，用一副名义长度为 30 m，而实际长度为 30.002 m 的钢尺进行量距时，每丈量一尺段就会产生 0.002 m 的误差，由于尺长误差是一个定值，由尺长误差所引起的距离误差会随着所测距离的长度成正比例增加，即随着尺段数的增加而呈现出累积性，这是由于仪器工具的不完善所产生的系统误差。

系统误差具有累积性，对测量成果影响较大，应设法消除或减弱。常用的方法有：对观测结果加上改正数、对仪器进行检验与校正、采用适当的观测方法等。例如，在钢尺量距前，对钢尺进行检定，求出尺长误差的大小，再对丈量的距离进行尺长改正，可以消除由于尺长误差引起的距离误差。在水平角测量时，采用盘左、盘右观测，可以消除视准轴误差等系统误差的影响。在水准测量时，保持前后视距相等，可以消除由于视准轴与水准管轴不平行而产生的系统误差。

2. 偶然误差

在相同观测条件下，对某量进行一系列的观测，如果误差的大小及符号都没有表现出一致性的倾向，表面上看没有任何规律，这种误差称为偶然误差。例如，在角度测量中，测角误差是由照准误差、读数误差、外界环境的变化所引起的误差和仪器自身不完善所引起的误差等综合影响的结果。这其中的每一项误差都是由许多偶然因素引起的，无法预知其大小或符号，因此，由它们综合影响产生的测角误差也必然呈现出偶然性。另外，在测量过程中，还可能发生读错、听错、记错等，也称粗差，粗差不属于误差范畴。

例如，在相同观测条件下，对某三角形的三个内角各观测了 162 次，便可计算出每次观测的内角和大小与 180° 之间的差异，即由 $\Delta_i=x-l_i$ 可计算得到每次观测值的真误差。根据这些计算所得真误差的正号、负号和大小，并按一定的误差区间进行统计，列入表 1—1 中。

表 1—1　真误差的统计分析

误差区间（″）	正误差		负误差		合计	
	次数	频率	次数	频率	次数	频率
0～3	21	0.130	21	0.130	42	0.260
3～6	19	0.117	19	0.117	38	0.234

续表

误差区间（″）	正误差		负误差		合计	
	次数	频率	次数	频率	次数	频率
6～9	12	0.074	15	0.093	27	0.167
9～12	11	0.068	9	0.056	20	0.124
12～15	8	0.049	9	0.056	17	0.105
15～18	6	0.037	5	0.030	11	0.067
18～21	3	0.019	1	0.006	4	0.025
21～24	2	0.012	1	0.006	3	0.018
24 以上	0	0.000	0	0.000	0	0.000
Σ	82	0.506	80	0.494	162	1.000

从表 1—1 可看出，偶然误差表现出某种共同的规律性，这一规律性不是表现在每个单个误差上，而是表现在一组观测误差上，这种规律性称为统计规律性。通过对大量观测数据的误差分析，可总结出偶然误差具有四个特性。

（1）有限性　在一定的观测条件下，偶然误差的绝对值不会超过一定的限值。

（2）聚中性　绝对值小的误差比绝对值大的误差出现的机会多。

（3）对称性　绝对值相等的正、负误差出现的可能性相等。

（4）抵偿性　随着观测次数的无限增加，偶然误差的算术平均值趋近于零，即 $\lim_{n\to\infty}\frac{[\varDelta]}{n}=0$，其中：$[\varDelta]=\varDelta_1+\varDelta_2+\cdots+\varDelta_n$，$n$ 为观测次数。

三、衡量观测值精度的标准

在相同观测条件下进行一组观测，它对应着一种确定的误差分布。如果误差在零附近分布较为密集，则表示该组观测质量较好，观测精度较高；反之，误差分布较为离散，该组观测质量较差，观测精度较低。所谓精度就是指误差分布密集或离散的程度。精度的高低是对不同的观测组而言的。对于同一组的若干个观测值来说，每个观测值的精度都相同。在实际工作中，采用误差分布统计表和误差分布密度曲线的方法，可以对观测值的精度进行定性分析，但不便直接得到观测值精度的具体数字指标，为此，精度评定应以偶然误差的特性为基础，得到一个能代表整个观测值质量的综合量。在评定观测值精度的方法中，通常采用中误差作为评定观测值精度的标准。

1. 中误差

在相同观测条件下，对同一未知量进行 n 次观测，各次观测值分别为 l_1，l_2，…，l_n，其观测值的真误差分别为 $\varDelta_1$，$\varDelta_2$，…，$\varDelta_n$。取其真误差平方和的算术平均值的极限值，称为中误差 m 的平方或称方差，即 $m^2=\lim\limits_{n\to\infty}\dfrac{\varDelta_1^2+\varDelta_2^2+\cdots+\varDelta_n^2}{n}$。

实际测量工作中，观测次数 n 不可能无限多，所以，可用 $m=\pm\sqrt{\dfrac{[\varDelta\varDelta]}{n}}$ 来计算观测值的中误差，其中：m 为观测值的中误差，$[\varDelta\varDelta]=\varDelta_1{}^2+\varDelta_2{}^2+\cdots+\varDelta_n{}^2$。

由此可见，中误差不等于真误差，它仅是一组真误差的代表值，中误差的大小反映了该组观测值精度的高低，因此，通常称中误差为观测值的中误差。用中误差评定精度能灵活地反映较大误差的影响，且比较稳定，通常需要不太多的观测次数就能得到比较可靠的数据来评定观测值的精度。

2. 相对误差

真误差和中误差都是绝对误差，在测量工作中，对于某些观测成果，有时只用绝对误差很难判断出观测值精度的高低。相对误差是指观测值中误差的绝对值与观测值之比，通常用 K 来表示，并将其转化成分子为 1、分母为一个整数的分数形式，即 $K=\dfrac{|m|}{L}=\dfrac{1}{\dfrac{L}{|m|}}$，其中：$L$ 为观测值，m 为观测值的中误差。

3. 容许误差

在一定观测条件下，由于偶然误差的绝对值不会超过一定的限度，因此，可以用这一限值来判断观测值是否达到了精度标准。根据大量的数理统计实践证明：在一组大量的同精度观测的误差中，绝对值大于一倍中误差的偶然误差出现的频率约为 32%；大于两倍中误差的偶然误差出现的频率约为 5%；大于三倍中误差的偶然误差出现的频率仅约为 0.3%。由于实际工作中观测次数不会太多，因此，可认为绝对值大于三倍中误差的偶然误差是不大可能出现的，通常采用三倍中误差作为偶然误差的极限值，称为容许误差（也称极限误差），用 $\varDelta_{容}$表示，即 $\varDelta_{容}=3m$，其中：m 为观测值的中误差。

对于观测次数较少的测量工作，为了对观测提出更严格的要求，一般采用两倍中误差作为偶然误差的容许误差，即 $\varDelta_{容}=2m$。

容许误差是检验观测值中粗差的标准，在一列同精度观测值中，若发现该列中某个误差超过三倍中误差，就可认为该误差属于粗差，相应的观测值应舍去。

评分标准

序号	项目与技术要求	配分	评分标准	实测记录	得分
1	了解测量误差及其来源	20	叙述测量误差的概念错误扣 5 分；产生误差的三个原因，每叙述错误一个扣 5 分		
2	熟悉测量误差的种类	20	测量误差的两个种类，每叙述错误一个扣 10 分		
3	掌握衡量观测值精度的标准	60	衡量精度标准的三个方面，每叙述错误一个扣 20 分		
合计得分					

思考与练习

甲、乙两人分别对某个三角形的三个内角进行了 10 次同精度观测，各自得到三角形内角和的真误差（见表 1—2），试分别计算甲、乙两人观测值的中误差。

表 1—2　　三角形内角和的真误差数据

观测者	真误差 Δ（″）									
甲	3	−2	−4	2	1	0	4	−3	−2	3
乙	0	1	−7	−2	1	−1	8	0	−3	1

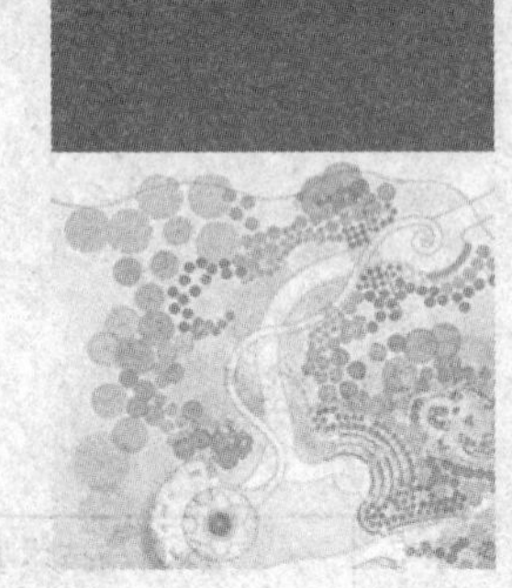

模块二

园林场地地形图测绘

园林场地的地形图是指将地面上的地物、地貌的几何形状及其空间位置，按照规定的符号和比例尺缩绘成的图样资料，也是居住小区、校园、公园、庭院、中小型广场等园林规划设计或施工的必备文件资料。本模块以某中型园林场地的地形图测量与绘制为任务，涉及的主要内容包括光学经纬仪及其使用、图根控制测量、碎部测量、地形图的绘制等。

课题一

图根控制测量

任务一　经纬仪导线测量——丈量导线各边的长度

任务目标

◇能够根据测区的范围和概况布设合适的导线

◇掌握目测法进行直线定线的技能

◇能够正确使用钢尺[①]等丈量工具

◇掌握钢尺量距的一般方法

◇掌握距离丈量精度、丈量结果的计算方法

任务提出

图2—1所示为某园林场地的实景，为了测绘出该区域的地形图，已在测区范围内布设了6个导线点，即A、B、C、D、E、F，组成了一条闭合导线，现需要丈量导线各边的长度。

① 本书钢尺指钢卷尺。

图 2—1　某园林场地的实景

任务分析

量距是经纬仪导线测量的任务之一，一般采用钢尺丈量各导线边的长度。根据精度不同，钢尺量距可分为一般量距和精密量距。钢尺的抗拉强度高，使用时不易伸缩，量距方法简单，量距精度较高，但易受地形限制，一般适合于平坦地区进行短距离量距，当距离较长或地形复杂时，其测量工作较繁重。

相关知识

一、导线及其布设形式

按照测量的基本原则，如欲测绘园林场地的地形图，首先要在测区范围内布设若干个控制点，并将选定的控制点按顺序连接起来，组成连续折线或多边形，即导线。导线转折处的控制点称为导线点。导线测量是图根平面控制测量的常用方法之一，经纬仪导线测量就是使用经纬仪（本模块主要采用光学经纬仪）测量导线的转折角，用钢尺测量导线的边长，然后根据已知点的坐标，推算其余各导线点的坐标。

导线按布设形式可分为闭合导线、附合导线和支导线三种。如果导线由一个已知控制点出发，在经过若干个转折点后仍回到该已知点，组成一个闭合多边形，这种导线称为闭合导线，适用于块状测区测图，如图 2—2a 所示。如果导线由一个已知控制点出发，在经过若干个转折点后，终止于另一已知控制点上，这种导线称为附合导线，适用于带状测区测图，如图 2—2b 所示。若导线由一个已知控制点出发，经过若干个转折点后就中止了，既未回到起点，也未附合到其他已知点上，则称为支导线，如图 2—2c 所示。支导线不具备检核条件，不易发现测算中的错误，故一般只允许布设 2～3 个点，用来补充导线点的不足。布设导线点时，应尽量与高级控制点相连接，如附近无高级控制点可连，则可采用假定的独立坐标系统。

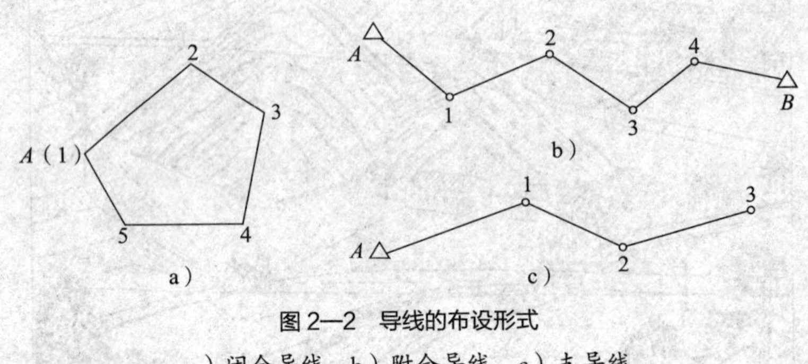

图 2—2　导线的布设形式

a）闭合导线　b）附合导线　c）支导线

二、距离丈量的工具

1. 钢尺及其种类

钢尺是由优质薄钢片制成的带状尺，为便于携带使用，一般卷放在金属架上，如图 2—3a 所示；也可卷入金属圆盒内，如图 2—3b 所示。目前，钢尺尺面最小分划通常为毫米，并在米、分米、厘米处进行注字，尺的宽度一般为 10～15 mm，厚度为 0.3～0.4 mm，常用的尺长有 20 m、30 m、50 m、100 m 等几种。

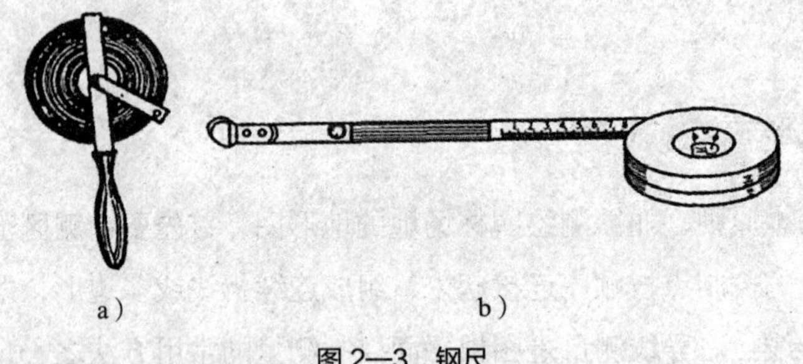

图 2—3　钢尺

由于“0 m”分划线位置不同，钢尺分为端点尺和刻线尺两种。端点尺是以尺的端部即金属环的最外端为零点，当从建筑物的边缘或墙角开始丈量时，用此种钢尺较为方便，如图 2—4a 所示。刻线尺的零点刻在尺身前端的某一位置。用此种钢尺丈量时，零点分划线对准丈量的起始点位较为准确、便利，如图 2—4b 所示。

2. 量距的辅助工具

（1）标杆　标杆又称花杆，多由直径 3～4 cm 的铝合金制成，长 2～3 m，杆身涂有 20 cm 间隔的红、白漆，在远处也清晰可见；标杆下端装有锥形铁尖，便于插在地面上或对准点位，用以标定直线方向或作为照准标志，如图 2—5a 所示。

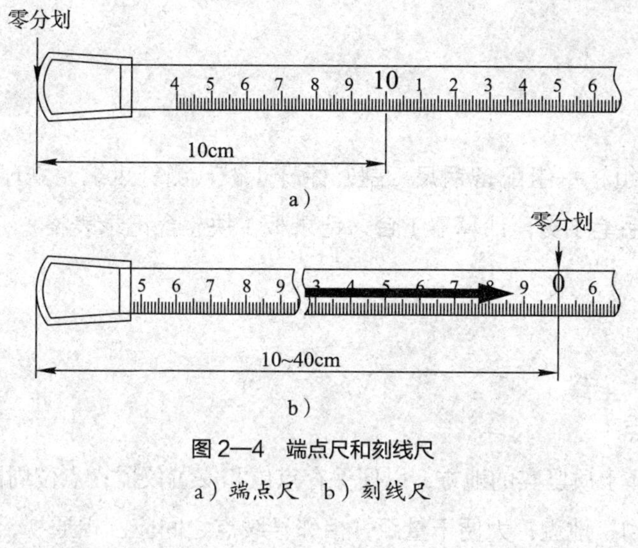

图 2—4　端点尺和刻线尺

a）端点尺　b）刻线尺

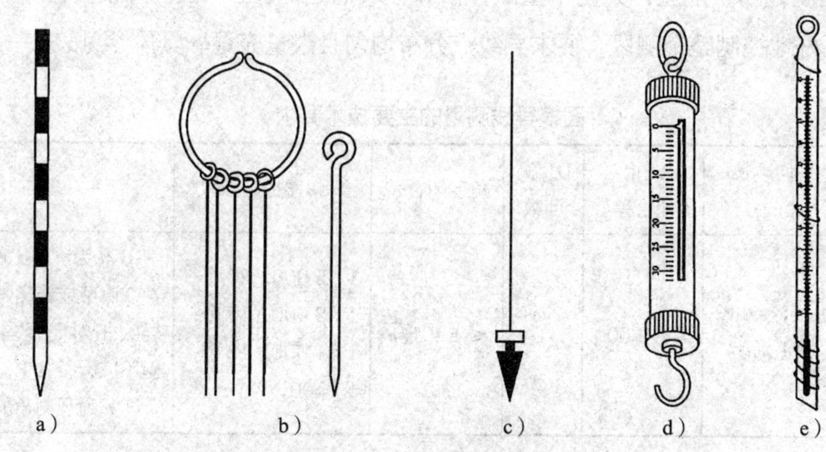

图 2—5　量距的辅助工具

a）标杆　b）测钎　c）垂球　d）弹簧秤　e）温度计

（2）测钎　测钎也称测针，采用直径 5 mm 左右的粗钢丝制成，长 30 ~ 40 cm，上端弯成环形，下端磨尖，一般以 6 ~ 11 根为一组，穿在铁环中；测钎上可用油漆涂成红、白相间的色段。量距时，将测钎插入地面，用来标定尺的端点位置和计算整尺段数，也可作为近处目标的照准标志，如图 2—5b 所示。

（3）垂球　垂球是用钢或铁制成的金属锤，呈倒圆锥形，一般为 0.05 ~ 0.5 kg，上端系有细绳，悬吊后，垂球尖与细绳在同一垂线上。它是测量中投影对点或检验物体是否铅垂的器具，也常用于不平坦地面上丈量水平距离的工作中，如图 2—5c 所示。

（4）弹簧秤和温度计　当进行精密量距时，还需用弹簧秤对钢尺施加规定的拉力，如图 2—5d 所示。同时用温度计测定钢尺量距时的温度，如图 2—5e 所示。

任务实施

一、工具准备

4~5人为一组，每组配备钢尺1副，标杆4根，测钎1组，垂球1个，斧头1把，红油漆1小瓶，毛笔1支，计算器1台，记录板1块（含记录表格），木桩及小钉若干，铅笔、小刀等。

二、实施步骤

1. 选择导线点

导线点应选择土质坚实的地方，以便保存点位和安置仪器；点位周围应视野开阔，利于控制和施测地物、地貌；为便于量距，相邻导线点之间应互相通视，边长应大致相等；另外，为更好地控制整个测区，要求导线点分布均匀且数量充足。具体参见表2—1。

表2—1　　图根导线测量的主要技术要求

导线长度（m）	平均边长（m）	导线相对闭合差	DJ_6测回数	角度闭合差	每幅图控制点数	备注
≤1.0*M*	≤1.5×测图最大视距	≤1/2 000	1	$\leq\pm40''\sqrt{n}$	1∶5 000，20个； 1∶2 000，15个； 1∶1 000，12个； 1∶500，9个	①*M*为测图比例尺分母 ②隐蔽或施测困难地区，导线相对闭合差可放宽，但不应大于1/1 000 ③*n*为观测角的个数

如图2—1所示，根据园林场地的实际情况，在场地内选定6个导线点组成闭合导线，并在各导线点上打木桩标定点位，按*A*、*B*、*C*、*D*、*E*、*F*顺时针编号，绘出导线草图，如图2—6所示。

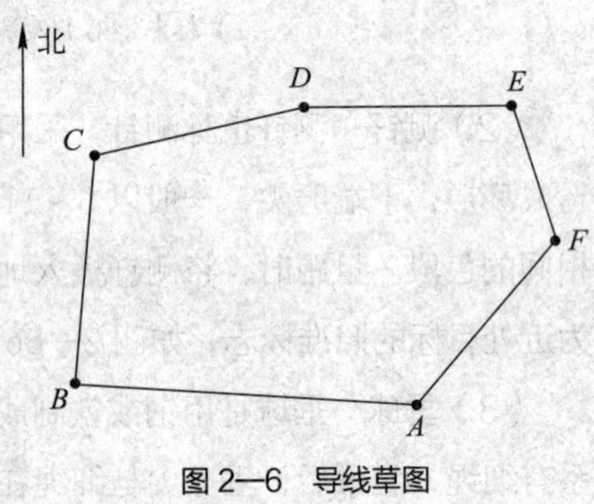

图2—6　导线草图

2. 目测法直线定线

如果地面两点之间的距离大于钢尺的一个整尺段长，或两点之间的地势起伏较大且互不通视，那么，为了保证量距的精度和量距方便，则需要在两导线点之间并沿直线的方向标定出若干个节点，以此作为分段丈量的依据，此项工作称为直线定线。

一般量距常采用目测法直线定线，如图2—7所示，*A*、*B*两点为图2—6中所布设的闭合导线点，今欲在*A*、*B*两点的直线上目测标出*a*、*b*等点，那么，首先应在*A*、*B*两点

上各竖立一根标杆，然后甲站在 A 点标杆后约 1 m 处，乙持标杆在距离 A 点小于一个尺段长的 a 点附近，甲用手势指挥乙左右移动手中的标杆，直到甲从 A 点沿标杆的一侧看到 A、a、B 三根标杆在一条直线上为止。用同样的方法可定出该直线上的 b 等其他各点。

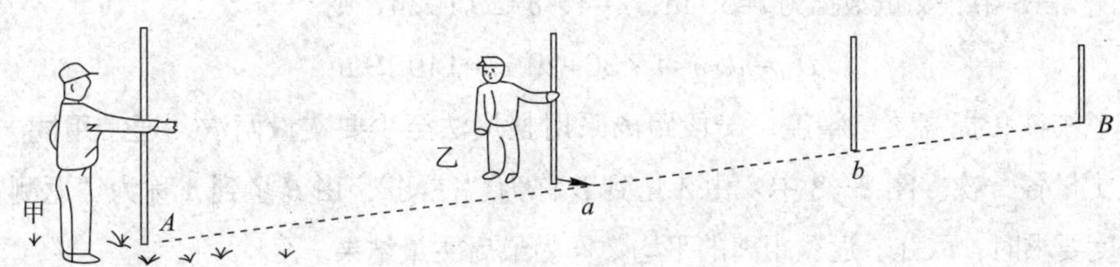

图 2—7　目测法直线定线

3. 用钢尺进行一般量距

（1）平坦地面距离的丈量

1）丈量方法。如图 2—8 所示，a、b、c、d 四点为直线定线时标定出的节点，每相邻两节点间的长度均小于一个尺段长。距离丈量由两人司尺，其中走在前面的称为前司尺员，走在后面的称为后司尺员。

丈量距离时，后司尺员拿着钢尺的零点一端在起点 A 处，并在 A 点插上一根测钎，前司尺员拿着钢尺的末端和一组测钎，沿直线方向行至定线点 a 处时，后司尺员将钢尺的零分划对准起点 A，前司尺员控制钢尺通过地面上的定线点 a 后，两人同时将钢尺拉紧、拉平、拉稳时，前司尺员立即将一根测钎垂直地插入钢尺整尺段处的地面，完成第一尺段的丈量。然后，后司尺员拔起 A 处测钎，两人共同把尺子提离地面前进，当后司尺员到达前司尺员所插的测钎处时停住，前司尺员沿直线方向行至定线点 b 处，重复上述操作，量完第二尺段。如此依次前进，直到终点 B。最后一段的距离一般不会是一整尺段的长度，称为余长。丈量余长时，前司尺员将钢尺某一整刻划对准 B 点，由后司尺员利用钢尺的前端部位读数，两人的前后读数差即为不足一整尺的余长。

在丈量过程中，每量毕一尺段后，后司尺员都必须及时收拔测钎（不含最后量余长时的一根测钎），量至终点时，手中的测钎数即为整尺段数。丈量结果应及时记入表 2—2。

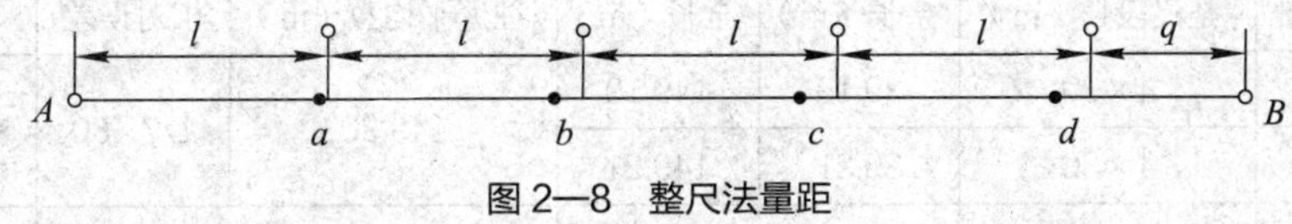

图 2—8　整尺法量距

2）距离计算。地面上两点间的水平距离按式（2—1）计算

$$D=nl+q \qquad \text{式（2—1）}$$

式中　D——两点间的水平距离，m；

l——钢尺一整尺的长度，m；

n——丈量的整尺段数；

q——不足一整尺段的余长，m；

在图 2—8 中，丈量数据为 l=30 m，n=4，q=29.19 m，则

$$D_{AB}=nl+q=4\times30+29.19=149.19\ \text{m}$$

为了校核和提高丈量精度，一段距离采用整尺法至少要丈量两次，通常用同一钢尺往、返丈量各一次。图 2—8 中，由 A 量到 B 称为“往测”，由 B 量到 A 称为“返测”。在符合精度要求时，取往、返测距离的平均数作为最后丈量结果。

距离丈量的精度用相对误差 K 来衡量。相对误差为往、返测距离差数（较差）的绝对值 $|\Delta D|$ 与往、返测距离的平均值 $\overline{D}$ 之比化为分子是 1 的分数，分母越大，说明丈量精度越高，即

$$K=\frac{|\Delta D|}{\overline{D}}=\frac{1}{N}$$　式（2—2）

在钢尺一般量距中，平坦地区的相对误差 K 值不应大于 1/3 000；在量距困难地区，其相对误差也应不大于 1/1 000。园林测量中通常 K 值不应大于 1/2 000。若达到精度则取平均值作为最后结果，否则应重新进行丈量。

如图 2—8 所示，经往返丈量，AB 的往测距离为 149.19 m，返测距离为 149.21 m，那么，距离的丈量结果及其丈量精度分别为：

$$\overline{D}=\frac{D_{AB}+D_{BA}}{2}=\frac{149.19+149.21}{2}=149.20\ \text{m}$$

$K=\dfrac{|\Delta D|}{\overline{D}}=\dfrac{|149.19-149.21|}{149.20}=\dfrac{1}{7\,460}<\dfrac{1}{2\,000}$，符合经纬仪测绘地形图时对距离观测的精度要求，故导线边 AB 的丈量结果为 149.20 m。

同理，可丈量出图 2—6 中其他各导线边的距离，其结果见表 2—2。

表 2—2　**经纬仪导线测量钢尺量距记录表**

直线编号	方向	整尺段长（m）	余长（m）	全长（m）	往返平均数（m）	相对误差	备注
AB	往	4×30	29.19	149.19	149.20	1/7 460	精度符合要求
	返	4×30	29.21	149.21			
BC	往	4×30	17.70	137.70	137.71	1/6 886	精度符合要求
	返	4×30	17.72	137.72			
CD	往	3×30	16.54	106.54	106.53	1/5 327	精度符合要求
	返	3×30	16.52	106.52			

续表

直线编号	方向	整尺段长（m）	余长（m）	全长（m）	往返平均数（m）	相对误差	备注
DE	往	2×30	17.35	77.35	77.34	1/3 867	精度符合要求
	返	2×30	17.33	77.33			
EF	往	2×30	17.96	77.96	77.95	1/3 898	精度符合要求
	返	2×30	17.94	77.94			
FA	往	3×30	20.94	110.94	110.95	1/5 548	精度符合要求
	返	3×30	20.96	110.96			

测量者＿＿＿＿＿＿　记录者＿＿＿＿＿＿　计算者＿＿＿＿＿＿　日期＿＿＿＿＿＿

（2）倾斜地面距离的丈量　当地面倾斜程度较大，不可能将钢尺整尺段拉平丈量，而量距的精度要求又较高时，可将一整尺段分成若干小段采用水平串尺法来丈量。为使操作方便，返测时仍应由高向低进行丈量。

如图 2—9 所示，先将钢尺零点一端的某分划对准地面上 ***M*** 点，另一端将钢尺抬高，并目测使钢尺水平，拉紧、拉平、拉稳后，再将钢尺末端某分划位置用垂球投点在地面上的 *a* 点处，则钢尺两端的读数差，即为 *M*—*a* 的水平距离。同法丈量 *a*—*b*、*b*—*c* 和 *c*—*N* 段的长度，各段距离的总和即是 *MN* 的水平距离。

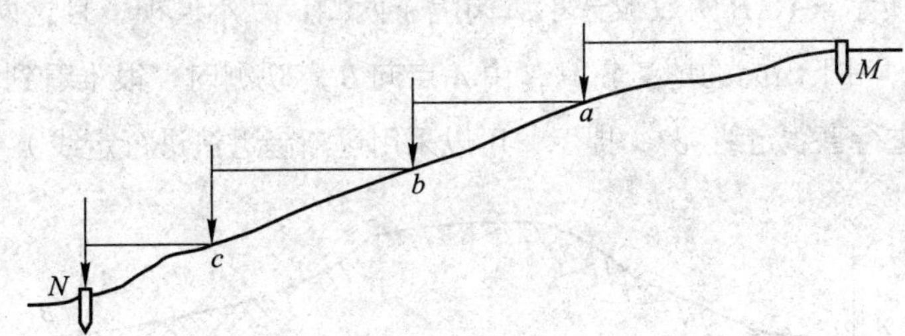

图 2—9　水平串尺法量距

三、操作注意事项

1. 测量工作是以小组等集体形式进行的，既要合理分工又要密切配合；测量时要养成爱护仪器、工具的良好习惯。

2. 直线定线时，节点的数量应视线段的长度与地形的起伏程度而定，相邻各节点间的长度无须相等，但必须小于一个整尺段的长度。

3. 在丈量之前，应注意查看钢尺的零点、分划及注记，丈量结束后，最末一根测钎不能计入总测钎数。

评分标准

序号	项目与技术要求	配分	评分标准	实测记录	得分
1	能正确布设测量导线	15	导线的布设形式不合适扣 5 分，导线点位置选择不合适扣 5 分，导线点数量选择不合适扣 5 分		
2	能熟练使用目测法进行直线定线	15	节点的数量及相邻各节点间的长度不合适扣 10 分，有一个节点不在起点与终点的连线上全扣		
3	能正确使用及养护丈量工具	15	不熟悉钢尺的注记等情况且不会读数扣 10 分，不按要求操作、养护丈量工具扣 5 分		
4	掌握钢尺丈量的一般方法	40	丈量操作不规范扣 20 分，精度不符合要求全扣		
5	记录规范，计算正确	15	记录不规范扣 10 分，计算错误全扣		
			合计得分		

思考与练习

如图 2—10 所示，*A*、*B* 两点被一小山岗隔于两侧，互不通视，且这两点之间的距离超过一个尺段长，由于山岗的地势较高，由 *A* 点向 *B* 点观测时，很难看到坡底处的标杆，那么，应该如何进行直线定线呢？（提示：可以采用逐渐趋近法进行定线）

图 2—10　过山岗定线

知识链接

钢尺精密量距

精密量距是指精度达到 1/10 000 以上、测量操作严格的量距方法，主要用于园林建筑主要轴线的测量和放样等。

一、钢尺精密量距的方法

1. 量距准备

在精密量距前要清理现场、打通视线，并采用经纬仪等仪器进行定线。如图 2—11 所

示，将仪器安置于点 A，对中、整平后，用望远镜十字丝精确瞄准 B 点，然后在 AB 的视线方向上以比钢尺一整尺长略短的间隔钉设木桩 a、b、c、d。木桩的桩顶露出地面 10cm 左右，且在每个桩顶刻画“+”字，以其交叉点作为钢尺量距的分段点。定线完成后，用水准仪测出相邻木桩顶面的高差，以便将倾斜距离换算为水平距离。

2. 量距方法

量距可由五人组成，两人司尺，两人读数，一人记录及观测温度。量距时，前、后司尺员将检定后的钢尺平顺地放置于相邻两木桩的顶面，后司尺员将弹簧秤钩于钢尺起点的手环上，前、后司尺员同时用力拉尺，待拉力达到标准值时（30 m 钢尺，标准拉力为 100 N），前、后读数员应同时在钢尺上读数并记录（估读到 0.5 mm），前尺读数减去后尺读数即为该尺段的量距长度。将钢尺前后移动 5 cm 左右后，用同样的方法量距。一般每尺段要移动钢尺三次，当在钢尺的不同位置三次丈量结果的互差不超过 2 mm 时，取其平均值作为本尺段的量距结果。由 A 至 B 依次丈量完各尺段后作为往测，然后再进行返测。丈量每尺段时，应记录温度，并估读到 0.5℃。

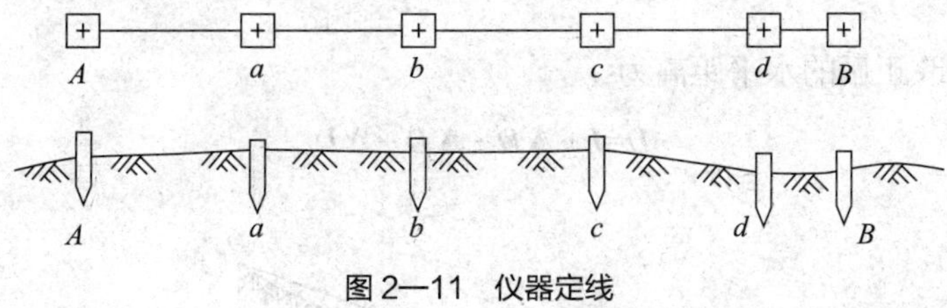

图 2—11　仪器定线

二、钢尺精密量距的计算

1. 尺长方程式

由于钢尺的制造误差、使用时拉力不同及温度变化的影响等，其实际长度往往不等于尺面注记的名义长度，因此，在精密量距前必须对钢尺进行检定。钢尺的检定可以采取与标准尺进行比较的方法，也可以采取与某一已知精密长度进行比较的方法。经过检定后，建立在一定的拉力下钢尺长度与温度的函数关系式，称为钢尺的尺长方程式，即

$$l_t=l+\Delta l+\alpha\left(t-t_0\right)l \qquad \text{式（2—3）}$$

式中　l_t——温度为 t 时的钢尺实际长度，m；

l——钢尺的名义长度，m；

Δl——尺长改正值，即钢尺在温度 t_0 时的实长与名义长之差，m；

α——钢尺膨胀系数，即温度每变化 1℃时尺长的变化率，该值为 1.25×10^{-5}/℃；

t_0——钢尺检定时的温度，℃；

t——使用钢尺时的温度，℃。

2. 钢尺量距成果整理

如图 2—12 所示，精密量距应对每一所量尺段长的平均值 L 进行尺长改正、温度改正和倾斜改正，然后将各段改正后的长度相加，即可得到所测线段的水平距离。

（1）尺长改正　设使用标准拉力、标准温度时检定钢尺的实际长度与名义长度 l 的差数为尺长改正数 Δl，则对于尺段长 L 的改正值为

$$\Delta D_l=\frac{\Delta l}{l}L \qquad \text{式（2—4）}$$

（2）温度改正　当量距时的温度与钢尺检定时的温度不一致时，钢尺长度会发生伸缩，因此要进行温度改正。对于尺段长 L 的温度改正值为

$$\Delta D_t=L\alpha\ (t-t_0) \qquad \text{式（2—5）}$$

（3）倾斜改正　图 2—12 中，欲将沿地面量出的斜距 L 换算成平距 D，已知水准仪测得该尺段两端桩顶高差为 h，此时倾斜改正值为

$$\Delta D_h=-\frac{h^2}{2L} \qquad \text{式（2—6）}$$

故，尺段 L 改正后的水平距离为

$$D=L+\Delta D_l+\Delta D_t+\Delta D_h \qquad \text{式（2—7）}$$

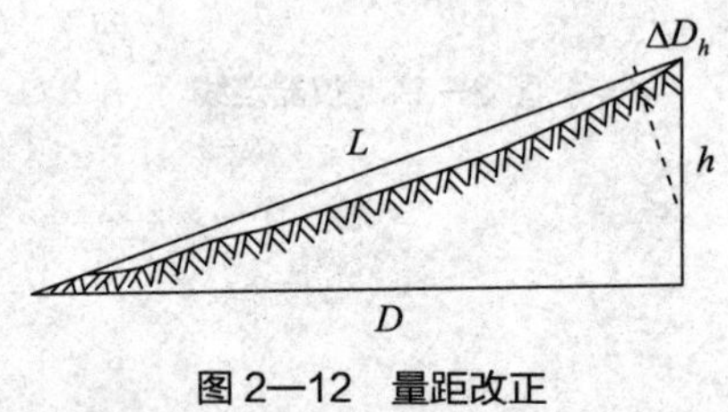

图 2—12　量距改正

任务二　经纬仪导线测量——测量导线的转折角

任务目标

◇熟悉 DJ_6 光学经纬仪的构造，能正确操作 DJ_6 光学经纬仪

◇掌握 DJ_6 光学经纬仪测算水平角的方法步骤

任务提出

欲完成图 2—1 的导线测量任务，在丈量导线各边的长度后，还必须测量出所布设导

线的转折角。

任务分析

光学经纬仪、电子经纬仪和全站仪均是角度测量的主要仪器，而本任务采用 DJ_6 光学经纬仪进行导线转折角的测量。导线两相邻边构成的转折角（水平角）分为左角和右角，左角是位于导线前进方向左侧的转折角，右角则是位于导线前进方向右侧的转折角。在测量导线的转折角时，附合导线可测其左角或右角，只要整条线路一致即可；而对于图 2—1（或图 2—6）的闭合导线“*A*—*B*—*C*—*D*—*E*—*F*”来讲，测量导线的转折角就是按导线点编号顺序测其内角。

相关知识

一、水平角测量原理

水平角是指测站点至两目标的方向线投影到水平面上所夹的角，角值为 0°～360°。如图 2—13 所示，空间两直线 *OA* 和 *OB* 相交于点 *O*，将点 *A*、*O*、*B* 沿铅垂方向投影到水平面 *P* 上，得相应的投影点 A_1、O_1、B_1，则 O_1A_1 和 O_1B_1 的夹角 β 即为水平角。

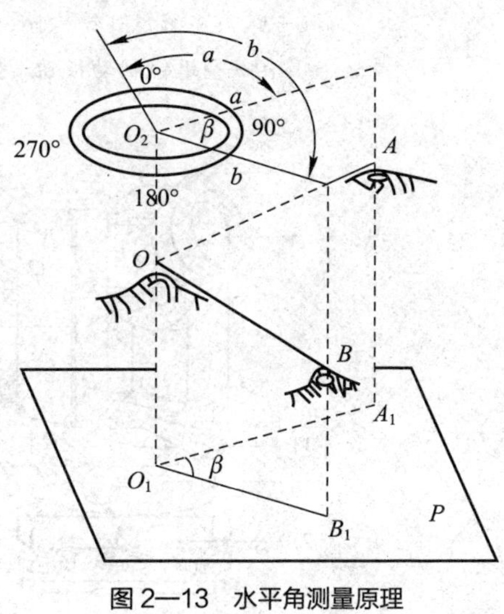

图 2—13　水平角测量原理

在图 2—13 中，设想在过 *O* 点的铅垂线上任一点 O_2 处，水平地放置一个按顺时针注记的刻度盘，且度盘的中心与 O_2 点重合，则度盘与过 *OA*、*OB* 的两竖直面相交，交线 O_2a、O_2b 在度盘上的读数分别为 *a* 和 *b*，则水平角 β 为这两个读数之差。即

$$\beta=b-a \qquad 式（2—8）$$

二、光学经纬仪的构造

光学经纬仪采用玻璃度盘和光学测微装置，故有读数准确和使用方便等优点。其种类按精度可分为 DJ_{07}、DJ_1、DJ_2、DJ_6、DJ_{15} 和 DJ_{60} 六个等级，其中“D”“J”分别为“大地测量”和“经纬仪”的汉语拼音的首字母，下标数字表示仪器的精度，即一测回水平方向中误差的秒数。在园林测量中常用 DJ_6 光学经纬仪，其外观如图 2—14、图 2—15 所示。

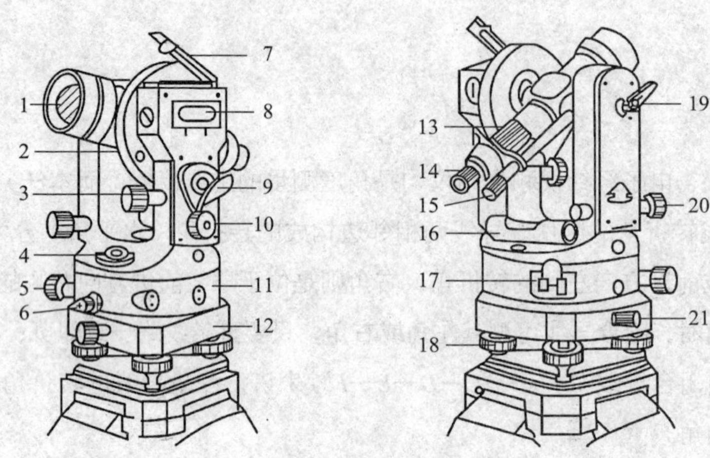

图 2—14　DJ_6-1 光学经纬仪

1—物镜　2—竖直度盘　3—竖盘指标水准管微动螺旋　4—圆水准器　5—照准部微动螺旋　6—照准部制动扳钮　7—水准管反光镜　8—竖盘指标水准管　9—度盘照明反光镜　10—测微手轮　11—水平度盘　12—基座　13—望远镜调焦筒　14—目镜　15—读数显微镜目镜　16—照准部水准管　17—复测扳手　18—脚螺旋　19—望远镜制动扳钮　20—望远镜微动螺旋　21—轴座固定螺旋

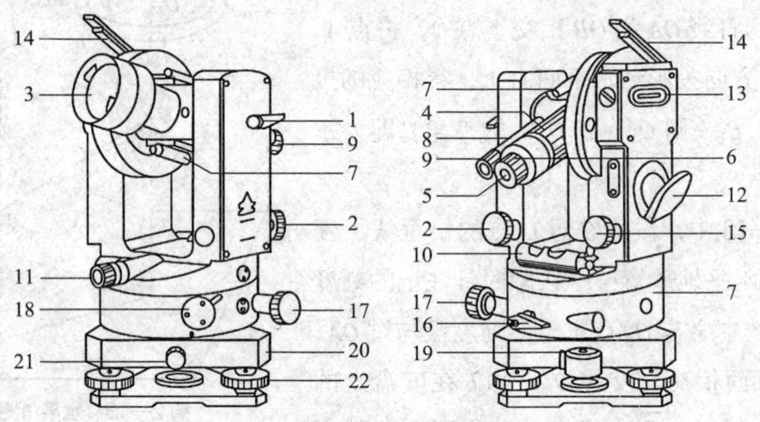

图 2—15　TDJ_6 光学经纬仪

1—望远镜制动扳钮　2—望远镜微动螺旋　3—物镜　4—物镜调焦螺旋　5—目镜　6—目镜调焦螺旋　7—粗瞄准器　8—度盘读数显微镜　9—度盘读数显微镜调焦螺旋　10—照准部管水准器　11—光学对中器　12—度盘照明反光镜　13—竖盘指标管水准器　14—竖盘指标管水准器观察反射镜　15—竖盘指标管水准器微动螺旋　16—水平方向制动扳钮　17—水平方向微动螺旋　18—水平度盘变换手轮与保护盖　19—圆水准器　20—基座　21—轴套固定螺旋　22—脚螺旋

根据测角原理，光学经纬仪具有以下装置：

1. 对中整平装置

对中整平装置用于将度盘中心（即仪器中心）安置在所测角度顶点的铅垂线上，并使度盘处于水平位置。该装置包括三脚架、垂球或光学对中器、脚螺旋、水准器等。

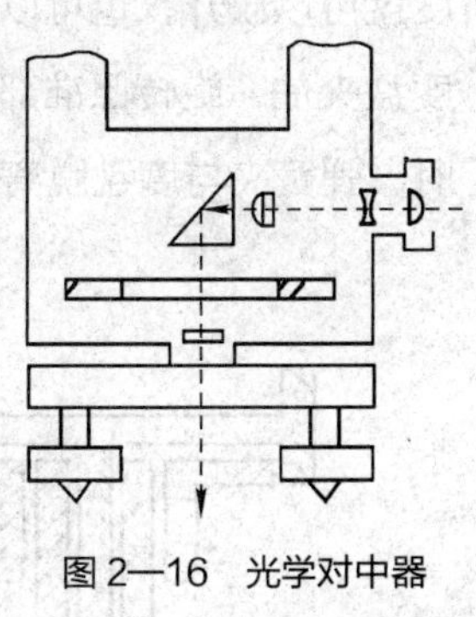
图 2—16　光学对中器

垂球悬挂于连接三脚架与仪器的中心连接螺旋上，用来标志仪器是否对中，当仪器整平时，它与竖轴位于同一铅垂线上。光学对中器也是用来标志仪器是否对中的，它是在一个平置的望远镜前面安装一块直角棱镜，望远镜的视线通过棱镜而偏转 90°，以使其处于铅垂状态，且要保持与仪器的竖轴重合，如图 2—16 所示。当仪器整平后，从光学对中器的目镜看去，如果地面点与视场内的圆圈重合，则表示仪器已经对中。

经纬仪的三个脚螺旋位于基座的下部，当旋转脚螺旋时，可使仪器的基座升降，从而将仪器整平。水准器有圆水准器、管水准器，分别用来粗略整平和精确整平仪器。

2. 照准装置

照准装置又称照准部，包括望远镜、横轴及其支架、竖轴、控制望远镜及照准部旋转的制动和微动螺旋（扳钮）。经纬仪的望远镜采用内对光调焦，在镜筒内安装了一个凹透镜，转动调焦螺旋使之前后移动对光。分划板的刻划方式如图 2—17 所示。

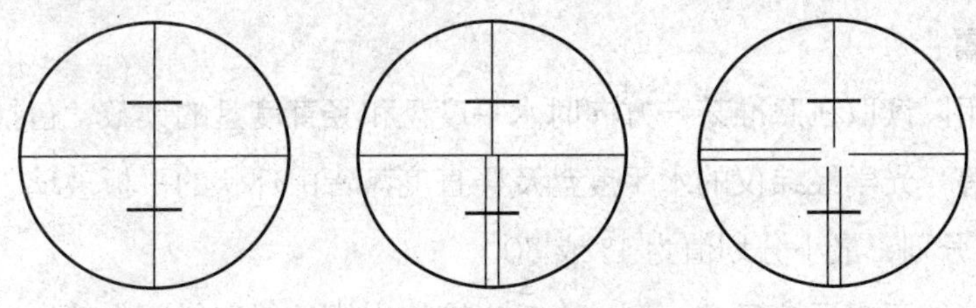
图 2—17　分划板的刻划方式

横轴与望远镜固定连接在一起，并且水平安置在两个支架上，望远镜可绕其上下转动。在一端的支架上有一个制动螺旋（扳钮），当旋紧时，望远镜不能转动；另有一个微动螺旋，在制动螺旋旋紧的条件下，转动它可使望远镜作上下微动，以便于精确照准目标。

望远镜连同照准部可绕竖轴在水平方向旋转，以照准不在同一铅垂面上的目标，并有水平制动和微动螺旋（扳钮），以控制其固定或作微小转动。

光学经纬仪竖轴的轴系如图 2—18 所示。照准部的旋转轴位于基座轴套内，而度盘的旋转轴则套在基座轴套外，其目的是使照准部的旋转轴与度盘旋转轴分离，以避免两者互相带动。根据照准部与度盘的关系，光学经纬仪可分为两类。

一类是照准部和度盘可以共同转动，也可以各自分别转动。这种仪器可以用复测法测水平角，因而称为复测经纬仪，如图 2—14 所示。它是利用一个复测扳手，使照准部与

度盘可以脱开，也可以固定连接。其结构如图 2—19 所示。当复测扳手扳下时，弹簧夹将度盘夹住，旋转照准部时，度盘也一起转动，因而度盘读数不发生变化；当复测扳手扳上时，弹簧夹与度盘脱离，旋转照准部时，度盘仍保持不动，从而使读数变化。

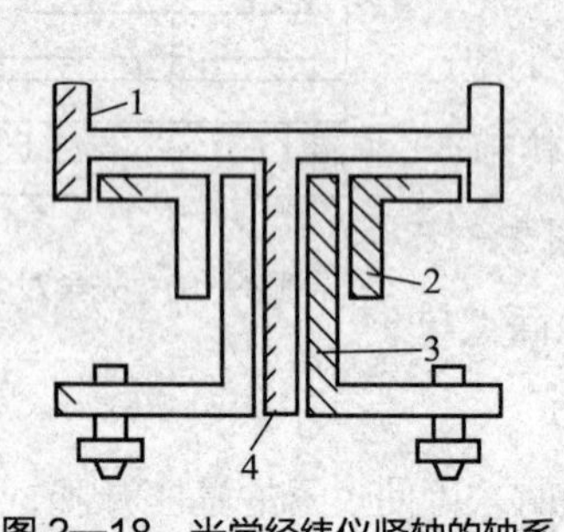

图 2—18　光学经纬仪竖轴的轴系

1—照准部　2—度盘旋转轴
3—基座轴套　4—竖轴

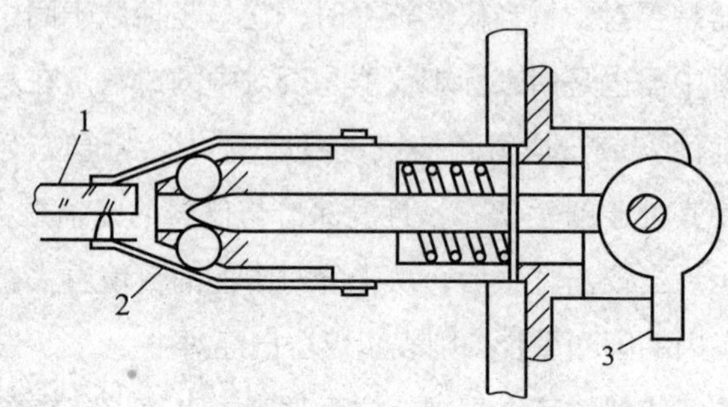

图 2—19　复测机构

1—度盘　2—弹簧夹　3—复测扳手

另一类是照准部和度盘都可单独转动，但两者不能共同转动。这类经纬仪只能用方向法测角，因而称为方向经纬仪，如图 2—15 所示。这类仪器有一个度盘变换手轮，转动它时，度盘在其本身的平面内单独旋转，可以在照准方向固定后，任意调整度盘读数。

3. 读数装置

读数装置用以读取在照准某一方向时水平度盘和竖直度盘的读数，包括度盘、读数显微镜及测微器等。光学经纬仪的水平度盘及竖直度盘皆由环状的平板玻璃制成，在圆周上刻有 0°～360° 分划，最小分划值为 1° 或 30′。

读数显微镜位于望远镜目镜一侧，由反光镜将光线反射到仪器内部，通过一系列光学组件，使水平度盘、竖直度盘及测微器的分划都在读数显微镜内显示出来，从而可以读取读数。

任务实施

一、工具准备

4～5 人为一组，每组配备：DJ_6 光学经纬仪 1 台套，标杆 2 根，计算器 1 台，记录板 1 块（含记录表格），铅笔、小刀等。

二、实施步骤

1. 安置经纬仪

如图 2—20 所示，欲测 *AB*、*AF* 两方向之间的水平角 ∠*BAF*，应在 *A* 点安置经纬仪，

图 2—20 经纬仪测量水平角

在 *B*、*F* 处分别竖立标杆。

（1）对中 将三脚架打开，调节脚架腿的长度，使其高度适中，并旋紧脚架腿的固定螺旋，目估架头水平，使架头中心初步对准测站点 *A* 的标志。从仪器箱中取出仪器，用连接螺旋将仪器与三脚架固定连接在一起，然后精确对中。

用垂球对中时，先将垂球挂在三脚架的连接螺旋上，并调整垂球线的长度，使垂球尖刚刚离开地面，再看垂球尖是否与地面点在同一铅垂线上。如果偏离，则将地面点与垂球尖连一方向线，将最靠近连线的一条脚架腿沿连线方向前后移动，直到垂球与地面点对准，如图 2—21a 所示。这时如果架头平面倾斜，则移动与最大倾斜方向垂直的一条脚架腿，直至架头基本水平，如图 2—21b 所示。为了精确对中，可稍稍松开连接螺旋，将仪器在架头平面上移动，直至准确对中，最后再旋紧连接螺旋。

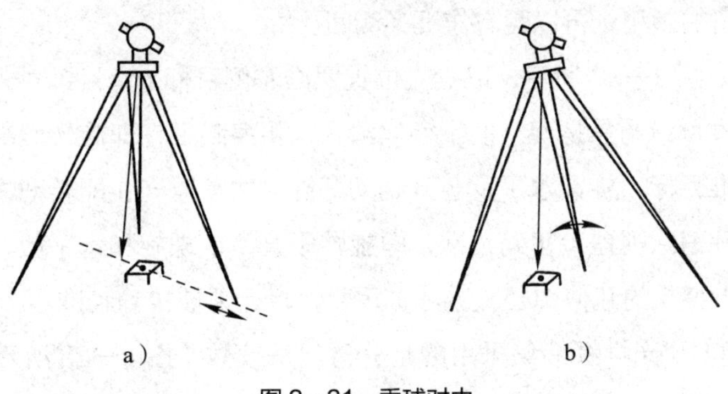

a）　　b）

图 2—21 垂球对中

使用光学对中器对中时，可以先用垂球粗略对中，然后取下垂球，再用光学对中器对中。具体步骤是：调整仪器脚螺旋使圆水准器气泡居中；调整对中器目镜使对中分划标记清晰；调整对中器的调焦手轮使地面测量标志中心清晰；稍松脚架连接螺旋，通过光学对中器观察地面标志，小心平移仪器，直至地面标志中心与视场内的圆点重合；转动脚螺旋使圆水准器气泡居中，再通过光学对中器观察地面标志中心是否与对中器中心重合，若不

重合则重复前面操作，直至重合为止。待仪器精确整平后，仍要检查对中情况。

（2）整平　整平可使竖轴居于铅垂位置，整平时要先用脚螺旋使圆水准气泡居中，以粗略整平，再用管水准器精确整平。

首先使照准部上的管水准器与任一对脚螺旋连线的方向平行，然后双手以相同速度、相反方向旋转这两个脚螺旋，使管水准器的气泡居中，如图 2—22a 所示。再将照准部平转 90°，如图 2—22b 所示，用第三个脚螺旋使气泡居中。这样反复进行 2～3 次，直至管水准器在任一方向上气泡都居中为止。

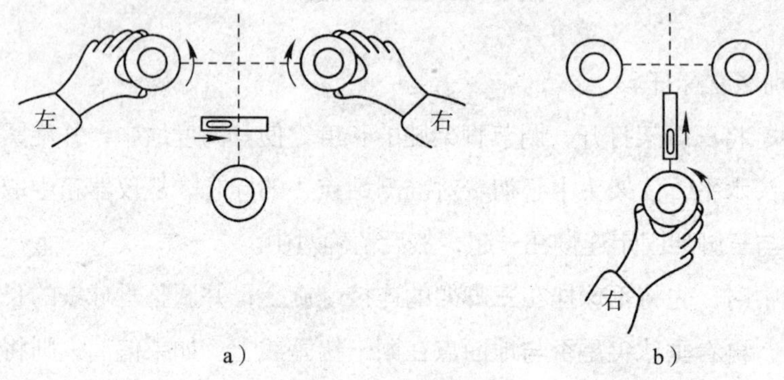

图 2—22　整平

2. 上半测回测角

光学经纬仪竖直度盘在其望远镜视线方向的左侧时称为盘左，盘左时所进行的观测称为上半测回。光学经纬仪竖直度盘在其望远镜视线方向的右侧时称为盘右，为了检核及减小仪器误差对测角的影响，再以盘右作下半测回。

（1）瞄准　如图 2—20 所示，以盘左位置照准左侧目标 B。目镜对光，即将望远镜对向明亮的背景，调目镜调焦螺旋，使十字丝清晰；粗略瞄准，即旋转照准部，通过望远镜上的粗瞄准器对准目标，旋紧水平及竖直制动螺旋；物镜对光，即转动物镜调焦螺旋至目标的成像清晰，并消除视差；精确瞄准，即旋转竖直微动螺旋和水平微动螺旋，使目标成像的几何中心与十字丝的几何中心（纵丝）重合，目标则被精确瞄准。

（2）读数　TDJ_6 光学经纬仪采用的是分微尺法读数。图 2—23 所示为通过读数显微镜看到的影像，图中“▭”代表水平度盘，“⊥”代表竖直度盘。分微尺有 60 个分划，度盘分划经过光路系统放大后，其 1° 的间隔与分微尺的长度相等。即相当于把 1° 又细分为 60 格，每格代表 1′，估读到 0.1′。读数时，打开并转动反光镜，使读数显微镜内亮度适中，调节读数显微镜目镜，使分划线清晰，然后先读取位于分微尺中度盘分划线的注记度数，再以度盘分划线为指标，在分微尺上读取分数，估读秒数，两者相加即得度盘读数。

如图 2—23 所示，水平度盘读数为 145°03′30″，即为图 2—20 中左侧目标 B 的盘左水平度盘读数 $b_{左}$；其竖直度盘读数为 272°51′36″。

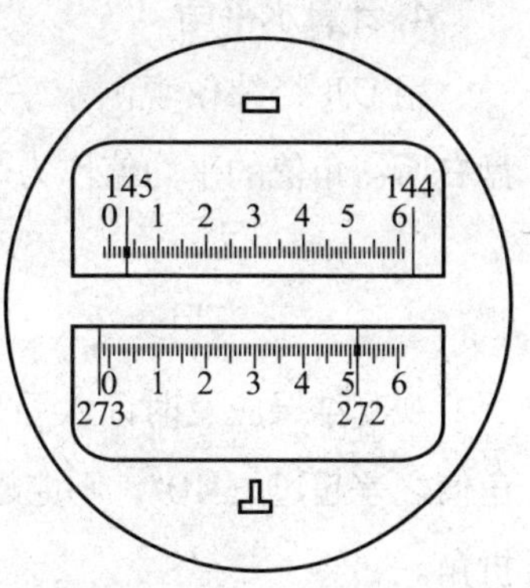

图 2—23 分微尺测微器读数

如果使用 DJ_6-1 光学经纬仪测角，则采用单平板玻璃测微器读数法。DJ_6-1 光学经纬仪在支架的侧面有一个测微手轮，它与平板玻璃及一个刻有分划的测微尺相连，转动测微手轮时，平板玻璃产生转动。测微尺上刻有 30 个大格，每一大格又分为三个小格。如果度盘影像移动 30′，则测微尺刚好移动 30 个大格，即测微尺的每一大格为 1′，每一小格为 20″，可估读至 5″。读数时需转动测微手轮，使度盘刻划线的影像移动到双指标线的中央，并根据该指标线读出度盘的读数，这时测微尺中间单指标线所对的读数即为不足 30′ 的微小读数，将两者相加即为完整的读数。如图 2—24a 所示，竖直度盘读数为 92°17′30″。如图 2—24b 所示，水平度盘读数为 4°42′30″。

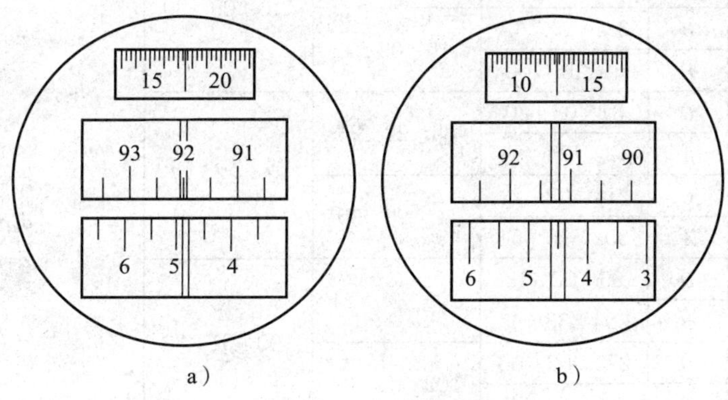

图 2—24 单平板玻璃测微器读数

（3）**计算上半测回角值** 松开照准部及望远镜的制动螺旋，顺时针方向转动照准部，照准右侧目标 F，并读取该方向水平度盘读数 $f_{左}$，由式（2—8）可知，盘左上半测回所测角值 $\beta_{左}$为

$$\beta_{左}=f_{左}-b_{左}$$

3. 下半测回测角

将望远镜纵转 180°，改为盘右位置，先照准右侧目标 F，并读取水平度盘读数 $f_{右}$；然后逆时针方向转动照准部，照准左侧目标 B，读取水平度盘读数 $b_{右}$。则盘右下半测回所测角值 $\beta_{右}$为

$$\beta_{右}=f_{右}-b_{右}$$

4. 计算水平角

用 DJ_6 经纬仪观测水平角，当上、下两个半测回角值之差不超过 ±40″时，取盘左、盘右所得角值的平均值作为一测回的结果，即

$$\beta=\frac{\beta_{左}+\beta_{右}}{2} \qquad 式（2—9）$$

观测结果应及时记入手簿，并进行计算，记录格式及计算见表 2—3。若上、下半测回角值之差超过 ±40″，则应检查原因甚至重测。用同样的方法测出图 2—6 中导线的所有转折角。

表 2—3　　光学经纬仪导线测量水平角观测记录表

仪器号＿＿＿＿　班组＿＿＿＿　天气＿＿＿＿　日期＿＿＿＿

测站	竖盘位置	目标	水平度盘读数（° ′ ″）	半测回角值（° ′ ″）	一测回角值（° ′ ″）	备注
A	左	*B*	145 03 30	116 09 18	116 09 30	
		F	261 12 48			
	右	*B*	325 03 18	116 09 42		
		F	81 13 00			
B	左	*C*	34 03 30	88 22 24	88 22 27	
		A	122 25 54			
	右	*C*	214 03 24	88 22 30		α_{AB}=271°30′
		A	302 25 54			α_{BA}=91°00′
C	左	*D*	95 02 18	109 31 24	109 31 30	$\bar{\alpha}$=271°15′
		B	204 33 42			
	右	*D*	275 02 00	109 31 36		草图：
		B	24 33 36			北
D	左	*E*	100 15 48	166 18 48	166 18 45	D E C F B A
		C	266 34 36			
	右	*E*	280 15 18	166 18 42		
		C	86 34 00			
E	左	*F*	231 16 24	97 30 12	97 30 24	
		D	328 46 36			
	右	*F*	51 16 36	97 30 36		
		D	148 47 12			
F	左	*A*	30 08 24	142 06 36	142 06 18	
		E	172 15 00			
	右	*A*	210 08 48	142 06 00		
		E	352 14 48			

观测者＿＿＿＿　记录者＿＿＿＿

三、操作注意事项

1. 仪器安置高度要合适，三脚架要踩实；用垂球对中的误差不大于 3 mm，光学对中器对中的误差不大于 1 mm。

2. 整平仪器后，仪器转动到任意位置时，管水准气泡偏离中央不能超过 1 格；当一测回内照准部水准管气泡偏离中央超过 1 格时，则需重新整平、重新观测。

3. 标杆要竖直，立点要准确，要尽可能用十字丝交点瞄准标杆基部。

4. 读数要准确，不要混淆水平度盘和竖直度盘的读数。

5. 计算上、下半测回角值时，均用右侧目标读数减去左侧目标读数，右侧目标读数小于左侧目标读数时，应将右侧目标读数加上 360° 再减去左侧目标读数。

评分标准

序号	项目与技术要求	配分	评分标准	实测记录	得分
1	熟悉光学经纬仪的构造，能熟练操作光学经纬仪	30	讲述仪器构成部件、螺旋位置和功能不正确扣 10 分，没有掌握仪器的操作方法扣 20 分		
2	能正确读取光学经纬仪的度盘读数	30	不会进行度盘读数或读数结果不正确全扣		
3	水平角测量过程要规范	30	仪器操作不规范扣 10 分，立标杆不直或立点位置不正确扣 10 分，未达到精度要求扣 10 分		
4	记录规范，计算正确	10	记录不规范扣 5 分，角度计算错误全扣		
合计得分					

思考与练习

在地面 *O* 点上安置光学经纬仪，以测回法观测 *OM* 和 *ON* 两个方向的水平角 ∠*MON*。盘左位置先照准 *M* 点，后沿顺时针方向照准 *N* 点，水平度盘的读数分别为 6°23′30″ 和 95°48′00″；盘右位置先照准 *N* 点，后沿逆时针方向照准 *M* 点，水平度盘读数分别为 275°48′18″ 和 186°23′18″，试将观测数据填写在表 2—4 中，当上、下两个半测回角值之差不超过 ±40″ 时，计算该测回的角值。

表 2—4　　水平角观测记录表

<table>
<tr><th>测站</th><th>竖盘位置</th><th>目标</th><th>水平度盘读数
（°　′　″）</th><th>半测回角值
（°　′　″）</th><th>一测回角值
（°　′　″）</th><th>备注</th></tr>
<tr><td rowspan="4"></td><td rowspan="2"></td><td></td><td></td><td rowspan="2"></td><td rowspan="4"></td><td rowspan="4"></td></tr>
<tr><td></td><td></td></tr>
<tr><td rowspan="2"></td><td></td><td></td><td rowspan="2"></td></tr>
<tr><td></td><td></td></tr>
</table>

任务三　经纬仪导线测量——测量导线起始边的方向

任务目标

◇了解基本方向的种类及其之间的关系

◇了解直线方向的表示方法

◇熟悉罗盘仪的构造及其各部件的功能

◇掌握罗盘仪测定磁方位角的方法步骤

任务提出

在经纬仪导线测量中，欲确定各导线点的平面位置，除需丈量各导线边的长度、测量导线的转折角以外，还必须知道各导线边的坐标方向。经纬仪或全站仪并不具备直接测量导线边坐标方向的功能，罗盘仪是观测直线磁方位角的仪器，可用于测量导线的方向，本任务的具体内容是用罗盘仪测量出图 2—1 中起始边 *AB* 的磁方位角。

任务分析

一条直线的方向是用该直线与基本方向线之间所夹的水平角来表示的，因此，确定一条直线与基本方向间角度关系的工作就称为直线定向。在导线测量中，若导线附近有已知高等级的控制点，则要采用经纬仪或全站仪将导线与已知点进行联测，以取得坐标和坐标方位角的起算数据。而在图 2—1 的测区附近无已知点，就需要假定起始点（*A* 点）的坐标，因该测区范围较小，坐标方位角可用磁方位角来代替，当用罗盘仪测量出导线边 *AB* 的磁方位角后，就能以此推算出其他各导线边的坐标方向。

相关知识

一、基本方向的种类

1. 真子午线方向

通过地面上一点并指向地球南北极的方向线，称为该点的真子午线方向，即真南北方向。真子午线北端所指的方向为真北方向，它可以用天文观测的方法来确定。

2. 磁子午线方向

在地球磁场作用下，地面某点上的磁针在地球磁场作用下，自由静止时其轴线所指的方向，称为该点的磁子午线方向，即磁南北方向。磁针北端所指的方向为磁北方向，可用罗盘仪测定。

3. 坐标纵线方向

通过地面上某点，且平行于该点所在的平面直角坐标系纵轴线的方向，称为坐标纵线方向。坐标纵线北端所指的方向为坐标北方向，在高斯平面直角坐标系中，同一投影带内的所有坐标纵线都与中央子午线平行。

二、基本方向之间的关系

上述三种基本方向中的北方向总称为“三北方向”，如图 2—25 所示。

由于地球的南极、北极与地球磁场的南极、北极不重合，因此，地面上某点的真子午线方向和磁子午线方向并不一致，存在一个偏离角度，这个角度称为磁偏角，用 δ 来表示。凡是磁子午线北方向偏在真子午线北方向以东者称为东偏，其 δ 角值为正；偏在真子午线北方向以西者称为西偏，其 δ 角值为负，如图 2—26 所示。地面上各点的磁偏角不是一个定值，它随地理位置的不同而异。我国西北地区磁偏角为 6° 左右，东北地区磁偏角为 -10° 左右。此外，即使在同一地点，时间不同，磁偏角也有差异。所以，采用磁子午线方向作为基本方向，其精度比较低。

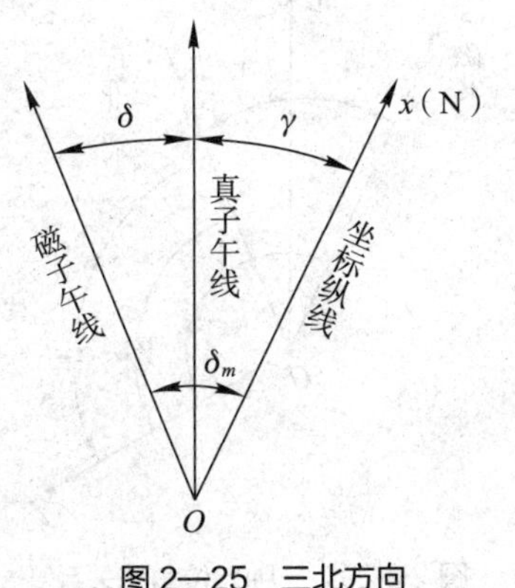

图 2—25　三北方向

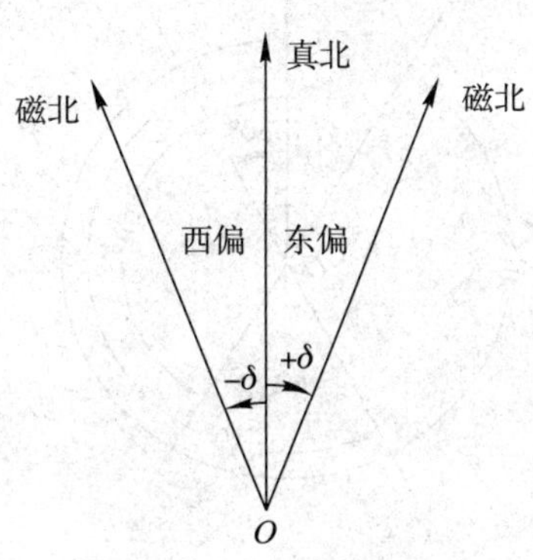

图 2—26　磁偏角的正负

地面某点的真子午线方向与坐标纵线方向之间的夹角，称为子午线收敛角，以γ表示。凡坐标纵线北端在真子午线以东者，γ取正值；以西者，γ取负值，如图2—27所示。

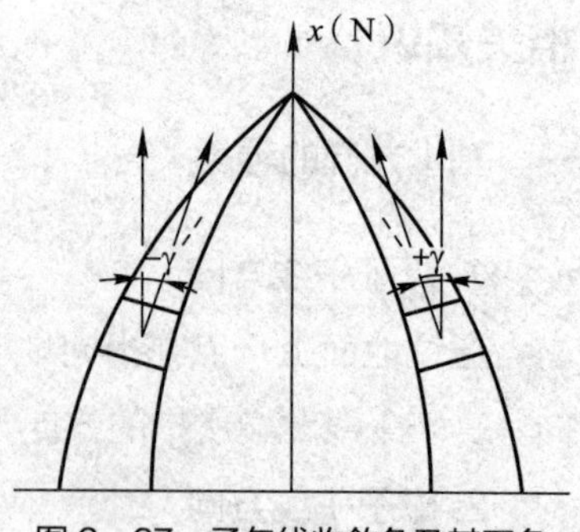

图2—27　子午线收敛角及其正负

在园林测量中，地面上某点的子午线收敛角可按式（2—10）计算

$$\gamma=\Delta L\sin B \quad \text{式（2—10）}$$

式中　γ——子午线收敛角；

ΔL——地面点经度与其所在的高斯投影带的中央子午线经度之差；

B——地面点的纬度。

地面上某点的坐标纵方向与磁子午线方向间的夹角称为磁坐偏角，以δ_m表示。磁子午线北端在坐标纵线以东者，δ_m取正值；反之，δ_m取负值。

三、直线方向的表示方法

在园林测量工作中，常采用方位角或象限角表示直线的方向。

1. 方位角及其正反

（1）方位角　由基本方向的北端起，沿顺时针方向到某一直线的水平夹角，称为该直线的方位角，以α表示，其角值为0°～360°。如图2—28所示，直线OA、OB、OC、OD的方位角分别为30°、150°、210°、330°。

如图2—29所示，根据基本方向的不同，方位角可分为真方位角、磁方位角和坐标方位角。以真子午线方向为基本方向的称为真方位角，用$\alpha_{真}$表示；以磁子午线方向为基本方向的称为磁方位角，用$\alpha_{磁}$表示；以坐标纵线为基本方向的称为坐标方位角，用$\alpha_{坐}$表示。它们之间的关系为

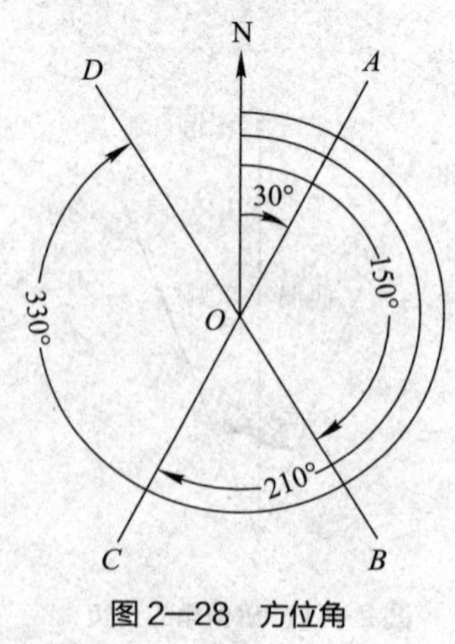

图2—28　方位角

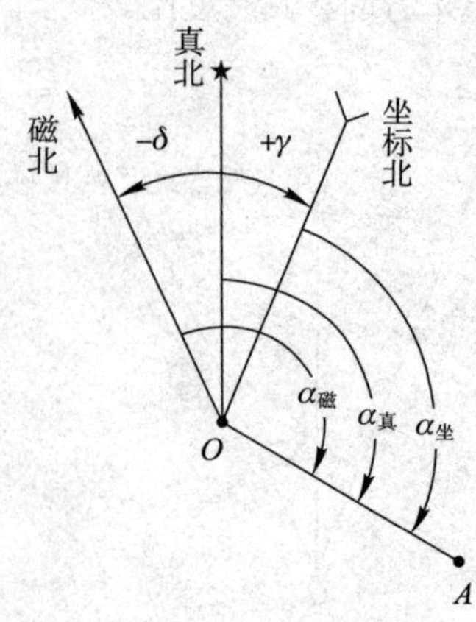

图2—29　三种方位角的关系

$$\left.\begin{aligned}\alpha_{真}&=\alpha_{磁}+\delta\\ \alpha_{坐}&=\alpha_{真}-\gamma\\ \alpha_{磁}&=\alpha_{坐}-\delta+\gamma\end{aligned}\right\}\qquad 式（2—11）$$

（2）正、反方位角的关系　在直线定向中，将直线的前进方向称为正方向；反之，称反方向。如图 2—30 所示，A 为线段的起点，B 为线段的终点，通过 A 点的坐标纵线北方向与直线 AB 所夹的方位角 α_{AB} 称为正坐标方位角，而直线 BA 的坐标方位角 α_{BA} 称为反坐标方位角。因通过 A、B 两点的坐标纵线相互平行，所以直线 AB 的正坐标方位角 α_{AB} 与反坐标方位角 α_{BA} 相差 ±180°，即

$$\alpha_{AB}=\alpha_{BA}\pm 180°\qquad 式（2—12）$$

若 $\alpha_{AB}>180°$，公式右端取“-”号；若 $\alpha_{BA}<180°$，公式右端取“+”号。

由于真子午线之间或磁子午线之间相互并不平行，所以，正、反真方位角和正、反磁方位角不存在式（2—12）的关系；但在小范围测量中，地面上两点间的距离较短，通过两点的子午线可以视为平行，此时，同一直线的正、反真方位角（或正、反磁方位角）可近似地认为相差 ±180°。

2. 象限角

从基本方向的北端或南端起，到某一直线所夹的水平锐角，称为该直线的象限角，其角值为 0°～90°。象限角不但要写出角值，还要在角值之前注明象限名称。如图 2—31 所示，直线 OA、OB、OC、OD 的象限角分别为北东 30° 或 NE30°、南东 30° 或 SE30°、南西 30° 或 SW30°、北西 30° 或 NW30°。象限角和方位角一样，可分为真象限角、磁象限角和坐标象限角。

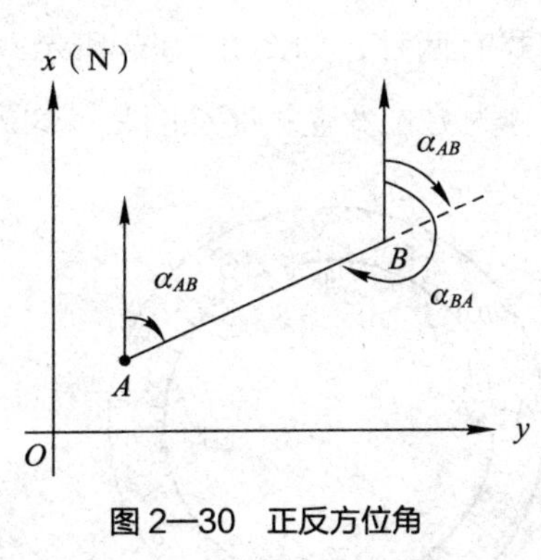

图 2—30　正反方位角

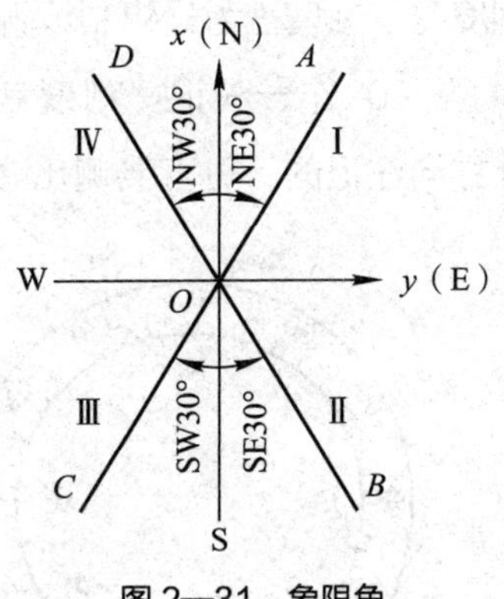

图 2—31　象限角

四、罗盘仪及其构造

罗盘仪是观测直线磁方位角或磁象限角的仪器，主要由罗盘、望远镜、水准器与球臼

等部分组成，如图 2—32 所示。

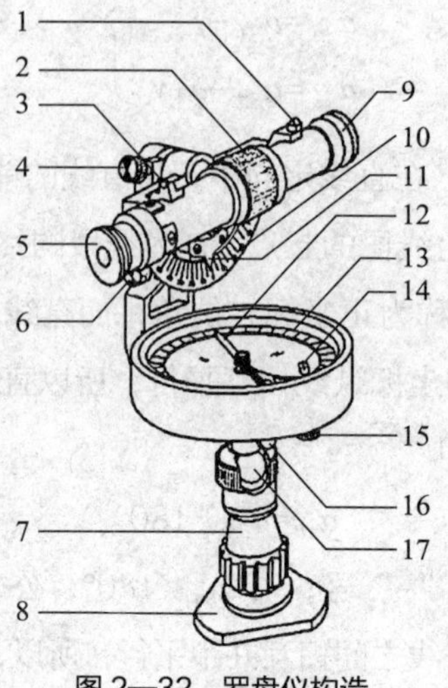

图 2—32　罗盘仪构造

1—准星　2—物镜调焦螺旋　3—照门　4—望远镜制动螺旋　5—望远镜目镜　6—望远镜微动螺旋　7—接头螺旋　8—三脚架头　9—望远镜物镜　10—竖直刻度盘　11—竖盘读数指标　12—磁针　13—水平刻度盘　14—管水准器　15—磁针固定螺旋　16—水平制动螺旋　17—球臼接头

1. 罗盘

（1）磁针　磁针是一个长条形的人造磁铁，置于圆形罗盘盒的中央顶针上，可以自由转动；不用时应旋紧磁针的固定螺旋，将磁针抬起压在罗盘盒的玻璃盖上，以避免磁针帽与顶针的磨损。另外，由于磁针两端受到地球南、北磁极引力的不同，造成磁针在自由静止时不能保持水平，磁针的北端会向下倾斜与水平面形成一个角度，即磁倾角。为了消除磁倾角的影响，常在磁针南端缠上铜丝，这也是磁针南端的标志。

（2）刻度盘　刻度盘为一铝制或铜制的圆环，装在罗盘盒的内缘。盘上最小分划为 1° 或 30′，并每隔 10° 作一注记。刻度盘的注记形式有两种，如图 2—33a 所示，0°～360° 是按逆时针方向注记的，可直接测出磁方位角，称为方位罗盘；而在图 2—33b 中，由 0°

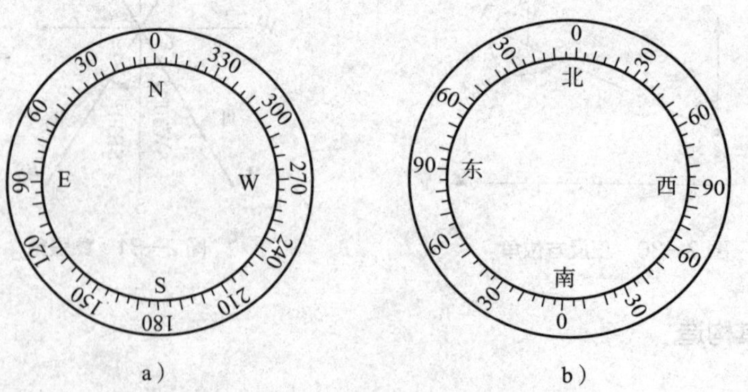

图 2—33　刻度盘及注记形式

的两端起，分别对称地向左右两边各刻划注记到 90°，可直接测出磁象限角，故称为象限罗盘。

用罗盘仪测定磁方位角时，刻度盘是随着瞄准设备一起转动的，而磁针静止不动，在这种情况下，为了能直接读出与实地相符的方位角，将方位罗盘按逆时针方向注记，东西方向的注记与实地相反。

2. 望远镜

望远镜是罗盘仪的瞄准设备，它由物镜、目镜和十字丝分划板构成。物镜的作用是使被观测的目标成像于十字丝平面上；目镜的作用是放大十字丝和被观测目标的像。十字丝装在十字丝环上，而十字丝环由四个校正螺钉固定在望远镜筒内。在十字丝中丝的上下还有对称的两根短横丝，称为视距丝，用作视距测量。

在望远镜旁还装有能够测量倾斜角的竖直度盘，以及用作控制望远镜转动的制动螺旋和微动螺旋。望远镜上还有物镜调焦螺旋，采用外对光方式调焦，可使被观测目标的影像清晰。

3. 水准器与球臼

在罗盘盒内装有一个圆水准器或两个互相垂直的管水准器，当圆水准器内的气泡位于中心位置，或两个水准管内的气泡同时被横线平分时，称为气泡居中。此时，罗盘盒处于水平状态。

球臼螺旋在罗盘盒的下方，配合水准器可整平罗盘盒；在球臼与罗盘盒之间的连接轴上还安有水平制动螺旋，以控制罗盘的水平转动。

任务实施

一、工具准备

4～5 人为一组，每组配备罗盘仪 1 台套，标杆 2 根，计算器 1 台，记录板 1 块（含记录表格），铅笔、小刀等。

二、实施步骤

1. 安置罗盘仪

（1）对中　参照图 2—1，在三脚架头下方悬挂一垂球，移动三脚架使垂球尖对准地面点 A，称为对中。对中的目的是使罗盘仪水平度盘中心与地面点在同一铅垂线上。对中容许误差为 2 cm。

（2）整平　松开球臼螺旋，用手前后、左右仰俯罗盘盒，使度盘内的水准器气泡居中，然后拧紧球臼螺旋，此时罗盘仪刻度盘处于水平位置，该项工作称为整平。仪器整平后，松开磁针固定螺旋，磁针即可自由转动。

2. 瞄准目标

旋松望远镜制动螺旋和水平制动螺旋，转动仪器并利用望远镜上的准星和照门粗略瞄准图 2—1 中的 *B* 点，然后将望远镜制动螺旋和水平制动螺旋拧紧；转动目镜使十字丝清晰，再调节物镜调焦螺旋使物像清晰，最后转动望远镜微动螺旋并微动罗盘盒，使十字丝交点精确对准目标。

3. 读取读数

待磁针自由静止后，正对磁针并沿注记增大方向读出磁针北端所指的读数，即为所测直线 *AB* 的正磁方位角，经实测，α_{AB}=271°30′，填入记录表 2—3 的备注栏中。

4. 测算平均方位角

为了检验校核，还需要测量出直线 *AB* 的反磁方位角 α_{BA}，此时，应将罗盘仪安置于 *B* 点，在 *A* 点竖立标杆，用上述同样的方法进行观测。由于图 2—1 的测区范围较小，正、反磁方位角可视为相差 180°，当与 180° 的不符值不超过 ±1° 时，计算出平均值。即

$$\alpha_{平均}=\frac{\alpha_{正}+（\alpha_{反}\pm180°）}{2}$$，当 $\alpha_{反}>180°$ 时，取“-”号；若 $\alpha_{反}<180°$，取“+”号。

如果超出限差，应查明原因加以改正或重测。

经实测，α_{BA}=91°00′，则平均方位角为：

$$\bar{\alpha}=\frac{\alpha_{AB}+（\alpha_{BA}\pm180°）}{2}=\frac{271°30'+（91°00'+180°）}{2}=271°15'$$

将结果填入记录表 2—3 的备注栏。

三、操作注意事项

1. 罗盘仪观测时，要避免接近铁塔、高压线、钢尺等导磁物体。

2. 读取读数时，要认清磁针的北端和南端，眼睛要从磁针上方垂直向下看，并按注记由小到大方向读数。

3. 若刻度盘上的 0° 分划线在罗盘仪望远镜的目镜一端，则应按磁针南端读数，才是所测直线的磁方位角。

4. 在搬站或观测完毕装盒时，应将罗盘仪的磁针固定，以免造成不必要的磨损。

评分标准

序号	项目与技术要求	配分	评分标准	实测记录	得分
1	熟悉罗盘仪的构造、各部件的功能，能熟练操作罗盘仪	30	讲述仪器构成部件不完整扣 10 分，不熟悉各部件的功能扣 10 分，不能操作罗盘仪扣 10 分		
2	能正确测量直线的磁方位角	50	对中超过容许误差、整平时气泡不居中、未精确瞄准目标、标杆竖立不直或标杆点位置不正确、读数不准确，每项各扣 5 分，精度不符合要求扣 25 分		
3	记录规范，计算正确	20	外业记录不规范扣 10 分，内业计算错误全扣		
合计得分					

思考与练习

已知导线边 *AB* 的磁方位角是 348°15′，又知 *A* 点的磁偏角为西偏 2°02′、子午线收敛角为东偏 2°01′，试分别求算导线边 *AB* 的真方位角、坐标方位角和 *A* 点的磁坐偏角。

任务四　经纬仪导线测量——经纬仪导线测量的内业

任务目标

◇掌握经纬仪导线测量内业的计算方法

◇能正确计算出待求导线点的坐标

任务提出

在图 2—6 中，若已知起始点 *A* 的平面直角坐标为（510.00 m，430.00 m），根据表 2—2、表 2—3 的外业数据，进行经纬仪闭合导线的内业整理。

任务分析

经纬仪导线测量内业的目的是计算出各待测导线点的平面直角坐标，为此，应按步骤进行角度闭合差的计算与调整、各导线边坐标方位角的计算、坐标增量的计算、坐标增量闭合差的计算与调整等。

相关知识

一、独立平面直角坐标系

当测区的范围较小时，可以忽略地球曲率的影响而将其当成平面看待，并在此平面上建立独立的直角坐标系。如图 2—34 所示，原点 O 设在测区的西南角，以避免坐标出现负值，一般选定子午线方向为纵轴，即 x 轴，东西方向为横轴，即 y 轴，象限为顺时针编号。这样，数学中的三角函数公式适用于测量坐标系。

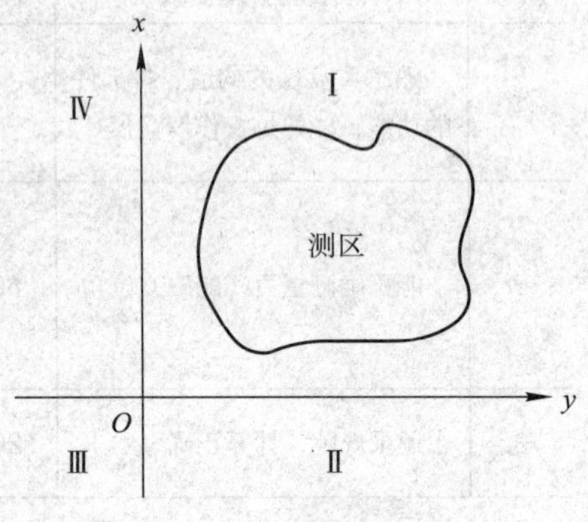

图 2—34　独立平面直角坐标系

二、导线测量错误的检查

1. 测角错误的检查

如图 2—35 所示，如果导线为附合导线，并假设导线中只有一个角值错误，则可用角度的实际观测值分别从导线两端的已知点 A 和 B 开始，计算出两套导线点坐标值；若大部分点的两套坐标不相等，只有一点的两套坐标近似相等，如图 2—35 中的导线点 3 和 3′ 所示，则该点的角度观测值可能有错误。对于闭合导线，则分别沿顺时针和逆时针方向，用实测数据计算出两套坐标值，同理，如果大部分点的两套坐标不相等，而只有一点的两套坐标近似相等，则该点的角度观测值可能有错误。

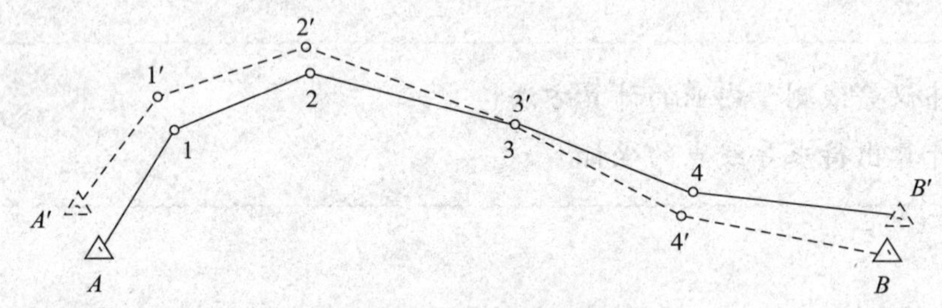

图 2—35　测角错误的检查

2. 量距错误的检查

如果角度闭合差不超限，但导线相对闭合差的值超限较多，而且导线闭合差的方位角与某条导线边的方位角很接近，即闭合差方向与该边近似平行，则这条导线边的距离观测值可能有错误。如图 2—36 所示的附合导线，若导线边 1—2 的距离错误长度为 2—2′，从已知点 A 出发，用实测数据直接计算出各导线点的坐标，直到 B 点结束；将计算所得的 1、2、3、4、B 各点绘制到坐标纸上，同时，根据已知的 B 点坐标将 B' 点也绘到坐标纸上；连接 B 和 B' 便得到导线的绝对闭合差 f。从图 2—36 中可以看出，闭合差 f 的方向与导线边 1—2 最为接近，则可判断出导线边 1—2 的距离测量结果有误。

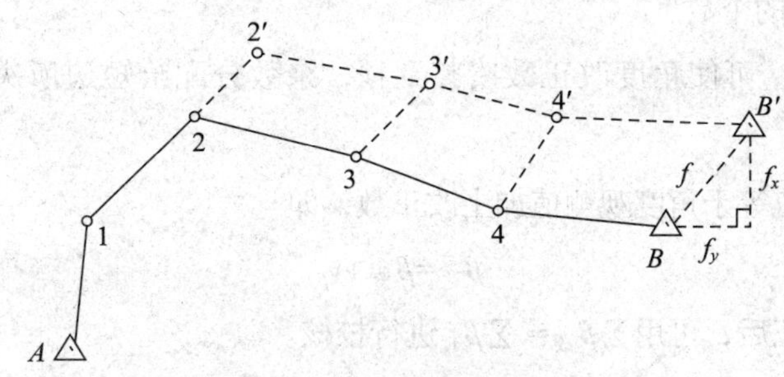

图 2—36 量距错误的检查

任务实施

一、工具准备

4～5 人一组，每组配备经纬仪导线测量外业数据 1 套，计算器 1 台，坐标计算表若干，铅笔、小刀、橡皮等。

二、实施步骤

1. 角度闭合差的计算与调整

（1）角度闭合差的计算　因闭合导线是一个多边形，从平面几何知识可知，n 边形闭合导线内角之和的理论值 $\sum\beta_{理}$ 应为

$$\sum\beta_{理}=180°(n-2) \qquad 式（2—13）$$

由于测角过程中存在误差，实测闭合导线内角之和 $\sum\beta_{测}$ 往往不等于理论值 $\sum\beta_{理}$，两者的差值称为角度闭合差，以 f_β 表示。即

$$f_\beta=\sum\beta_{测}-\sum\beta_{理}=\sum\beta_{测}-180°(n-2) \qquad 式（2—14）$$

（2）角度闭合差的调整　按照表 2—1，角度闭合差的容许值 $f_{\beta容}$ 为

$$f_{\beta容}=\pm 40''\sqrt{n} \qquad 式（2—15）$$

若 $|f_\beta|>|f_{\beta容}|$，即角度闭合差超过容许值，应先检查计算过程，若计算无错误，再检查外业观测数据，对错误或可疑数据应重新观测，直到满足精度要求为止。

若 $|f_\beta|\leqslant|f_{\beta容}|$，即角度闭合差没有超出容许值，说明精度达到要求，则可进行角度闭合差的调整。由于角度观测是在相同条件下进行的，故认为各角所产生的误差是相等的。因此，角度闭合差的调整方法是：将角度闭合差按相反的符号平均分配到各转折角值中，此分配值称为角度改正数，以 v_β 表示，即

$$v_{\beta}=-\frac{f_{\beta}}{n} \quad \text{式（2—16）}$$

式中　n——观测角的个数。

为了计算方便，可使角度改正数凑整到秒，余数分配给短边所夹的转折角，此时，$\sum v_{\beta}=-f_{\beta}$。

则改正后的角值等于角度观测值加上改正数，即

$$\beta_{改}=\beta_{测}+v_{\beta} \quad \text{式（2—17）}$$

角度观测值改正后，可用$\sum\beta_{改}=\sum\beta_{理}$进行校核。

2. 坐标方位角的计算

如图 2—37 所示，已知 1—2 边的坐标方位角 α_{12} 和各个改正后的内角 β_i（i=1，2，…，5），根据起始边坐标方位角和改正后的转折角，可逐次推算出导线各边的坐标方位角。

在图 2—37a 中，导线点是按顺时针方向编号的，其内角为右角，可以算出

$$\alpha_{23}=\alpha_{12}+(180°-\beta_2)$$

$$\alpha_{34}=\alpha_{23}+(180°-\beta_3)$$

$$\alpha_{45}=\alpha_{34}+(180°-\beta_4)$$

……

$$\alpha_{12}=\alpha_{51}+(180°-\beta_1)\text{（校核）}$$

由此可以归纳出按后视导线边的方位角 $\alpha_{后}$和导线右角 $\beta_{右}$，推算前视导线边方位角 $\alpha_{前}$的公式为

$$\alpha_{前}=\alpha_{后}+180°-\beta_{右} \quad \text{式（2—18）}$$

在图 2—37b 中，导线点是按逆时针方向编号的，其内角为左角，可以算出

$$\alpha_{23}=\alpha_{12}-(180°-\beta_2)$$

$$\alpha_{34}=\alpha_{23}-(180°-\beta_3)$$

$$\alpha_{45}=\alpha_{34}-(180°-\beta_4)$$

……

$$\alpha_{12}=\alpha_{51}-(180°-\beta_1)\text{（校核）}$$

由此也可归纳出按后视导线边的方位角 $\alpha_{后}$和导线左角 $\beta_{左}$，推算前视导线边方位角 $\alpha_{前}$的公式为

$$\alpha_{前}=\alpha_{后}-180°+\beta_{左} \quad \text{式（2—19）}$$

因为方位角的取值范围是 0°～360°，因此，若使用式（2—18）或式（2—19）推算出的方位角 $\alpha_{前}>360°$ 或 $\alpha_{前}<0°$，则应对其减去 360° 或加上 360°。

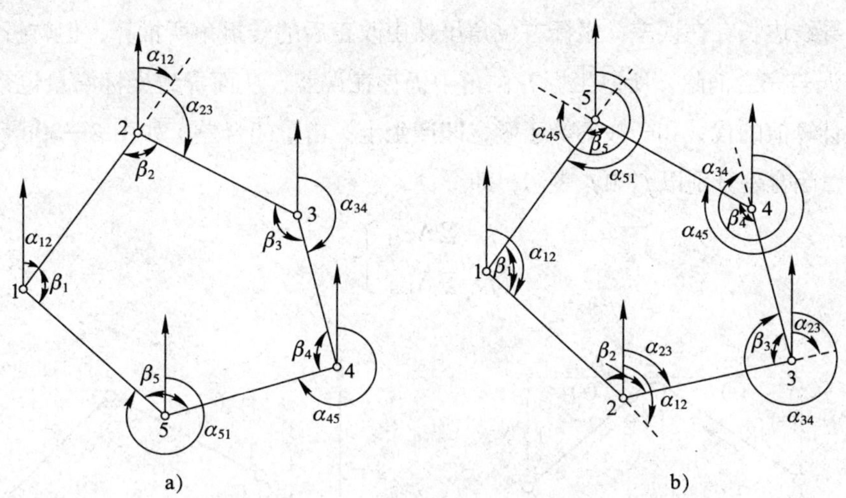

图 2—37　推算导线各边方位角

3. 坐标增量的计算

坐标增量是指导线边的终点和始点的坐标差，以 Δx、Δy 分别表示纵坐标增量和横坐标增量。如图 2—38 所示，当已知导线的长度 D 和坐标方位角 α 时，可按式（2—20）计算坐标增量。即

$$\left.\begin{aligned}\Delta x=D\cos\alpha\\ \Delta y=D\sin\alpha\end{aligned}\right\}\qquad \text{式（2—20）}$$

式中坐标增量的正、负号与坐标方位角的余弦函数值、正弦函数值的符号相一致。

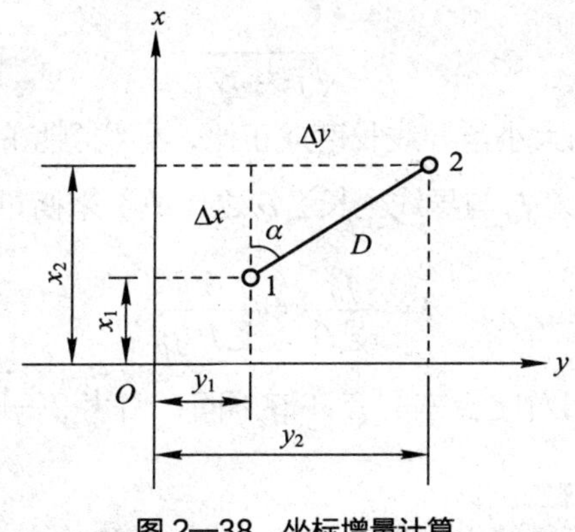

图 2—38　坐标增量计算

4. 坐标增量闭合差的计算与调整

如图 2—39a 所示，闭合导线各边纵、横坐标增量的代数和的理论值应分别等于零。即

$$\left.\begin{aligned}\sum\Delta y_{理}=0\\ \sum\Delta x_{理}=0\end{aligned}\right\}\qquad \text{式（2—21）}$$

由于导线边长存在误差，坐标方位角虽然由改正后的转折角所推算，但转折角的改正不可能将误差完全消除，所以坐标方位角中仍存在误差，从而导致坐标增量也带有误差，坐标增量计算值的代数和一般不等于零，即产生坐标增量闭合差，如图 2—39b 所示。纵、横坐标增量闭合差分别以 f_x 和 f_y 表示，即

$$\left.\begin{array}{l} f_x=\sum \Delta x_{计} \\ f_y=\sum \Delta y_{计} \end{array}\right\} \qquad 式（2—22）$$

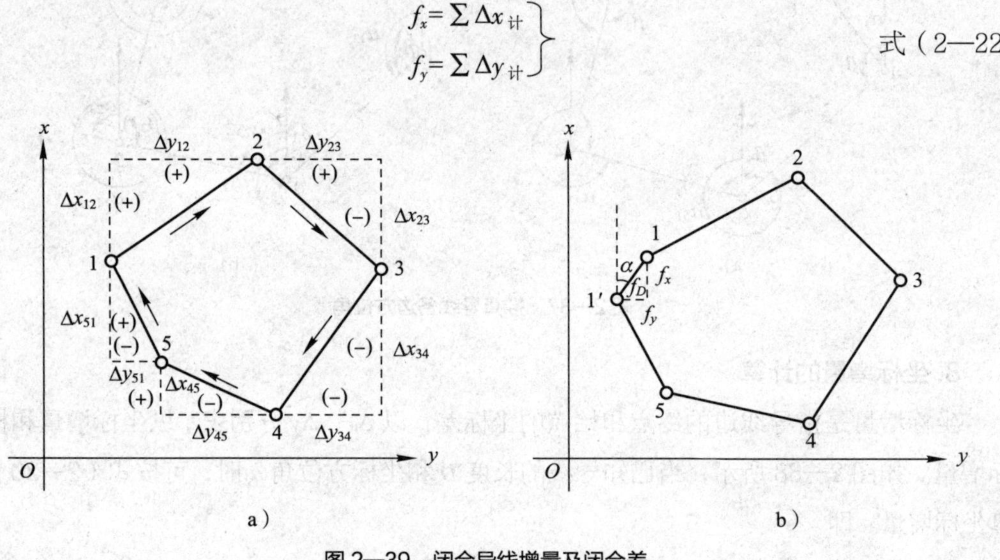

图 2—39　闭合导线增量及闭合差

由于纵、横坐标闭合差的存在，绘制出的闭合导线图形不闭合，如图 2—39b 中 1′ 与 1 点不重合，线段 1′—1 称导线全长绝对闭合差，以 f_D 表示。

由图 2—39b 可知

$$f_D=\sqrt{fx^2+fy^2} \qquad 式（2—23）$$

导线全长绝对闭合差的大小与导线长度成正比，导线测量的精度是用导线全长相对闭合差 K（导线全长绝对闭合差 f_D 与导线全长 $\sum D$ 之比值）来衡量的，即

$$K=\frac{f_D}{\sum D}=\frac{1}{\sum D/f_D} \qquad 式（2—24）$$

不同等级的导线全长相对闭合差的容许值不同，由表 2—1 可知，图根钢尺量距导线的 $K_{容}\leqslant 1/2\ 000$。

若 $K>K_{容}$，说明导线测量结果不满足精度要求，应先检查内业计算有无错误，若无错误，再检查外业观测数据，对错误或可疑数据重新观测。

若 $K\leqslant K_{容}$，则说明测量结果符合精度要求，可进行坐标增量闭合差调整。坐标增量闭合差的调整方法是：将坐标增量闭合差 f_x 和 f_y 分别以相反的符号，按与边长成正比例地分配到各坐标增量上。则对于图 2—39 来说，各纵、横坐标增量的改正数 $v_{\Delta xi}$、$v_{\Delta yi}$ 分别为

$$\left.\begin{aligned} v_{\Delta xi}&=-\frac{D_i}{\sum D}f_x \\ v_{\Delta yi}&=-\frac{D_i}{\sum D}f_y \end{aligned}\right\}(i=1,2,\cdots,5) \qquad \text{式(2—25)}$$

由于凑整的原因，可能存在微小的不符值，此时应在适当的坐标增量上予以增加或减少，以满足$\sum v_{\Delta xi}=-f_x$和$\sum v_{\Delta yi}=-f_y$的要求。改正后的坐标增量等于各自坐标增量的计算值加上其相应的改正数。

5. 导线点坐标的计算

若已知导线起点 1 点的坐标x_1、y_1，则根据已知坐标和改正后的坐标增量，就可依次推算出各导线点的坐标。即

$$\left.\begin{aligned} &x_2=x_1+\Delta x_{12} && y_2=y_1+\Delta y_{12} \\ &x_3=x_2+\Delta x_{23} && y_3=y_2+\Delta y_{23} \\ &\dots && \dots \\ &x_5=x_4+\Delta x_{45} && y_5=y_4+\Delta y_{45} \\ &x_1=x_5+\Delta x_{51}\text{（校核）} && y_1=y_5+\Delta y_{51}\text{（校核）} \end{aligned}\right\} \qquad \text{式(2—26)}$$

6. 经纬仪导线测量内业实例

将表 2—2、表 2—3 的外业数据汇总到图 2—6 中，得到图 2—40，当已知起点A的平面直角坐标为（510.00 m，430.00 m）时，便可根据上述经纬仪闭合导线内业计算的步骤，求算出所布设的其他导线点的坐标，结果见表 2—5。

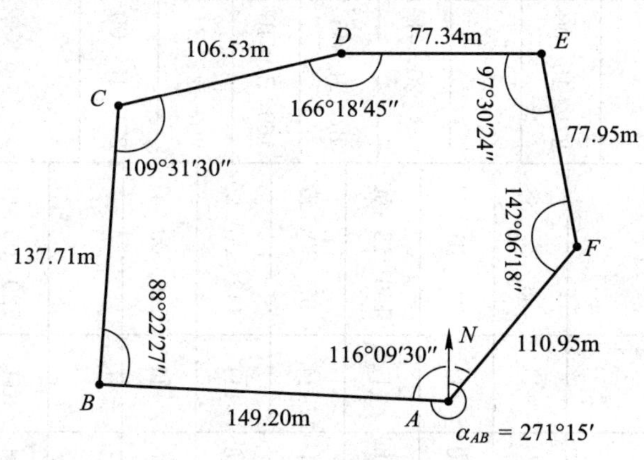

图 2—40 经纬仪闭合导线略图

三、操作注意事项

1. 为确保测图精度，计算前应认真检查导线测量的外业记录，看有无遗漏或算错，是

表 2—5

闭合导线坐标计算表

点号	转折角			方位角 α	边长 D	纵坐标增量 Δx			横坐标增量 Δy			纵坐标 x	横坐标 y
	观测值（° ′ ″）	改正数（″）	改正后角值（° ′ ″）	（° ′ ″）	（m）	计算值（m）	改正数（cm）	改正后的值（m）	计算值（m）	改正数（cm）	改正后的值（m）	（m）	（m）
1	2	3	4	5	6	7	8	9	10	11	12	13	14
A												510.00	430.00
				271 15 00	149.20	3.25	−5	3.20	−149.16	−3	−149.19		
B	88 22 27	+11	88 22 38									513.20	280.81
				2 52 22	137.71	137.54	−4	137.50	6.90	−3	6.87		
C	109 31 30	+11	109 31 41									650.70	287.68
				73 20 41	106.53	30.53	−3	30.50	102.06	−2	102.04		
D	166 18 45	+11	166 18 56									681.20	389.72
				87 01 45	77.34	4.01	−2	3.99	77.24	−2	77.22		
E	97 30 24	+11	97 30 35									685.19	466.94
				169 31 10	77.95	−76.65	−2	−76.67	14.18	−2	14.16		
F	142 06 18	+11	142 06 29									608.52	481.10
				207 24 41	110.95	−98.49	−3	−98.52	−51.08	−2	−51.10		
A	116 09 30	+11	116 09 41									510.00	430.00
				271 15 00									
B													
Σ	719 58 54	+66	720 00 00		659.68	0.19	−19	0	0.14	−14	0		

辅助计算：

$\sum\beta_{理}=(6-2)\times180°=720°$

$f_\beta=\sum\beta_{测}-\sum\beta_{理}=-66''$

$f_{\beta容}=\pm40''\sqrt{n}=\pm98''$

$|f_\beta|<|f_{\beta容}|$，说明符合要求

$f_x=\sum\Delta x_{计}=0.19$ m

$f_y=\sum\Delta y_{计}=0.14$ m

$f_D=\sqrt{f_x^2+f_y^2}=0.24$ m

$K=f_D/\sum D=1/2\ 749$

$K_{容}=1/2\ 000$

$K<K_{容}$，说明符合要求

略图：见图 2—40

否符合精度要求，当外业记录合格时，绘出导线略图，并在图上标注点号、转折角观测值、边长和已知数据。

2. 在导线的内业计算中，如果所得的导线全长相对闭合差超出了容许值，且原始记录与计算过程都没有发现错误，那么，就要有重点地检查外业测量情况。

评分标准

序号	项目与技术要求	配分	评分标准	实测记录	得分
1	会检查核对所有已知数据和外业数据资料	5	数据转抄错误全扣		
2	会角度闭合差的计算和调整	20	使用公式错误或计算结果不正确全扣		
3	会坐标方位角的计算	20	使用公式错误或计算结果不正确全扣		
4	会坐标增量的计算	30	使用公式错误或计算结果不正确全扣		
5	会坐标增量闭合差的计算与调整	20	使用公式错误或计算结果不正确全扣		
6	会计算导线点的坐标	5	计算结果不正确全扣		
合计得分					

思考与练习

如图2—41所示，已知1—2边的坐标方位角α_{12}=43°54′31″，1点的坐标为x_1=1 000.00 m，y_1=1 000.00 m，转折角观测值和边长已在图中标出，试按照表2—1的要求计算其余导线点的坐标。

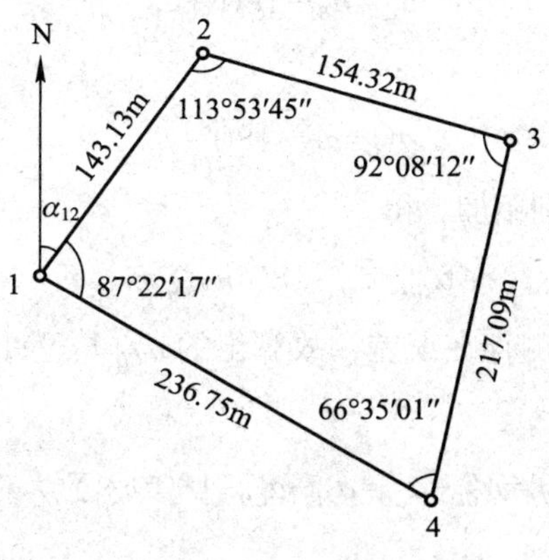

图2—41　导线略图

知识链接

附合导线的内业计算

附合导线的计算步骤与闭合导线基本相同，只是在角度闭合差及坐标增量闭合差的计算方面有所不同，下面仅介绍附合导线的内业计算与闭合导线不同之处。

一、附合导线角度闭合差的计算

如图 2—42 所示，已知数据及观测值均标注在导线略图上，根据起始边方位角及导线左角，按式（2—19）计算各边坐标方位角，则

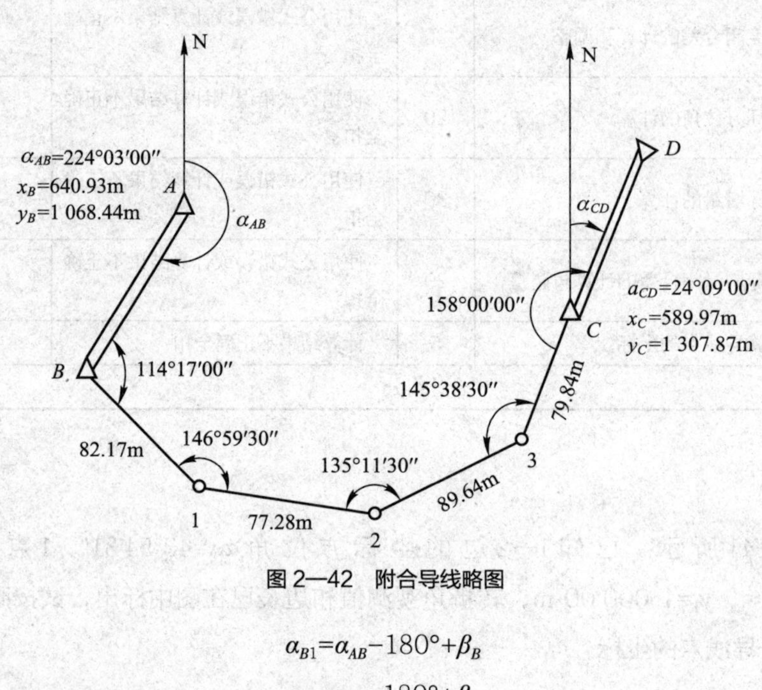

图 2—42 附合导线略图

$$\alpha_{B1}=\alpha_{AB}-180°+\beta_B$$
$$\alpha_{12}=\alpha_{B1}-180°+\beta_1$$
$$\cdots$$
$$\alpha'_{CD}=\alpha_{3C}-180°+\beta_C$$

将以上各式等号两端分别相加，得

$$\alpha'_{CD}=\alpha_{AB}-180°n+\sum\beta_{左}$$

由于转折角及连接角观测存在误差，故算出的 α'_{CD} 与已知 α_{CD} 不相等，即产生角度闭合差 f_β，则

$$f_\beta=\alpha'_{CD}-\alpha_{CD}=\alpha_{AB}-\alpha_{CD}-180°n+\sum\beta_{左}$$

即

$$f_\beta=\alpha_{始}-\alpha_{终}-180°n+\sum\beta_{左}$$ 式（2—27）

若转折角为右角，则

$$f_\beta=\alpha_{始}-\alpha_{终}+180°n-\sum\beta_{右}$$ 式（2—28）

附合导线角度闭合差的容许值及调整方法同闭合导线，但当观测角为右角时，改正数的符号与f_β的符号相同。

二、附合导线坐标增量闭合差的计算

附合导线纵、横坐标增量的代数和的理论值分别等于终点与始点的已知纵、横坐标差。

即

$$\left.\begin{aligned}\sum\Delta x_{理}=x_{终}-x_{始}\\ \sum\Delta y_{理}=y_{终}-y_{始}\end{aligned}\right\}$$ 式（2—29）

故

$$\left.\begin{aligned}f_x=\sum\Delta x_{计}-(x_{终}-x_{始})\\ f_y=\sum\Delta y_{计}-(y_{终}-y_{始})\end{aligned}\right\}$$ 式（2—30）

附合导线计算过程的算例见表 2—6。

任务五　三角高程控制测量

任务目标

◇掌握竖直角的测算方法

◇熟悉三角高程测量的路线形式

◇能进行三角高程测量的外业观测及内业计算

◇能对三角高程测量进行误差分析

任务提出

在对图 2—1 的园林场地进行控制测量时，除平面控制测量外，还需要测量出图根控制点的高程，即高程控制测量。那么，通常采取什么方法观测图根控制点的高程呢?

任务分析

高程测量常用水准测量、三角高程测量等方法。水准测量一般适用于地面起伏较小的

表 2—6 附合导线坐标计算表

点号	转折角 观测值 (° ′ ″)	转折角 改正数 (″)	转折角 改正后角值 (° ′ ″)	方位角 α (° ′ ″)	边长 D (m)	纵坐标增量 Δx 计算值 (m)	纵坐标增量 Δx 改正数 (cm)	纵坐标增量 Δx 改正后的值 (m)	横坐标增量 Δy 计算值 (m)	横坐标增量 Δy 改正数 (cm)	横坐标增量 Δy 改正后的值 (m)	纵坐标 x (m)	横坐标 y (m)
1	2	3	4	5	6	7	8	9	10	11	12	13	14
A													
				224 03 00									
B	114 17 00	−6	114 16 54									640.93	1 068.44
				158 19 54	82.17	−76.36	0	−76.36	+30.34	+1	+30.35		
1	146 59 30	−6	146 59 24									564.57	1 098.79
				125 19 18	77.28	−44.68	0	−44.68	+63.05	+1	+63.06		
2	135 11 30	−6	135 11 24									519.89	1 161.85
				80 30 42	89.64	+14.78	−1	+14.77	+88.41	+2	+88.43		
3	145 38 30	−6	145 38 24									534.66	1 250.28
				46 09 06	79.84	+55.31	0	+55.31	+57.58	+1	+57.59		
C	158 00 00	−6	157 59 54									589.97	1 307.87
				24 09 00									
D													
Σ	700 06 30	−30	700 06 00		328.93	−50.95	−1	−50.96	+239.38	+5	+239.43		

辅助计算：

$f_\beta=\alpha_{始}-\alpha_{终}-180°n+\sum\beta_{左}=+30''$

$f_{\beta容}=\pm40''\sqrt{n}=\pm89''$

$|f_\beta|<|f_{\beta容}|$，说明符合要求

$f_x=\sum\Delta x_{计}-(x_C-x_B)=+0.01$ m

$f_y=\sum\Delta y_{计}-(y_C-y_B)=-0.05$ m

$f_D=\sqrt{f_x^2+f_y^2}=0.05$ m

$K=f_D/\sum D=1/6\ 579$

$K_{容}=1/2\ 000$

$K<K_{容}$，说明符合要求

略图：见图 2—42

测区，测量精度高。三角高程测量是测量出两点间的水平距离（或斜距）和竖直角后，再利用三角函数公式计算两点间的高差，虽然测量精度比水准测量低，但在地面起伏较大的测区常采用此法测算高程。

相关知识

一、三角高程测量的原理

1. 竖直角测量

（1）**竖直角的概念** 在同一竖直面内，倾斜视线与水平线之间的夹角称为竖直角，简称竖角。如倾斜视线在水平线之上为仰角，符号为“+”；如倾斜视线在水平线之下为俯角，符号为“−”。竖直角的角值为 −90°～90°。

（2）**竖盘的构造** 为测竖直角而设置的竖直度盘固定于经纬仪望远镜横轴的一端，其刻划中心与横轴的旋转中心重合，所以，当望远镜在竖直面内旋转时，竖盘也随之转动。另外有一个固定的竖盘指标，以指示竖盘转动到不同位置时的读数。

竖直度盘的刻划是在全圆周上刻 360°，注记方式则有顺时针和逆时针两种，如图 2—43 所示。通常在望远镜方向上注以 0°、180°，视线水平时，指标所指的读数为 90° 或 270°。

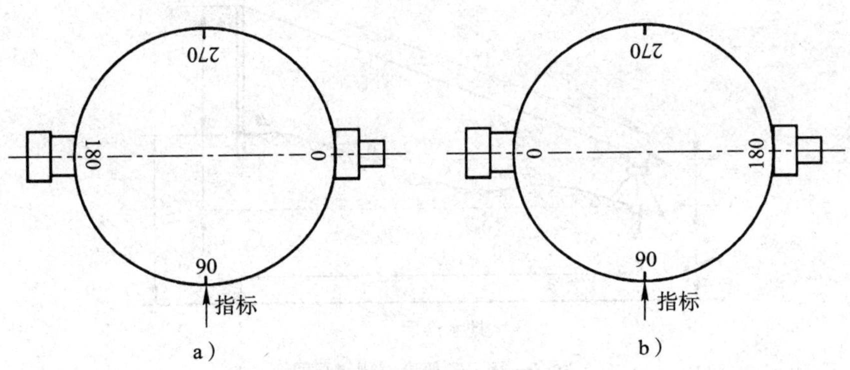

图 2—43 竖直度盘的注记

对于竖盘指标，要求始终能够读出与竖盘刻划中心在同一铅垂线上的竖盘读数，为此，要借助与指标固定连接的水准器的指示，使其处于正确位置，如图 2—44 所示。

竖盘指标装在一个支架上，支架套在横轴的一端，可以绕横轴旋转。在支架上方安装一个水准器，下方安装一个微动螺旋。旋转微动螺旋，指标可绕横轴作微小转动，同时水准器的气泡也发生移动。当气泡居中时，指标即居于正确位置。

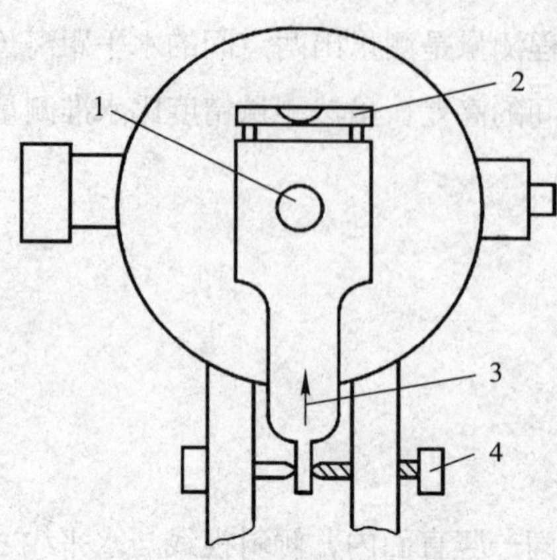

图 2—44　指标带水准器的构造

1—横轴　2—指标水准管　3—竖盘指标　4—指标水准管微动螺旋

2. 三角高程测量原理

如图 2—45 所示，A 点的高程 H_A 已知，欲求 B 点的高程 H_B。在 A 点安置经纬仪，在 B 点竖立觇标，量得仪器高 i，觇标高 v，用经纬仪望远镜的中丝照准觇标顶部，观测竖直角 θ。若已知 A、B 两点间的水平距离为 D，则

$$h_{AB}=D\tan\theta+i-v \qquad \text{式（2—31）}$$

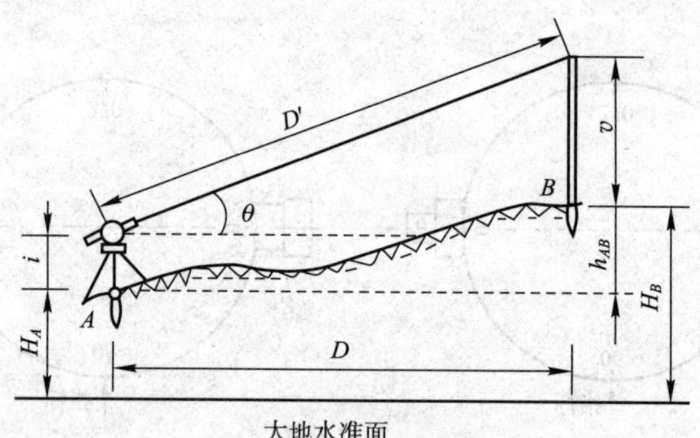

图 2—45　三角高程测量原理

如果测得 A、B 两点间的斜距 D'，也可求得该两点间的高差，即

$$h_{AB}=D'\sin\theta+i-v \qquad \text{式（2—32）}$$

根据 A 点的已知高程 H_A，可求出 B 点的高程 H_B 为

$$\left.\begin{aligned}&H_B=H_A+h_{AB}=H_A+D\tan\theta+i-v\\ &\text{或 } H_B=H_A+h_{AB}=H_A+D'\sin\theta+i-v\end{aligned}\right\} \qquad \text{式（2—33）}$$

为了提高观测精度，三角高程测量应进行往、返观测，即对向观测，图根经纬仪三角高程测量往、返测高差之差不大于限差（$f_{h容}=\pm0.4D$，单位为 m，D 以 km 为单位）时，

取平均值作为两点间的高差。

二、三角高程测量的路线形式

根据实际情况，三角高程测量路线可布设成以下几种形式。

1. 三角高程网

三角高程网用于测定各等级平面控制点的高程。网中需要有一定数量的点直接用四等水准测量求得高程，作为已知高程点，其余点的高程则用三角高程测量方法推得。

2. 三角高程路线

用三角高程测量方法计算高程的单一附合路线或闭合路线。三角高程路线应尽量由边长较短、高差较小的边组成。

3. 独立交会点

在高程起算点较多的测区，点的高程可用三个高程起算点单向观测确定。当只有两个高程起算点时，点的高程可采用对向观测一条边加单向观测另一条边确定。

任务实施

一、工具准备

4～5 人为一组，每组配备 DJ_6 光学经纬仪 1 台套，钢尺 1 副，觇标 1 个，记录板 1 块（含记录表格若干），计算器 1 台，铅笔等。

二、实施步骤

1. 三角高程外业观测

（1）往测　如图 2—45 所示，在原测区（见图 2—1 或图 2—6）的导线点 A 安置光学经纬仪，量取仪器高 i，立觇标于测点 B 处，量取觇标高 v，记入三角高程测量记录表。

1）竖直角的观测。在光学经纬仪竖直度盘上，由于水平视线的读数是固定的，所以只要读出照准目标时倾斜视线的竖盘读数，即可求算出竖直角值。但为了消除仪器误差的影响，同样需要用盘左、盘右观测。以盘左照准目标，如果是指标带水准器的仪器，必须通过旋转指标微动螺旋使水准器气泡居中，然后读取竖盘读数 L，称为上半测回；将望远镜倒转，以盘右用同样方法照准同一目标，使指标水准器气泡居中后，读取竖盘读数 R，称为下半测回。

2）竖直角的计算。如图 2—46 所示，在盘左位置且视线水平时，竖盘的读数为 90°，当视线向上倾斜照准高处一点 B 时，测得读数为 L。则盘左时的竖直角应为

$$\theta_{左}=90°-L$$

在盘右位置且视线水平时，竖盘读数为 270°，当照准高处的同一点 B 时得读数 R，竖直角为

$$\theta_{右}=R-270°$$

取盘左、盘右的平均值，即为一个测回的竖直角值。

$$\theta=\frac{\theta_{左}+\theta_{右}}{2}=\frac{R-L-180°}{2} \quad 式（2—34）$$

如需测多个测回，则取各个测回的平均值作为最后成果。观测结果应及时记入表 2—7。

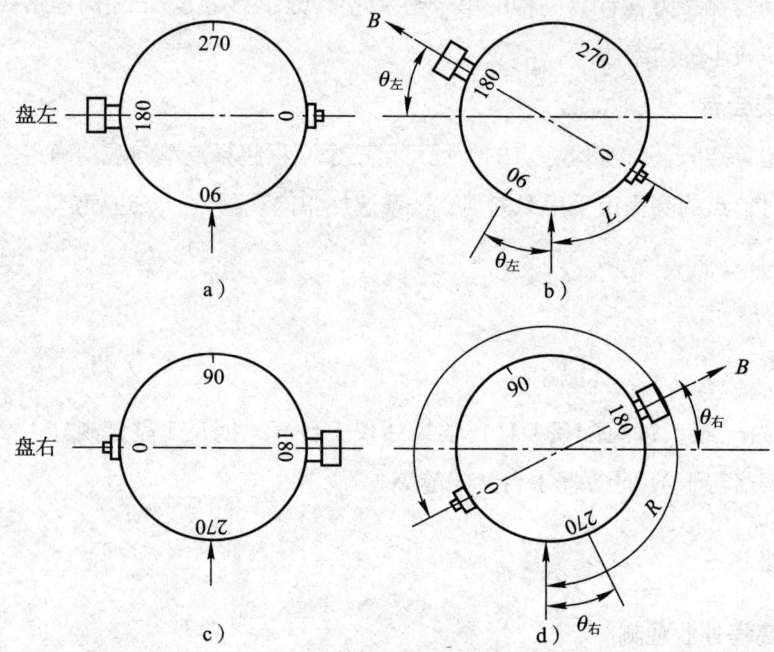

图 2—46　竖直角的计算

因竖盘的注记形式不同，由竖盘读数计算竖直角的公式也不同，但其计算的规律是相同的，竖直角都是倾斜方向读数与水平方向读数之差，即当望远镜上倾竖盘读数减小时，竖直角等于“视线水平时的读数”减去“照准目标时的读数”；当望远镜上倾竖盘读数增大时，竖直角等于“照准目标时的读数”减去“视线水平时的读数”。

3）竖盘指标差的计算。当望远镜的视线水平，竖盘指标水准管气泡居中时，竖盘指标应处于正确位置，其所指的读数为 90° 或 270°，然而，读数指标往往偏离正确位置，使读数与正确读数存在一个差值，称为竖盘指标差，以 x 表示，如图 2—47 所示。竖盘指标差有正、负之分，当指标偏移方向与竖盘注记方向一致时，会使竖盘读数增大 x，即 x 为正；反之，当指标偏移方向与竖盘注记方向相反时，则使竖盘读数减小 x，故 x 为负。

在图 2—47 的竖盘指标差中，指标偏移方向和竖盘注记方向一致，x 为正值，那么在盘左和盘右读数中都将增大 x。因此，若用盘左读数计算竖直角 θ，则

$$\theta=(90°+x)-L=\theta_{左}+x \tag{a}$$

若用盘右读数计算竖直角时，应为

$$\theta=R-(270°+x)=\theta_{右}-x \tag{b}$$

由上两式（a）+（b）得

$$\theta=\frac{\theta_{左}+\theta_{右}}{2}=\frac{R-L-180°}{2}$$

该式与式（2—34）完全相同，说明利用盘左、盘右两次读数求算竖直角，可以消除竖盘指标差对竖直角观测的影响。

由（b）-（a）得

$$x=\frac{\theta_{右}-\theta_{左}}{2}=\frac{R+L-360°}{2} \qquad 式（2—35）$$

利用盘左、盘右照准同一目标读取竖盘读数，可按式（2—35）求算指标差 x。同理，也可推导出逆时针方向注记竖盘的各种计算公式。

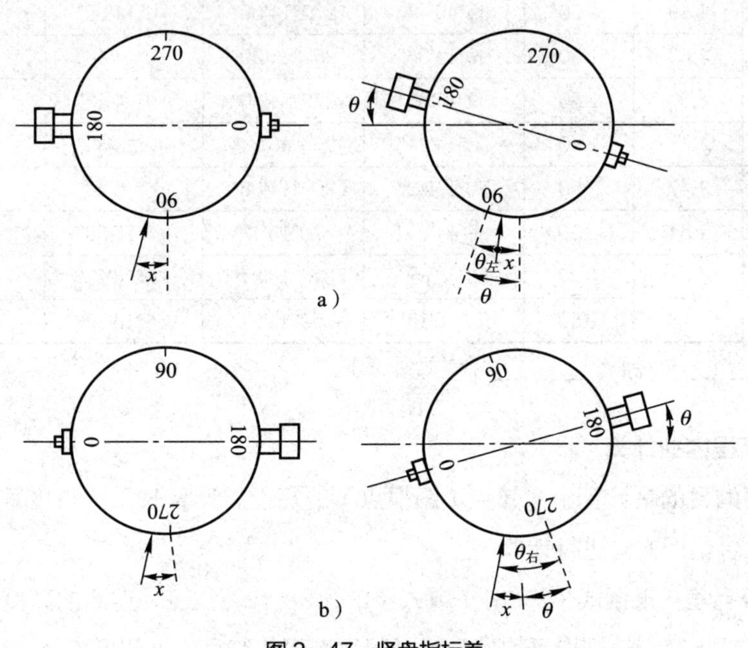

图 2—47　竖盘指标差

a）盘左　b）盘右

在测量竖直角时，虽然利用盘左、盘右两次观测能消除竖盘指标差的影响，但求出指标差的大小可以检查观测成果的质量。一般同一仪器在同一测站上观测不同的目标时，在

某段时间内其指标差应为固定值，但由于观测误差、仪器误差和外界条件的影响，使实际测定的指标差数值总在不断变化，对于 DJ_6 光学经纬仪，该变化不应超出 ±25″。在园林测量中，若允许半测回测定竖直角，可先测定指标差，然后由盘左或盘右半测回观测即可。观测竖角 θ，指标差较差、竖直角较差均在 ±25″ 以内时，取平均值作为最后结果。

（2）返测　参照图 2—45，将经纬仪搬到导线点 B 处安置，量取仪器高 i，立觇标于测点 A 处，量取觇标高 v。竖直角观测、计算等同往测所述。图 2—1（或图 2—6）中各相邻导线点之间三角高程测量的外业记录见表 2—7。

表 2—7　　三角高程测量记录表

仪器号________　班组________　天气________　日期________

测站	测点	仪器高（m）	觇标高（m）	竖直度盘读数		竖直角	指标差	备注
				盘左	盘右			
A	B	1.57	1.50	90°08′48″	269°51′24″	−0°08′42″	+6″	竖直度盘顺时针注记
B	A	1.47	1.50	89°52′06″	270°08′06″	+0°08′00″	+6″	
B	C	1.52	1.50	90°12′48″	269°46′48″	−0°13′00″	−12″	
C	B	1.45	1.50	89°46′12″	270°14′00″	+0°13′54″	+6″	
C	D	1.49	1.50	89°45′48″	270°14′06″	+0°14′09″	−3″	
D	C	1.53	1.50	90°14′36″	269°45′00″	−0°14′48″	−12″	
D	E	1.57	1.50	89°45′06″	270°14′30″	+0°14′42″	−12″	
E	D	1.45	1.50	90°14′24″	269°45′24″	−0°14′30″	−6″	
E	F	1.47	1.50	90°15′42″	269°44′06″	−0°15′48″	−6″	
F	E	1.54	1.50	89°44′30″	270°15′42″	+0°15′36″	+6″	
F	A	1.51	1.50	89°43′42″	270°16′24″	+0°16′21″	+3″	
A	F	1.48	1.50	90°16′18″	269°43′54″	−0°16′12″	+6″	

观测者________　记录者________

2. 三角高程内业计算

内业计算的目的是计算出未知点（图根点）的高程。计算时，首先整理、检查外业观测数据，确认合格后方可进行计算。

（1）计算高差　根据式（2—31）或式（2—32）计算往测、返测的高差，然后计算两者较差，若不超出容许值则取平均值，符号同往测高差符号，具体见表 2—8。

（2）计算高程

1）计算高差闭合差 f_h。若为附合路线，则

$$f_h=\sum h-(H_{终}-H_{始}) \qquad 式（2—36）$$

表 2—8 三角高程测量高差计算表

测站	A	B	B	C	C	D	D	E	E	F	F	A
觇点	B	A	C	B	D	C	E	D	F	E	A	F
觇法	往	返	往	返	往	返	往	返	往	返	往	返
竖直角	−0°08′42″	0°08′00″	−0°13′00″	0°13′54″	0°14′09″	−0°14′48″	0°14′42″	−0°14′30″	−0°15′48″	0°15′36″	0°16′21″	−0°16′12″
D（m）	149.20	149.20	137.71	137.71	106.53	106.53	77.34	77.34	77.95	77.95	110.95	110.95
h'（m）	−0.38	0.35	−0.52	0.56	0.44	−0.46	0.33	−0.33	−0.36	0.35	0.53	−0.52
i（m）	1.57	1.47	1.52	1.45	1.49	1.53	1.57	1.45	1.47	1.54	1.51	1.48
v（m）	1.50	1.50	1.50	1.50	1.50	1.50	1.50	1.50	1.50	1.50	1.50	1.50
h（m）	−0.31	+0.32	−0.50	+0.51	+0.43	−0.43	+0.40	−0.38	−0.39	+0.39	+0.54	−0.54
$h_{平均}$（m）	−0.32		−0.51		+0.43		+0.39		−0.39		+0.54	

若为闭合路线，则

$$f_h = \sum h \tag*{式（2—37）}$$

2）计算高差闭合差容许值。在三角高程测量中，附合路线和闭合路线的高差闭合差容许值为

$$f_{h容} = \pm 0.1 H_d \sqrt{n} \tag*{式（2—38）}$$

式中 $f_{h容}$——高差闭合差容许值，m；

H_d——基本等高距，m；

n——导线边的个数。

若 $|f_h| \leqslant |f_{h容}|$ 时，精度达到要求，可按两点间的距离成正比反号分配高差闭合差。

将各边的高差加上改正数，便得改正后高差。根据起点 *A* 的已知高程，就可逐点推算出其余未知点的高程。具体计算见表 2—9。

表 2—9　　　　三角高程测量成果整理

点号	距离（m）	高差（m）	改正数（m）	改正后高差（m）	高程（m）	备注
A					78.93	高程已知
	149.20	−0.32	−0.03	−0.35		
B					78.58	
	137.71	−0.51	−0.03	−0.54		
C					78.04	
	106.53	+0.43	−0.02	+0.41		
D					78.45	
	77.34	+0.39	−0.02	+0.37		
E					78.82	
	77.95	−0.39	−0.02	−0.41		
F					78.41	
	110.95	+0.54	−0.02	+0.52		
A					78.93	计算检核
Σ	659.68	+0.14	−0.14	0.00		
辅助计算	$f_h = \sum h = +0.14$ m 当测图的基本等高距 $H_d = 1$ m 时，$f_{h容} = \pm 0.1 H_d \sqrt{n} = \pm 0.1 \times 1 \times \sqrt{6} = \pm 0.24$ m 因 $\lvert f_h \rvert < \lvert f_{h容} \rvert$，说明符合精度要求					

三、操作注意事项

1. 在三角高程测量中，用普通视距法测量距离，精度仅为 1/300，因此应选择合适的量距方法，以减小边长误差。

2. 在三角高程测量中，当两点间距离大于 300 m 时，应考虑地球曲率和大气折光对观测的影响。

评分标准

序号	项目与技术要求	配分	评分标准	实测记录	得分
1	能正确量取仪器高和觇标高	10	仪器高不准确扣5分，觇标高不准确扣5分		
2	能用光学经纬仪观测竖直角	50	仪器操作不熟练扣10分，记录不清晰或不规范扣5分，观测数据达不到精度要求全扣		
3	会计算高差与高程	40	公式应用不当或计算结果不正确全扣		
合计得分					

思考与练习

根据提供的数据，整理完成表2—10。

表2—10　　三角高程测量记录表

测站	1	2	2	3
觇点	2	1	3	2
觇法	往	返	往	返
竖直角	0°38′30″	−0°38′00″	0°52′06″	−0°52′30″
D（m）	581.38	581.38	488.01	488.01
h'（m）				
i（m）	1.44	1.54	1.48	1.55
v（m）	1.50	1.50	1.50	1.50
h（m）				
$h_{平均}$（m）				

课题二

碎部测量

任务目标

◇能正确绘制平面坐标格网

◇能展绘图根点的平面位置，并会标注图根点的高程

◇能够合理选择碎部点

◇能够使用光学经纬仪进行碎部测量

◇掌握光学经纬仪视距测量的方法

任务提出

采用经纬仪测图法测出图 2—1 中地物点、地貌点的平面位置和高程，并根据已在绘图纸上展绘出的图根点位置，进行碎部点的展点。

任务分析

碎部测量就是以图根控制点为测站，测定其周围碎部点平面位置和高程的工作。经纬仪测图法是按极坐标定点进行测图。在合理选择碎部点后，首先将光学经纬仪安置在测站上，绘图板安置于测站旁，用光学经纬仪测定碎部点的方向与已知方向之间的夹角，并测定测站点至碎部点的水平距离和碎部点的高程；然后，以图样上的图根点位置为基础，用量角器和比例尺进行碎部点的展绘。

相关知识

一、碎部点的选择

碎部点分为地物点和地貌点。碎部测量的精度和速度与司（立）尺员能否合理地选择碎部点有着密切的关系。司尺员必须了解测绘地形图的有关技术要求，熟悉测区内地物的分布情况，掌握地形的变化规律，并能根据测图比例尺的大小和用图目的等，对碎部点进行综合取舍，然后立尺。

1. 地物点的选择

如图 2—1 所示，地面上具有明显轮廓的固定物体称为地物，如房屋、道路、河流等。反映地物轮廓和几何位置的点称为地物特征点，简称地物点，如房屋的角点、道路中线或河岸线的转折点等。

（1）房屋　测绘房屋时，由于墙角一般是 90°，所以仅需在长边的两个房角立尺，再量出房宽即可。但为了校核，有时还需要在第三个房角上立尺。如房屋有凸凹情况，可根据测图比例尺进行取舍，小于图上 0.4 mm 的凸凹部分可以舍去不测。若凸凹部分较大，也仅需要在几个角点上立尺，再直接量取有关的宽度和长度即可。

（2）道路　道路属于线状地物，除交叉口外，都是由直线和曲线组成。特征点主要是直线和曲线的连接点及曲线上的变化点，直线部分立尺点可少些，曲线及道岔部分立尺点就要密一些，当弯曲部分小于图上 0.4 mm 时不立尺。铁路和公路一般测其中心线，并测量其实际宽度，根据测图比例尺，如宽度在图上不能按比例表示时，则根据所测中心线的位置按图式符号表示。

（3）水系　水系包括河流、湖泊、水库、沟渠、池塘、井、泉等。当河流、沟渠的宽度在图上不超过 0.5 mm 时，可在其中心线的转折点、弯曲点、会合点、分岔点、变坡点、起点、终点上立尺，并用单线表示。当宽度在图上大于 0.5 mm 时，可在一边的岸线上立尺并量取宽度，用双线表示；当宽度较大时，则应在两边岸线的特征点上立尺。所有河流均应注明水流方向，较大的还应注记名称。

（4）植被　植被包括森林、苗圃、果园、竹林、草地和耕地等。植被的测绘主要是测定各类植被边界线上的轮廓点，按实地形状用地类界符号描绘其范围大小，再加注植物符号和说明。

2. 地貌点的选择

如图 2—1 所示，地面上高低起伏的形态称为地貌，如山地、平原等。地貌可近似地看成由许多形状、大小、坡度方向不同的斜面组成，这些斜面的交线称为地貌特征线，通常称为地性线，如山脊线、山谷线是主要的地性线。地性线上的坡度变化点和方向改变点、峰顶、鞍部的中心、盆地的最低点等都是地貌特征点，简称地貌点。

根据地物和地貌的复杂程度、测图比例尺大小等，在确保准确反映地物、地貌的前提下，碎部测量中最大视距长度和最大立尺点间隔应不超过表 2—11 的规定。

表 2—11　　视距长度与立尺点间隔

<table>
<tr><th rowspan="2">测图比例尺</th><th colspan="2">最大视距长度（m）</th><th rowspan="2">最大立尺点间隔（m）</th><th>备注</th></tr>
<tr><th>主要地物点</th><th>次要地物点和地貌点</th><td rowspan="5">竖直角超过 ±10° 的范围时，视距长度应适当缩短；平坦地区成像清晰时，视距长度可放长 20%</td></tr>
<tr><td>1∶500</td><td>60</td><td>100</td><td>15</td></tr>
<tr><td>1∶1 000</td><td>100</td><td>150</td><td>30</td></tr>
<tr><td>1∶2 000</td><td>180</td><td>250</td><td>50</td></tr>
<tr><td>1∶5 000</td><td>300</td><td>350</td><td>100</td></tr>
</table>

二、视距测量原理

视距测量是利用光学经纬仪望远镜中的视距丝并配合视距尺（水准尺），根据光学原理和三角学原理，同时测定仪器到地面目标点间的水平距离和高差的一种方法。此法操作简便、速度快、不受地形起伏的限制，但测距精度较低，相对误差一般为 1/300，高差测量的精度也低于水准测量和三角高程测量，主要用于地形测量中的碎部测量。

1. 视线水平时的视距测量原理

如图 2—48 所示，欲测地面 A、B 两点之间的水平距离和高差，可安置光学经纬仪于

A 点，并在 B 点上竖立视距尺；调整仪器使望远镜视线水平，且瞄准 B 点所立的视距尺，此时水平视线与视距尺垂直。

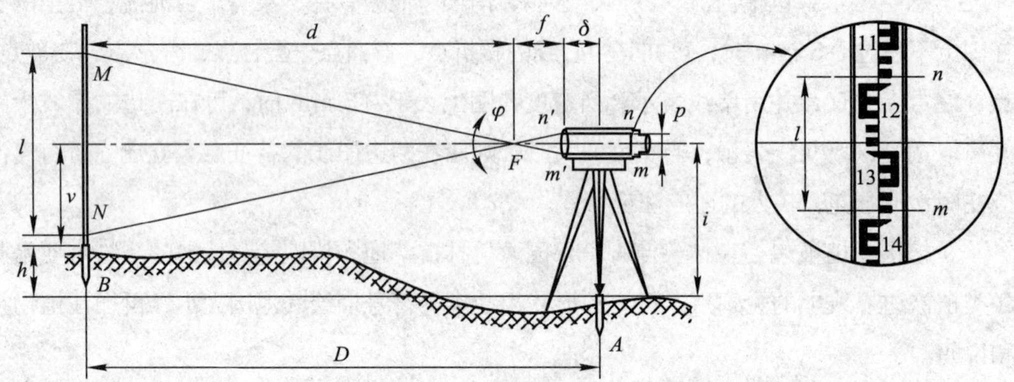

图 2—48 视线水平时的视距测量原理

根据成像原理，从视距丝 m、n 发出的平行于望远镜视准轴的光线，经过 m'、n' 和物镜焦点 F 后，分别切于视距尺上的 M、N 处，M 和 N 间的长度称为尺间隔，用 l 表示。设 p 为视距丝在十字丝分划板上的间距，f 为物镜焦距，δ 为物镜至仪器旋转中心的距离，那么，A、B 两点间的水平距离为 $D=d+\delta+f$。

由图 2—48 可知，$\triangle m'Fn' \backsim \triangle MFN$，则

$$\frac{d}{f}=\frac{MN}{m'n'}=\frac{l}{p}$$

$$d=\frac{f}{p}l$$

故 A、B 之间的水平距离为 $D=\frac{f}{p}l+\delta+f$。

令 $k=\frac{f}{p}$，$c=\delta+f$，则

$$D=kl+c \qquad \text{式（2—39）}$$

式中 k——视距乘常数，通常为 100；

c——视距加常数，内对光望远镜的 c 值约为零，外对光望远镜的 c 一般约为 0.3 m。

因 DJ_6 光学经纬仪的望远镜为内对光式，故

$$D=kl \qquad \text{式（2—40）}$$

由图 2—48 还可看出，当仪器安置高度为 i，望远镜中丝在视距尺上的读数为 v 时，A、B 两点之间的高差为

$$h=i-v$$ 式（2—41）

2. 视线倾斜时的视距测量原理

如图 2—49 所示，当地面起伏较大时，必须将望远镜倾斜才能照准视距尺。此时，将光学经纬仪安置在 A 点，视距尺竖立于 B 点，望远镜倾斜瞄准视距尺，视距丝切尺于 M、N 点，并测得竖直角为 θ。由于视准轴不垂直于视距尺，所以不能直接用式（2—40）、式（2—41）求取水平距离和高差。

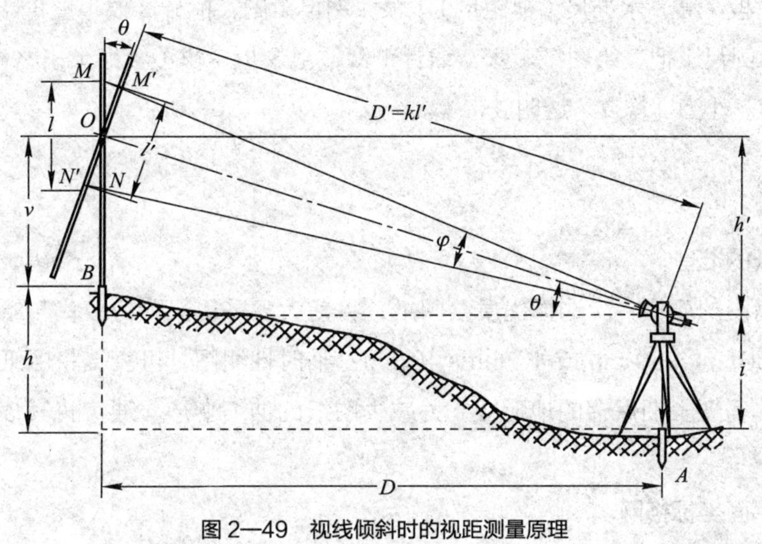

图 2—49 视线倾斜时的视距测量原理

如图 2—49 所示，假设将竖直的视距尺绕 O 点旋转 θ，使其与视准轴垂直并交于 O 点，此时视距丝将切尺于 M'、N' 两点，则由式（2—40）求得 A、B 之间的斜距为

$$D'=kl'=kM'N'$$

因通过视距丝的两条光线间的夹角 φ 很小（约为 34′），故 $\angle MM'O$ 和 $\angle NN'O$ 可近似视为直角，那么，由 $\triangle MM'O$ 和 $\triangle NN'O$ 可得

$$OM'=OM\cos\theta，ON'=ON\cos\theta$$

因 $$M'N'=OM'+ON'=(OM+ON)\cos\theta=MN\cos\theta=l\cos\theta$$

所以 $$D'=kM'N'=kl\cos\theta$$

在图 2—49 中，A、B 两点间的水平距离为

$$D=D'\cos\theta$$

则 $$D=kl\cos^2\theta$$ 式（2—42）

从图 2—49 中可看出，A、B 两点之间的高差 h 为

$$h=h'+i-v$$

由于 $$h'=D'\sin\theta=kl\cos\theta\sin\theta$$

故 $$h=\frac{1}{2}kl\sin 2\theta+i-v \qquad 式（2—43）$$

任务实施

一、工具准备

4～5 人为一组，每组配备导线测量与三角高程测量内业计算数据 1 套，DJ_6 光学经纬仪 1 台套，平板 1 套，水准尺（视距尺）1 根，钢尺 1 副，标杆 2 根，量角器 1 个，直尺 1 把，三棱比例尺 1 把，绘图纸 1 张，细针 1 根，记录板 1 块（含记录表格若干），计算器 1 台，铅笔、小刀、橡皮、透明胶带等。

二、实施步骤

1. 绘图纸的准备

为保证测图的质量，应选择优质绘图纸，目前大多采用聚酯薄膜代替绘图纸，图幅大小一般为 50 cm × 50 cm 或 40 cm × 40 cm。临时性测图，可直接将图纸固定在图板上进行测绘，需要长期保存的地形图，为减少图纸的伸缩变形，通常将其裱糊在铝板或胶合板上。

2. 绘制平面坐标格网

如图 2—50 所示，用直尺在绘图纸上画出两条相交于 *M* 点的对角线，并从 *M* 点起沿对角线方向量取等长线段，得 *A*、*B*、*C*、*D* 四点，连接后即为矩形 *ABCD*。由 *A*、*D* 两点起，各沿 *AB*、*DC* 方向每隔 10 cm 定出一点，分别可得点 1、2、3、4、5；再从 *A*、*B* 两点起，各沿 *AD*、*BC* 方向每隔 10 cm 确定一点，又可各自得出 *a*、*b*、*c*、*d*、*e* 点；然后连接矩形对边上的相应点，即 1—1、2—2、3—3、4—4、5—5 和 *a*—*a*、*b*—*b*、*c*—*c*、*d*—*d*、*e*—*e*，将对角线和多余线条擦去后，便可得到坐标格网。

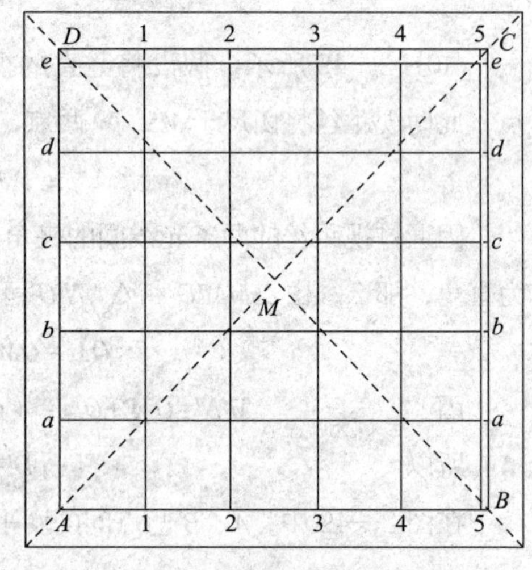

图 2—50　对角线法绘制坐标格网

3. 展绘图根控制点

经过图根控制测量，得到了图 2—1（或图 2—6）中 *A*、*B*、*C*、*D*、*E*、*F* 各导线点的平面坐标和高程，即可展绘图根控制点，具体步骤如下：

（1）确定坐标格网线的坐标值，使控制点位于图纸上适当位置，坐标值标注在相应格网边线的外侧。

如图 2—51 所示，根据表 2—5 计算出的控制点的坐标 *A*（510.00，430.00）、*B*（513.20，280.81）、*C*（650.70，287.68）、*D*（681.20，389.72）、*E*（685.19，466.94）、*F*（608.52，481.10），确定坐标格网左下角的坐标值为（500，250）；根据测图比例尺 1∶500，确定坐标格网的纵、横坐标值并标注在图 2—51 中。

（2）确定图根点所在的方格，根据各点的坐标值，在图纸上展绘图根点。

如图 2—51 所示，*E*（685.19，466.94）应在方格 *ghij* 中，分别从 *g*、*j* 往上用比例尺截取 35.19 m（685.19-650=35.19），得 *k*、*n* 两点；分别由 *g*、*h* 往右用比例尺截取 16.94 m（466.94-450=16.94），得 *p*、*q* 两点；分别连接 *kn*、*pq* 得一交点，即控制点 *E* 在图纸上的位置。用同样的方法可展绘其他图根点的位置。

（3）用比例尺量取各相邻图根控制点间的距离用以检查，并对控制点注记点名和高程。

图纸上的控制点要注记点名和高程，可在控制点的右侧以分数形式注明，分子为点名，分母为高程（高程见表 2—9），如图 2—51 中 *A* 点注记为 $\frac{A}{78.93}$。

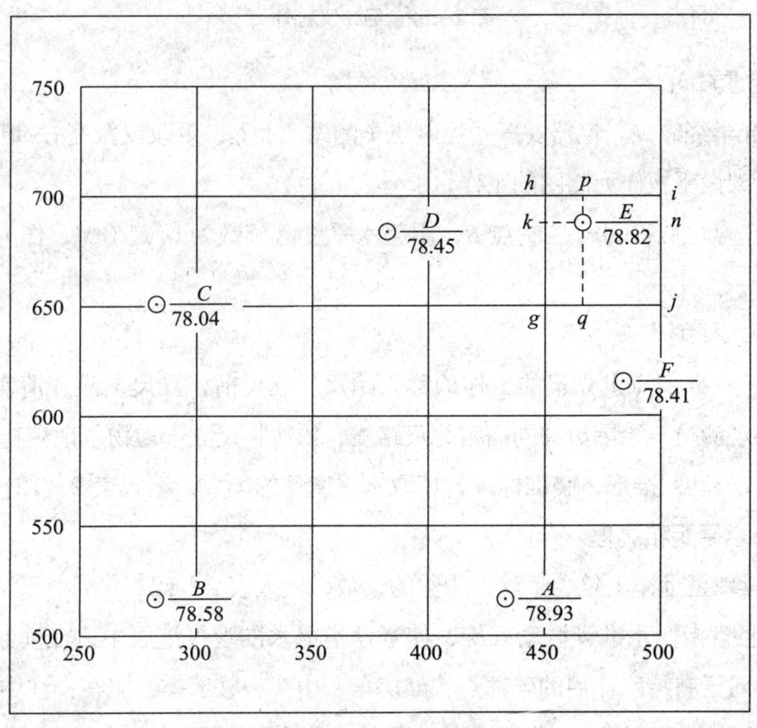

图 2—51　展绘图根点

4. 利用经纬仪测图

如图 2—52 所示，经纬仪测图法的操作步骤如下：

图 2—52 经纬仪测图

（1）确定零方向

1）安置光学经纬仪。仪器安置于控制点（测站）A 上，量取仪器高 i，填入表 2—12，并在测站附近架设平板作为测图的工作台。

2）定向。盘左瞄准另一控制点 B，调整水平度盘读数为 0°00′00″，作为起始方向即零方向。

（2）读取水平角

1）跑尺。在碎部点上立尺的工作通称为跑尺。立尺前，立尺员应弄清实测范围和实地情况，并与观测员、绘图员共同商定跑尺路线，依次将尺立于地物、地貌特征点上。

2）读数。转动照准部，瞄准标尺，读取水平度盘的读数，填入表 2—12。

（3）测算水平距和高程

1）分别读取望远镜上丝、下丝、中丝的读数，填入表 2—12。

2）转动竖盘指标水准管微动螺旋，使竖盘指标水准管气泡居中，在读数显微镜中读取竖盘读数。对于有特殊作用的碎部点，如房角、山头、鞍部等，应在备注中加以说明。

3）计算水平距离和高程。根据上丝、下丝读数算得尺间隔 l，由竖盘读数算得竖直角 θ，利用式（2—42）和式（2—43）计算平距 D 和高差 h，填入表 2—12。

表 2—12　　碎部测量记录手簿

仪器号________　班组________　天气________　日期________

测站 测站高程 仪器高 定向点	碎部点	视距尺读数（m）			竖盘读数	竖直角	高差（m）	水平角	水平距离（m）	高程（m）	备注
		中丝	下丝	上丝							
A 78.93 1.45 B	1	1.35	1.768	0.932	89°36′	0°24′	0.68	5°39′	83.60	79.61	房角
	2	1.52	1.627	1.413	90°21′	−0°21′	−0.20	30°47′	21.40	78.73	路边
	3	1.65	1.810	1.490	90°01′	−0°01′	−0.21	56°52′	32.00	78.72	路边

观测者________　记录者________

（4）展绘碎部点　用细针使量角器的圆心与测站点 A 在图上的位置重合，转动量角器，将量角器上等于水平角值的刻划线对准起始方向线，此时量角器的底边便是碎部点方向，然后按测图比例尺和测得的水平距离在该方向上定出碎部点位，并在点的右侧注明其高程。用同样的方法绘出其余各碎部点的平面位置，同时标注高程。展绘碎部点时，要求随测随绘，为了检查测图质量，仪器搬到下一测站观测时，应先观测上一站所测的某些明显碎部点，核对由两个测站测得的平面位置和高程是否相同，如相差较大，则应纠正错误。

三、操作注意事项

1. 为提高展点精度，坐标格网绘好后，要进行方格网垂直度和格网边长的检查。

2. 在每个测站测绘开始之前，应对测站周围地形特点、测区范围、跑尺路线和分工等问题有统一认识，以便做到既不重测，又不漏绘；对地物点一般只测其平面位置，当地物点可作为地貌点时，还应测定其高程。

3. 立尺员应将标尺竖直，并随时观察立尺点周围情况，弄清碎部点之间的关系，地形复杂时还需绘出草图；绘图人员要做到随测、随绘、随检查。

4. 若测区面积较大，可分成若干图幅分别测绘，为了相邻图幅的拼接，每幅图应向图廓外多测出 5 ~ 10 mm。

5. 在迁移测站之前，应全面检查和确认该测站所测地物、地貌有无错误或有无漏测。

评分标准

序号	项目与技术要求	配分	评分标准	实测记录	得分
1	能绘制平面坐标格网	10	小方格的边长误差超过 0.2 mm 扣 3 分，对角线的误差超过 0.3 mm 扣 3 分，格网的交点不在同一直线上且偏离值超过 0.2 mm 扣 4 分		
2	能展绘图根点	10	各相邻图根点间的距离与相应的实地距离误差超过图上 0.3 mm 全扣		
3	合理选择碎部点	10	位置选择不合适扣 5 分，密度或数量不合适扣 5 分		
4	会确定零方向	10	零方向选择不合适扣 5 分，水平度盘读数调整不到位全扣		
5	能进行视距测量	30	仪器操作不规范扣 10 分，水平距或高差数据不正确全扣		
6	能正确记录、计算	20	记录不清晰、字体不工整扣 10 分，记录或计算错误全扣		
7	能展绘碎部点	10	图面不清洁扣 5 分，碎部点位置展绘不准确全扣		
合计得分					

思考与练习

根据所给有关数据，整理完成表 2—13。

表 2—13　　碎部测量记录表

测站 测站高程 仪器高 定向点	碎部点	视距尺读数（m）			竖盘读数	竖直角	高差（m）	水平角	水平距离（m）	高程（m）	备注
		中丝	下丝	上丝							
A 21.40 1.48 *B*	1	1.50	1.768	1.232	87°32′			5°39′			竖盘按顺时针方向注记
	2	1.42	1.882	0.958	88°11′			20°24′			
	3	1.85	2.440	1.260	93°45′			56°52′			

课题三
地形图绘制

任务目标

◇能够在图纸上正确绘制地物
◇掌握等高线的勾绘步骤
◇掌握地物、地貌在地形图上的表示方法
◇学会地形图的拼接与检查
◇掌握地形图的整饰与清绘

任务提出

按照测量规范和地形图图式，根据所测得的碎部点数据，绘制图 2—1 的地形图，并将测区内绘制的各图幅地形图拼接成一个整体，然后进行整饰与清绘。

任务分析

地形图的绘制，就是根据碎部点的平面位置和高程，在图纸上用规定的图式符号将地物和地貌勾绘出来。当园林场地的区域较大时，就需要分幅施测，并对各图幅进行拼接；如要获得符合要求的图样资料，还必须对所绘制的地形图进行检查、整饰与清绘。

相关知识

一、地形图图式

地形图用不同的符号表示不同的地物和地貌，这些符号统称为地形图图式。地形图图式中的符号有地物符号、地貌符号和注记符号。表 2—14 为中华人民共和国国家质量监督检验检疫总局和中国国家标准化管理委员会发布的《国家基本比例尺地图图式　第 1 部分：1∶500　1∶1 000　1∶2 000 地形图图式》（GB/T 20257.1—2007）的摘录。

表 2—14　　地形图图式摘录

符号名称	符号式样 1∶500	符号式样 1∶1 000	符号式样 1∶2 000	符号细部图
三角点 a. 土堆上的 张湾岭、黄土岗——点名 156.718、203.623——高程 5.0——比高	3.0 △ 张湾岭/156.718 a 5.0 △ 黄土岗/203.623			1.0 0.5 1.0
导线点 a. 土堆上的 Ⅰ 16、Ⅰ 23——等级、点号 84.46、94.40——高程 2.4——比高	2.0 ⊙ Ⅰ16/84.46 a 2.4 ⊙ Ⅰ23/94.40			
水准点 Ⅱ——等级 京石 5——点名点号 32.805——高程	2.0 ⊗ Ⅱ京石5/32.805			
卫星定位等级点 B——等级 14——点号 495.263——高程	3.0 △ B14/495.263			
地面河流 a. 岸线 b. 高水位岸线 清江——河流名称	0.5 3.0 1.0 b a 清 江			
池塘				
单幢房屋 a. 一般房屋 b. 有地下室的房屋 c. 突出房屋 d. 简易房屋 混、钢——房屋结构 1、3、28——房屋层数 -2——地下房屋层数	a 混1　b 混3-2 (0.5, 2.0, 1.0) c 钢28　d 简		3 1.0 c 28	

续表

符号名称	符号式样 1:500	符号式样 1:1 000	符号式样 1:2 000	符号细部图
廊房 a. 廊房 b. 飘楼	a 混3 1.0 2.5 0.5		b 混3 2.5 0.5	
亭 a. 依比例尺的 b. 不依比例尺的	a 2.0 1.0		b 2.4	2.4 2.4 1.3 1.3
围墙 a. 依比例尺的 b. 不依比例尺的	a 10.0 0.5 b 10.0 0.5 0.3			
栅栏、栏杆	10.0 1.0			
篱笆	10.0 1.0 0.5			
活树篱笆	6.0 1.0 0.6			
台阶	0.6 1.0 1.0			
门墩 a. 依比例尺的 b. 不依比例尺的	a b 1.0			
路灯				1.4 0.3 0.8 2.8 1.0
假石山				4.0 2.0 2.0 1.0

续表

符号名称	符号式样 1∶500	符号式样 1∶1 000	符号式样 1∶2 000	符号细部图
快速路	0.4　0.15　5.0　8.0			
街道 a. 主干路 b. 次干路 c. 支路	a　0.35 b　0.25 c　0.15			
小路、栈道	4.0　1.0　0.3			
汽车停车站	2.0　3.0　1.0　1.0			
过街天桥、地下通道 a. 天桥 b. 地道	a　b			
架空的管道 a. 依比例尺的墩架 b. 不依比例尺的墩架	a　热 b　热　1.0			
等高线及其注记 a. 首曲线 b. 计曲线 c. 间曲线 25——高程	a　0.15 b　25　0.3 c　1.0　6.0　0.15			
示坡线	0.8			
高程点及其注记 1 520.3、−15.3——高程	0.5　· 1 520.3　· −15.3			

续表

符号名称	符号式样 1∶500	符号式样 1∶1 000	符号式样 1∶2 000	符号细部图
冲沟 3.4、4.5——比高	3.4　4.5			
人工陡坎 a. 未加固的 b. 已加固的	a　2.0 b　3.0			
幼林、苗圃	1.0　幼　10.0　10.0			
行树 a. 乔木行树 b. 灌木行树	a b			
独立树 a. 阔叶 b. 针叶 c. 棕榈、椰子、槟榔 d. 果树 e. 特殊树	a　1.6　2.0　3.0　1.0 b　1.6　2.0　3.0　45°　1.0 c　2.0　3.0　1.0 d　1.6　3.0　1.0 e			1.0 0.6　72°　30° 1.0　0.5　0.3　0.5

续表

符号名称	符号式样			符号细部图
	1∶500	1∶1 000	1∶2 000	
草地 a. 天然草地 b. 改良草地 c. 人工牧草地 d. 人工绿地	a 2.0 1.0 10.0 10.0 b 10.0 10.0 c 10.0 10.0 d 1.6 0.8 5.0 10.0			2.0 90°

二、地物在地形图上的表示方法

地物一般分为自然地物和人工地物两大类，所有的地物都是按《国家基本比例尺地图图式》中的规定，用简明、清晰和易于判断实物的符号来表示的。

1. 按地物性质分类

按性质的不同，地物符号有测量控制点符号，如导线点、水准点、图根点等；居民地符号，如房屋、窑洞等；独立地物符号，如纪念碑、水塔、烟囱等；管线及垣栅符号，如电力线、管线、篱笆等；境界线符号，如省界、县界、乡界等；水系符号，如河流、湖泊、沟渠等；道路符号，如铁路、公路、小路等；土质符号，如石块地、砂地、盐碱地等；植被符号，如森林、耕地、草地等。

2. 按符号与地物的比例关系分类

（1）依比例符号　当地物较大时，可将其形状、大小的水平投影按测图比例尺缩绘在图上的符号称为依比例符号，如房屋、湖泊、宽阔的河流、森林等。它在图上不仅表示了形状、大小、位置等，而且还能用特定的符号表示其性质。

（2）非依比例符号　当地面物体很小，但又很重要，按比例尺缩小后，在图上无法反映其真实形状和大小时，就采用规定的符号表示在图上，这种符号称为非依比例符号，如导线点、井泉、独立树、纪念碑等。这种符号只表示位置，不表示形状、大小。

非依比例符号绘在图上时，符号的方向一般要求垂直于南图廓，并应表示出地物的正确位置，符号上表示地物中心位置的点称为定位点。若是几何图形符号，其定位点在几何图形的中心，如三角点、导线点、水井等；具有底线的符号，其定位点在底线的中心，如烟囱、灯塔等；底部为直角的符号，其定位点在直角的顶点，如路标、独立树等；由几种几何图形组合成的符号，其定位点在下方图形的中心或交叉点，如路灯、气象站等；下方有底宽的符号，其定位点在底宽中心点，如亭子、山洞等。

（3）半依比例符号　对于成带状的狭长地物，如道路、电线、小河、沟渠等，其长度可依比例尺表示，而宽度不能依比例尺表示，这种符号称为半依比例符号。半依比例符号的中心线就是实际地物的中心线。

依比例符号和半依比例符号的使用界限不是固定不变的，同一物体在不同比例尺地形图上所用的符号就可能不同。

三、地貌在地形图上的表示方法

在地形图上，通常用等高线配合高程注记来表示地貌。等高线不仅能表示地面的起伏形态，还能科学地表示地面的坡度和地面点的高程及山脉走向等。

1. 等高线表示地貌的原理

如图 2—53 所示，假想从山底到山顶，按相等间隔把它一层一层地水平切开后，呈现出各种形状的切口线，然后将各切口线正投影到平面上，并按测图比例缩绘于图纸上，就得到用等高线表示该地貌的图形，因此，地面上高程相等的相邻点所连成的闭合曲线称为等高线。

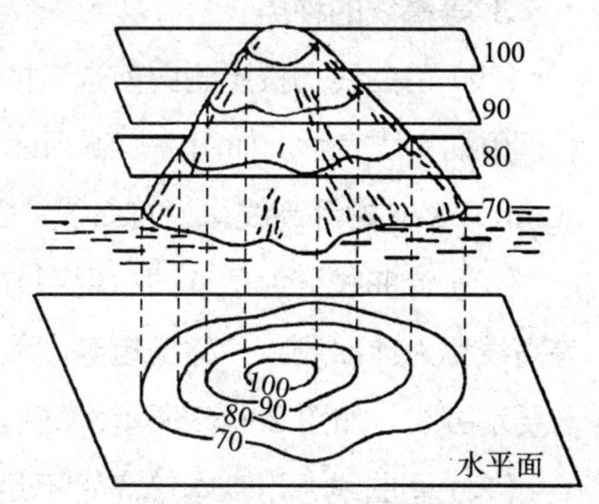

图 2—53　等高线表示地貌的原理

2. 等高距和等高线平距

如图 2—54 所示，相邻等高线之间的高差称为等高距，在同一幅地形图上，等高距是相同的。用等高线表示地貌时，若等高距选择过大，就不能详细显示地貌；反之，等高距越小，显示地貌越详细，但选择过小，等高线就会太密集，则失去图面的清晰度。因此，应根据测图比例尺、地形类别参照表 2—15 选用等高距。

表 2—15 地形图的基本等高距

地形类别	基本等高距（m）			
	1∶500	1∶1 000	1∶2 000	1∶5 000
平地	0.5	0.5	1.0	2.0
丘陵	0.5	1.0	2.0	5.0
山地	1.0	1.0	2.0	5.0

相邻等高线之间的水平距离称为等高线平距，如图 2—54 所示。在同一幅地形图中，地势越陡，平距越小，等高线越稠密；反之，平距越大，等高线越稀疏，地势越平缓；等高线平距相等的地方，则表示地面坡度均匀一致。

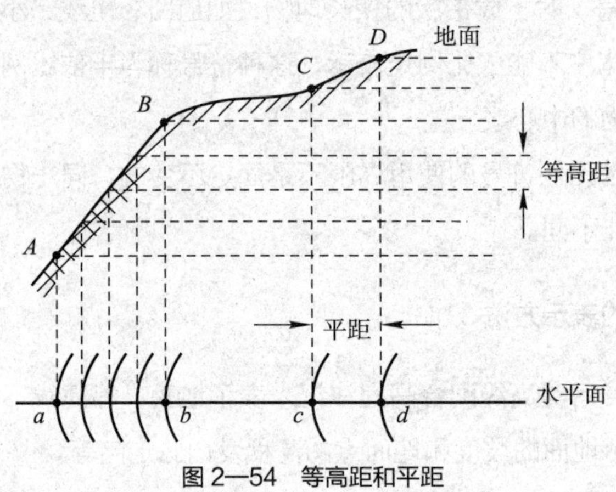

图 2—54 等高距和平距

3. 等高线的种类

（1）首曲线 按照测图前选定的基本等高距测绘的等高线称为首曲线，也称基本等高线，用细实线表示。如图 2—55 所示，高程为 38 m、40 m、42 m、44 m、46 m、48 m、50 m、52 m 的等高线均为首曲线，首曲线的高程必须是基本等高距的整数倍。

（2）计曲线 为了读图、用图方便，从高程基准面起算，每隔 4 条首曲线加粗的一条等高线称为计曲线，又称加粗等高线。计曲线一般都注记高程，计曲线多的地方，一般不需要示坡线。如图 2—55 所示，高程为 40 m、50 m 的等高线是计曲线。

（3）间曲线 用基本等高距不足以表示局部地貌特征时，按 1/2 基本等高距测绘的等高线称为间曲线，在图上用长虚线表示。如图 2—55 所示，高程为 43 m、47 m 的等高线是间曲线。

（4）助曲线 按 1/4 基本等高距测绘的等高线称为助曲线，在图上用短虚线表示。如图 2—55 所示，高程为 42.5 m 的等高线是助曲线。

首曲线与计曲线是地形图中表示地貌必须描绘的等高线，而间曲线、助曲线则根据需

要来确定是否描绘。间曲线和助曲线都是辅助性等高线，在图幅中可不自行闭合，但应表示至基本等高线间隔较小、地貌倾斜相同的地方为止。

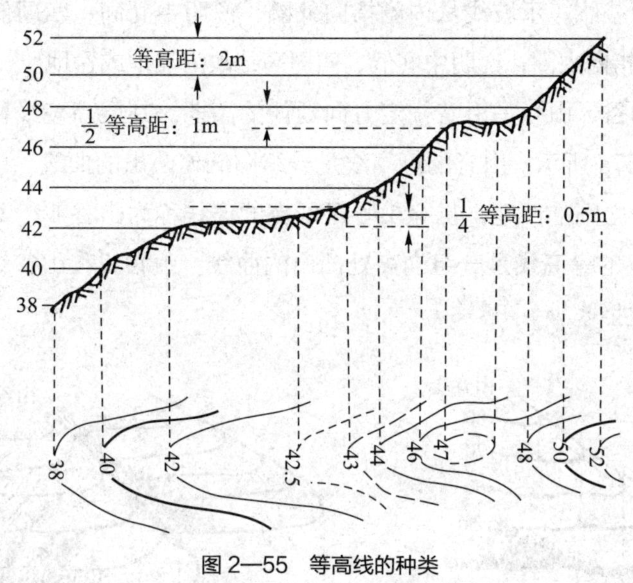

图 2—55 等高线的种类

4. 用等高线表示地貌

地貌虽然千姿百态，但其基本形态归纳起来不外乎山头、洼地、山脊、山谷和鞍部等几种。

（1）山头和洼地（盆地） 隆起而高于四周的高地称为山，图 2—56a 所示为表示山头的等高线；四周高而中间低的地形称为洼地，图 2—56b 所示为表示洼地的等高线。

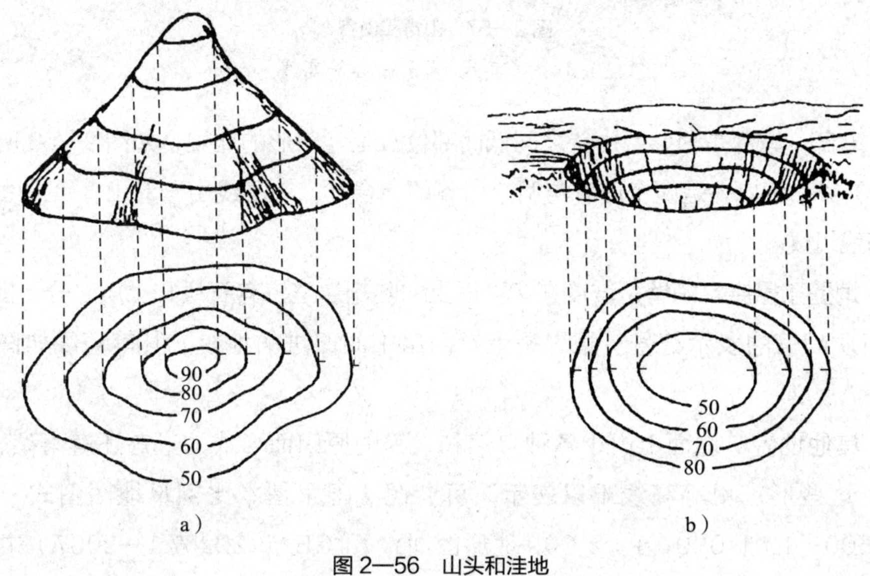

图 2—56 山头和洼地

a）山头等高线 b）洼地等高线

山头和洼地的等高线均表现为一组闭合曲线。在地形图上区分山头和洼地，可采用高程注记或示坡线的方法。高程注记可在最高点或最低点上注记高程；示坡线是沿下坡方向垂直于等高线的短截线。示坡线从内圈指向外圈，说明中间高、四周低，故为山头或山丘；示坡线从外圈指向内圈，说明中间低、四周高，故为洼地或盆地。

（2）山脊和山谷　山脊是沿着一定方向延伸的高地，其最高棱线称为山脊线。又称分水线。如图 2—57a 所示，山脊的等高线是一组向低处凸出的曲线。山谷是沿着一定方向延伸的两个山脊之间的凹地，贯穿山谷最低点的连线称为山谷线，又称集水线。如图 2—57b 所示，山谷的等高线是一组向高处凸出的曲线。山脊线和山谷线可显示地貌的基本轮廓，统称为地性线。

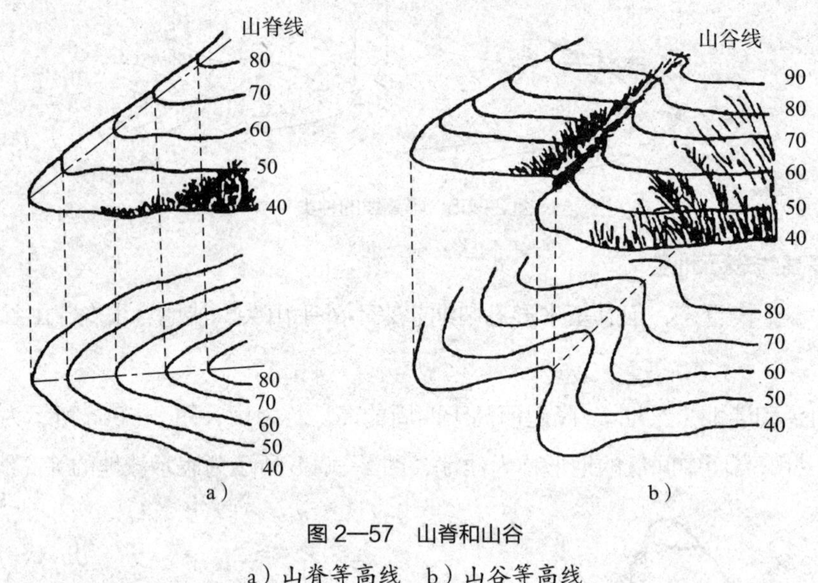

图 2—57　山脊和山谷
a）山脊等高线　b）山谷等高线

（3）鞍部　鞍部是相邻两山头之间低凹部位且呈马鞍形的地貌，如图 2—58 所示。鞍部（S 处）俗称垭口，是两个山脊与两个山谷的会合处，等高线由一对山脊等高线和一对山谷等高线组成。

（4）峭壁和悬崖　峭壁是坡度在 70° 以上的陡峭崖壁，有石质和土质之分，图 2—59 所示是石质峭壁的表示符号。悬崖是上部凸出中间凹进的地貌，其等高线如图 2—60 所示。

（5）其他地貌　地面上由于各种自然和人为的原因而形成的形态还有雨裂、冲沟、陡坎等，这些形态用等高线难以表示，可参照《国家基本比例尺地图图式　第 1 部分：1∶500　1∶1 000　1∶2 000 地形图图式》（GB/T 20257.1—2007）中规定的符号。

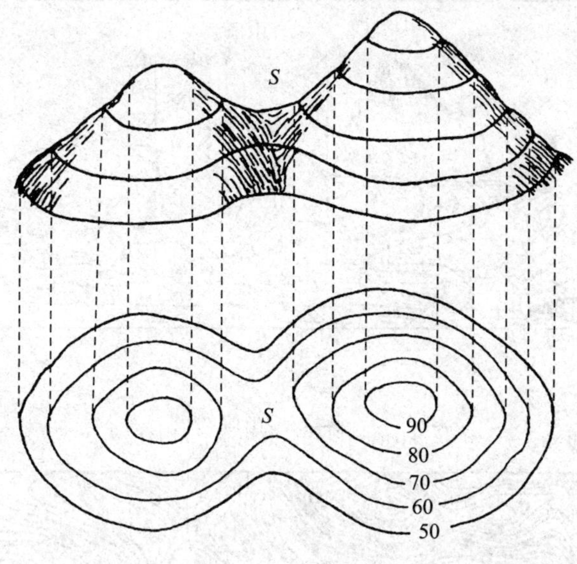

图 2—58　鞍部

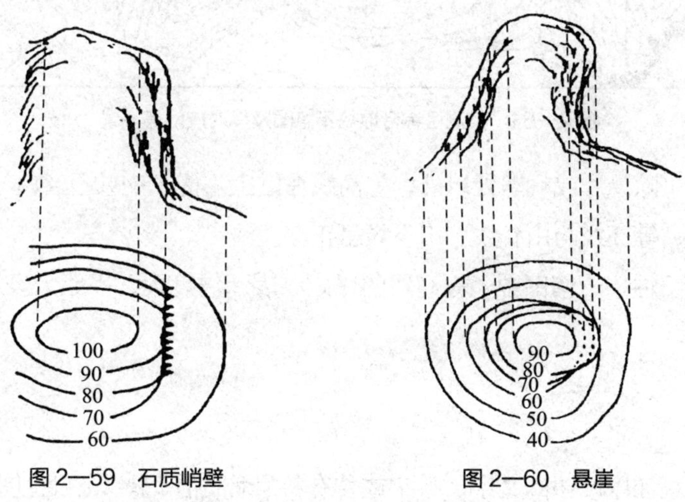

图 2—59　石质峭壁　　　　图 2—60　悬崖

图 2—61 所示是某测区综合地貌示意图及其对应的等高线，有助于熟悉用等高线表示地貌的规律。

5. 等高线的特性

等高线的特性概括如下：

（1）等高性　同一条等高线上的点，其高程必相等；但一幅图中高程相等的点，并非一定在同一条等高线上。

（2）闭合性　等高线均是闭合曲线，如不在本图幅内闭合，则必在其相邻的图幅内闭合，故等高线必须延伸到图幅边缘。等高线不能在图内中断，但在注记处和遇道路、房屋、河流等地物符号时可以局部中断。

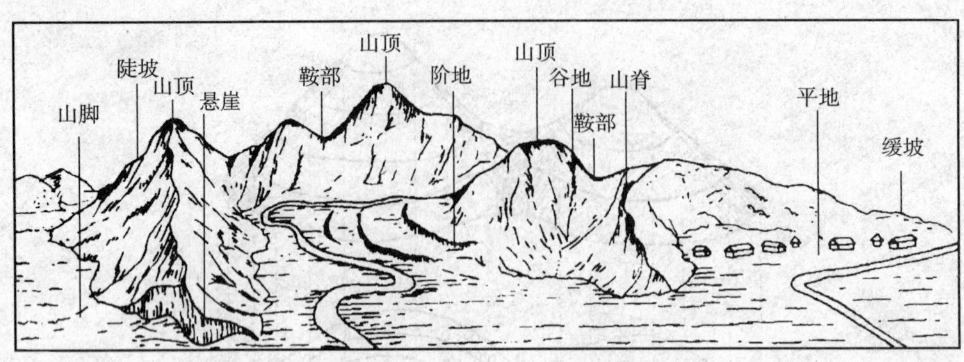

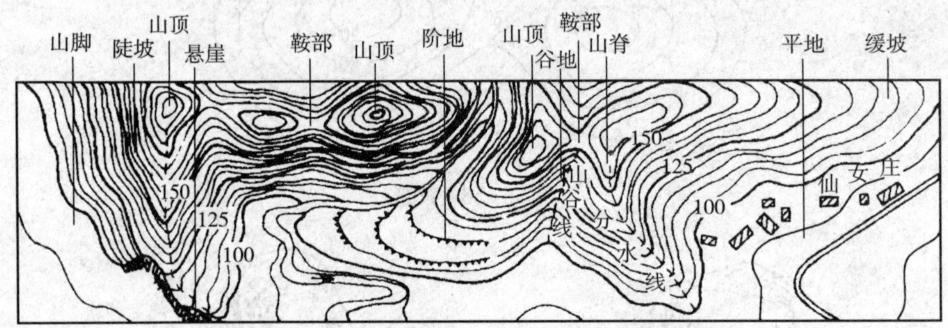

图 2—61　某测区综合地貌示意图及其对应的等高线

（3）非交性　除悬崖或峭壁处以外，等高线在图上不能相交或重合。

（4）正交性　等高线与山脊线、山谷线呈正交。

（5）密陡稀缓性　一幅图中，等高线的平距小表示坡度大，平距大表示坡度小，即平距与坡度成反比。

四、注记符号

对地物和地貌加以说明的文字、数字或特有符号称为注记。如在图上用数字表示房屋层数、地面高程、水的流速，用文字表示地名、建筑物名称，用箭头表示水流的方向等。它是地物和地貌的辅助性符号。

任务实施

一、工具准备

4~5 人为一组，每组配备量角器 1 个，三棱比例尺 1 把，曲线板 1 副，直尺 1 把，圆规 1 个，细针 1 根，透明纸 1 张，GB/T 20257.1—2007 1 本，计算器 1 台，铅笔、橡皮、小刀等。

二、实施步骤

1. 绘制地物

在图纸上展绘出多个地物点后，要及时将有关的点连接起来，并按照 GB/T 20257.1—2007 等规定的符号绘出地物图形。主要地物特征点要独立测定，一些次要特征点可采用量距、交会、推平行线等几何作图法绘制。绘制依比例符号时，应保证轮廓位置的精度；绘制半依比例符号时，应保证主线位置的几何精度；绘制非依比例符号时，应保证其主点位置的几何精度。

2. 绘制地貌

如图 2—62 所示，当图纸上有足够数量的地貌特点时，要及时将山脊线、山谷线勾绘出来，用细实线表示山脊线，用细虚线表示山谷线。地貌点的高程不一定恰好符合等高线的要求，等高线的高程必须是等高距的整数倍，所以，勾绘等高线时，首先必须根据这些标注高程的地貌点位，求出符合等高线高程的点位，最后再将高程相等的相邻点用平滑的曲线连接起来。

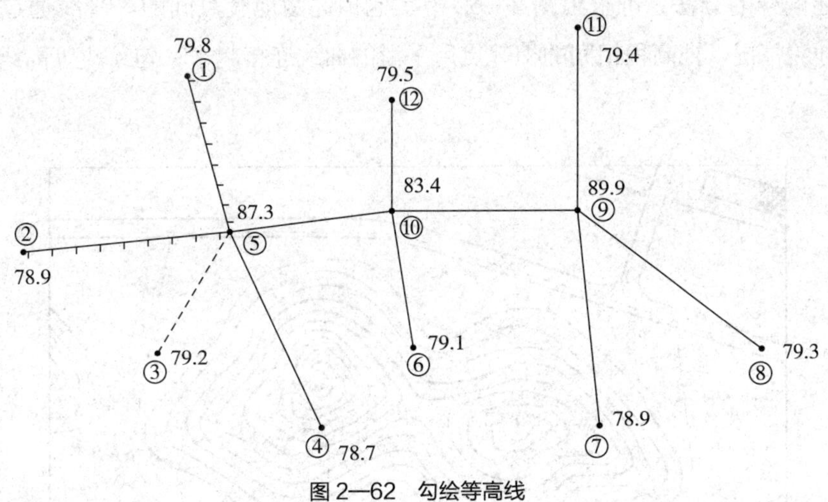

图 2—62　勾绘等高线

（1）解析法内插等高线的点位　如图 2—62 所示，①、⑤两点的高程分别为 79.8 m 和 87.3 m，当等高距为 1 m 时，在①—⑤连线上有高程为 80 m、81 m、82 m、83 m、84 m、85 m、86 m 和 87 m 的等高线通过。

在图 2—62 中，①、⑤两点的高差为 h=87.3−79.8=7.5 m，若在图上量得①、⑤两点间的长度为 30 mm，则①—⑤连线上的等高线平距 $d=\dfrac{30\times 1}{7.5}$=4 mm，①点至高程为 80 m

的等高线通过点之间的距离 $d'=\frac{80-79.8}{7.5}\times 30=0.8$ mm。此时，沿①—⑤方向，高程为 80 m、81 m、82 m、83 m、84 m、85 m、86 m 和 87 m 的等高线通过点分别距离①点为 0.8 mm、4.8 mm、8.8 mm、12.8 mm、16.8 mm、20.8 mm、24.8 mm 和 28.8 mm，用直尺量出这些长度即得相应高程的等高线通过点。

（2）图解法内插等高线的点位　如图 2—63 所示，取一张透明纸，在纸上画等距平行线，平行线间距和数目视地形坡度而定，陡坡地区可增加条数和缩小间距。在图 2—62 中，②、⑤两点的高程分别为 78.9 m 和 87.3 m，如欲求这两点间等高距为 1 m 的等高线通过点，可将透明纸蒙在线段②—⑤上并移动，使②、⑤两点分别位于 78.9 m 和 87.3 m 时，用大头针将线段②—⑤与各平行线的交点刺在图纸上，即得高程为 79 m、80 m、81 m、82 m、83 m、84 m、85 m、86 m 及 87 m 的等高线通过点。

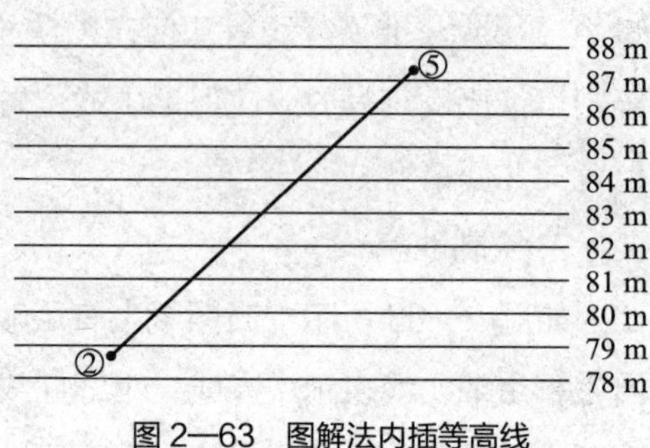

图 2—63　图解法内插等高线

用上述同样的方法，可求出图 2—62 中其他相邻两地貌点间的等高线通过点，最后根据实际地貌情况，把高程相同的相邻点用平滑的曲线连接起来，勾绘成等高线图，如图 2—64 所示。

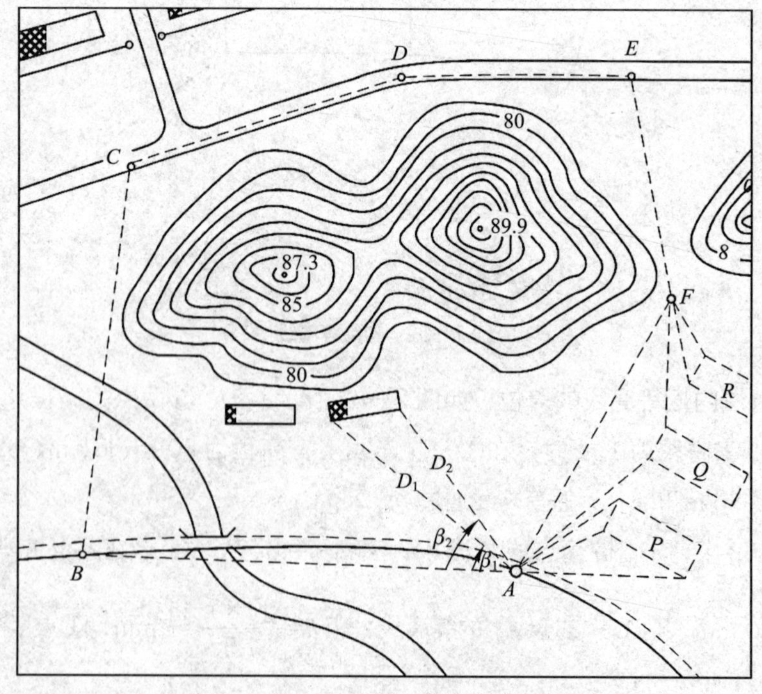

图 2—64　图 2—1 所示园林场地的地形图

经过图根控制测量、碎部测量和地形图绘制，所得的图 2—64 即为图 2—1 所示园林场地的地形图。

3. 地形图的拼接

地形图是分幅测绘的，为了保证相邻图幅的相互拼接，每一幅图的四边一般应测出图廓外 5～10 mm。如图 2—65 所示，由于测绘误差的存在，在图廓边界处，相邻两图幅的地物和等高线不能完全吻合，当接图线上的地物位置相差不到 2 mm，等高线相差不大于相邻的等高线的平距时，可取平均值进行纠正，同时应顾及地物、地貌的合理走向。

目前常采用聚酯薄膜测图，图幅拼接时可直接利用其自身的透明性，让相邻两图幅的相应边叠合在一起，如在容许误差范围内，则在其中一幅上改正地物、地貌的位置，另一幅可根据改正后的图边进行调整。

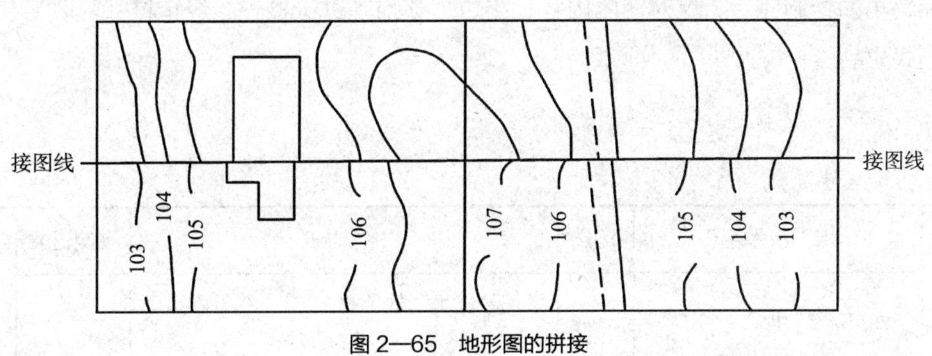

图 2—65　地形图的拼接

4. 地形图的检查

首先在室内检查记录、计算有无错误，图根点的数量和地物点、地貌点的密度等是否符合要求；然后沿拟订路线将拼接后的地形图与实地进行对照，查看地物有无遗漏，地貌是否与实地相符，符号、注记等是否正确，发现问题应及时改正。

5. 地形图的整饰与清绘

经过拼接和检查后，按照先图内后图外，先地物后地貌，先注记后符号的顺序，擦掉一切不必要的线条，按规定符号对地物、地貌进行描绘，在适当位置加以注记，并画出图幅边框，注出图名、图例、比例尺、测图单位和日期等辅助元素。清绘是指在整饰后的铅笔图样上，用绘图钢笔上墨。清绘的一般次序为图廓、注记、控制点、独立地物、居民地、道路、水系、建筑物、植被、地类界、地貌等。目前已大多采用计算机绘图，经外业测绘的地形图，只需用铅笔完成清绘，然后用扫描仪完成矢量化操作，便可通过 AutoCAD 等绘图软件进行地形图的机助绘制。

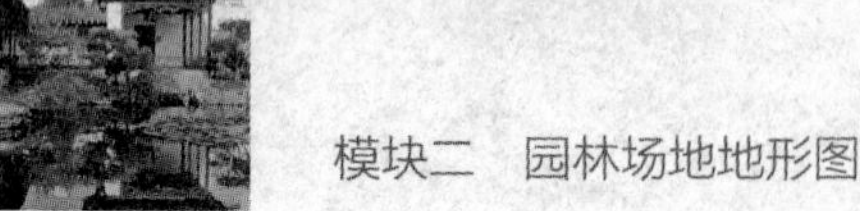

经过整饰和清绘后的地形图，应内容齐全、线条均匀、取舍合理、字体端正、符号正确、清晰美观，可采用方格网法、制版印刷法、静电复印法、晒图法等方法进行复制。

三、操作注意事项

1. 普通地貌宜以等高线表示，但特殊地貌如悬崖、峭壁、陡坎等，要用相应的图式表示；山顶、鞍部、凹地、山脊、谷底及倾斜变换点处，必须测注高程点。

2. 在地貌点之间确定等高线通过点，只有当两点间为匀坡时才能内插计算，而不能跨越地性线，也不能越点内插计算。

3. 地形图上高程点的注记，当等高距为 0.5 m 时，应精确至 0.01 m，当等高距大于 0.5 m 时，应精确至 0.1 m；地形图上各种名称的注记，应采用现有的法定名称。

4. 每幅图绘制完后，应对图的内容、接边、整饰等进行检查，经审核、验收后，方能作为正式成品。

评分标准

序号	项目与技术要求	配分	评分标准	实测记录	得分
1	能正确绘制地物	40	符号应用不规范扣 20 分，符号不正确全扣		
2	能合理绘制地貌	40	等高线位置不合适扣 30 分，高程大小等注记错误全扣		
3	能熟练检查、拼接地形图	10	检查不全面或不进行检查扣 5 分，拼接不恰当扣 5 分		
4	能正确清绘、整饰地形图	10	线条不均匀或字体不端正扣 5 分，图面不美观或不清洁、不清晰扣 5 分		
合计得分					

思考与练习

根据图 2—66 的地貌点位置和高程注记，以及山脊线（细实线）和山谷线（细虚线）情况，绘出等高距为 1 m 的等高线。

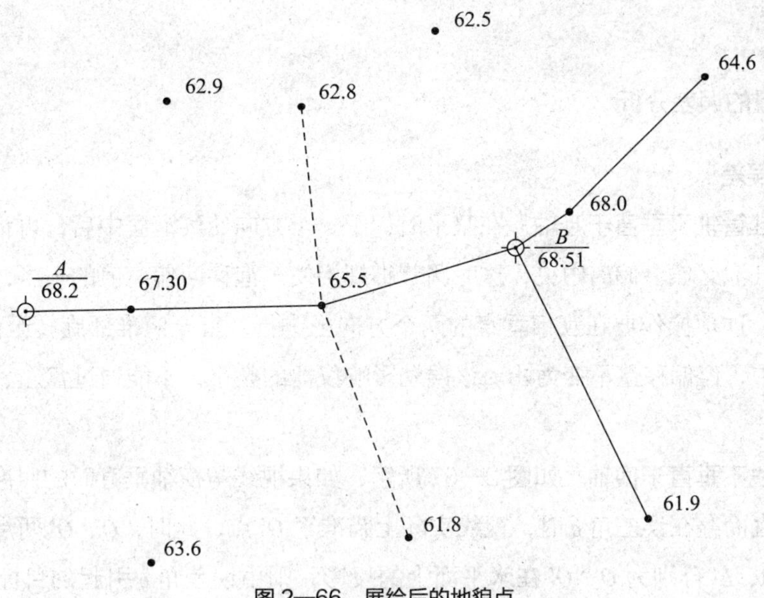

图 2—66　展绘后的地貌点

课题四

DJ_6 光学经纬仪的检验与校正

任务目标

◇熟悉 DJ_6 光学经纬仪主要轴线之间应满足的几何条件

◇能对 DJ_6 光学经纬仪进行检验与校正

任务提出

光学经纬仪是角度测量的主要仪器，使用经纬仪测量水平角和竖直角都存在误差。根据仪器的构造及测角原理，分析产生角度测量误差的原因，并进行光学经纬仪的检验与校正。

任务分析

研究角度测量误差产生的原因、性质和大小，有助于预估测量误差对测量成果影响的大小，从而设法减少其对成果的影响，并判断成果的可靠性。经分析，测角误差的来源为仪器误差、观测误差和外界环境条件的影响，而仪器误差一般都是系统性的，可以通过检验与校正予以消除或减小。

相关知识

一、角度测量的误差分析

1. 仪器误差

（1）水准管轴不垂直于竖轴　在整平时，于一个方向使气泡居中后，再将照准部平转180°，水准气泡必然会偏离中央，这时调节脚螺旋使气泡移回偏离值的一半，则竖轴即处于铅垂位置。这项操作要在互相垂直的两个方向上进行，直至照准部旋转至任何位置时，气泡虽不居中，但偏移量不变为止。该误差影响仪器的整平，不能通过盘左、盘右观测加以消除。

（2）视线不垂直于横轴　如图2—67所示，如果视线与横轴垂直时的照准方向为AO，当两者不垂直而存在误差角c时，视线实际上瞄准了O'点，此时，O、O'两点同高，竖直角为θ；若B、B'分别为O、O'在水平面上的投影，则由误差角c引起的目标O的水平度盘读数误差$c'=\angle BAB'$。经推算，视线不垂直于横轴对水平度盘读数的影响，在一个方向上与误差角c及竖直角θ的正割的大小成正比。对角度的影响，则与误差角c及两方向竖直角正割之差的大小成正比，如两方向的竖直角相同，则影响为零。因为用经纬仪盘左、盘右观测同一目标点时，视线不垂直于横轴对水平度盘读数影响的大小相等而符号相反，所以在取盘左、盘右的平均值后，此误差可自然减小。

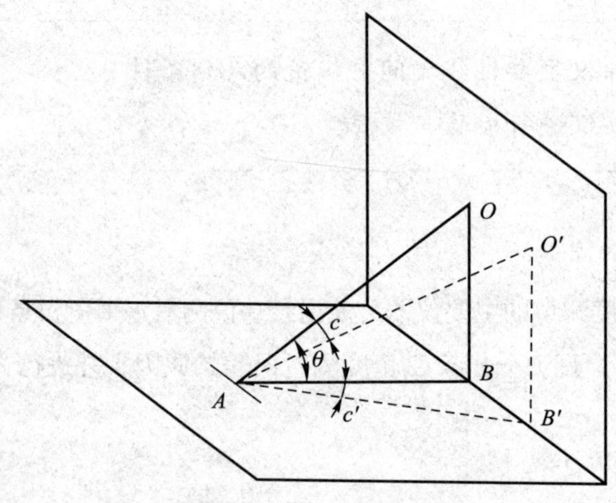

图2—67　视线不垂直于横轴

（3）横轴不垂直于竖轴　如图2—68所示，当横轴不垂直于竖轴时，仪器整平后竖轴居于铅垂位置，而横轴必发生倾斜；视线绕横轴旋转所形成的不是铅垂面，而是一个倾斜平面。过目标点O作一垂直于视线方向的铅垂面，O'点位于过O点的铅垂线上。如果横轴不垂直于竖轴，当仪器照准O点后再将视线放平，则照准的是O_1点而非O'点。若要照

准 O'，则需将照准部转动 ε 角，从而会影响水平度盘的读数。倾斜直线 OO_1 与铅垂线之间的夹角 i 与横轴的倾角相同。经推算，横轴不垂直于竖轴在一个方向上对水平度盘读数的影响，与横轴的倾角及目标点竖直角的正切成正比；对角度的影响，则与横轴的倾角及两个目标点的竖直角正切之差成正比。此误差也可利用盘左、盘右观测并取平均值来减小。

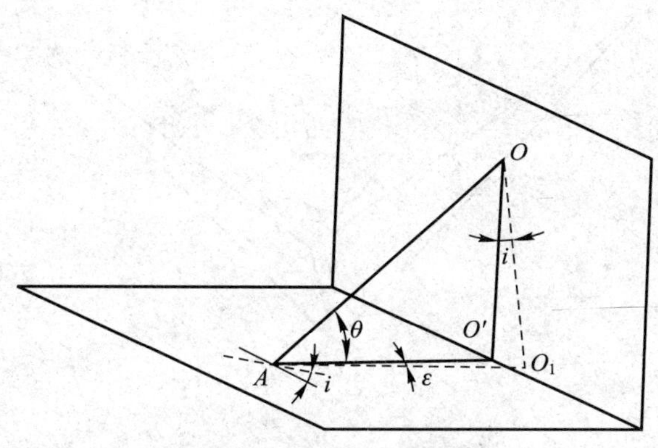

图 2—68　横轴不垂直于竖轴

（4）照准部偏心　照准部偏心即照准部的旋转中心与水平度盘的刻划中心不重合。如图 2—69 所示，设度盘的刻划中心为 O，而照准部的旋转中心为 O_1。当仪器的照准方向为 A 时，其度盘的正确读数应为 a，由于偏心的存在，实际的读数为 a_1，a_1-a 即为这项误差的大小。

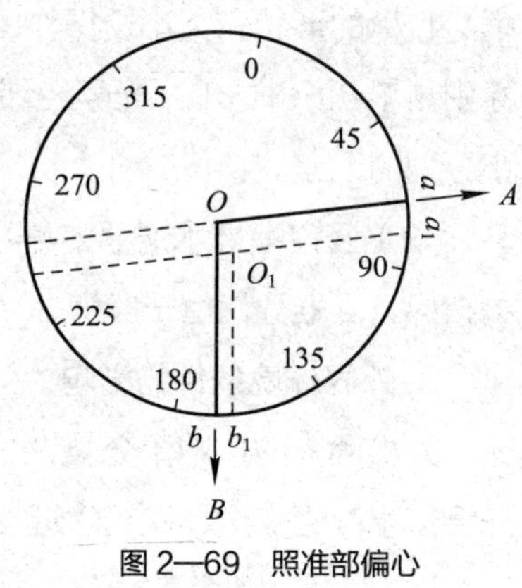

图 2—69　照准部偏心

如果照准方向与偏心方向一致，照准部偏心对水平角读数的影响为零；而照准方向与偏心方向互相垂直时，照准部偏心对水平角读数的影响最大。在图 2—69 中，照准方向为 A 时，读数偏大；照准方向为 B 时，读数偏小。当用盘左、盘右观测同一方向时，其影响值大小相等而符号相反，在取读数平均值后，影响即可抵消。

（5）竖盘指标差　该误差影响竖直角的观测精度，如果预先测出，可在进行半测回测角的计算时予以考虑，或者用盘左、盘右观测取其平均值消除。

2. 观测误差

（1）测站偏心和目标偏心　测站偏心对测角精度的影响如图 2—70 所示。设 O 为地面标志点，O' 为仪器中心，则实际测得的水平角为 β' 而非应测的 β，两者之差为

$$\Delta\beta=\beta-\beta'=\delta_1+\delta_2$$

由图 2—70 可以看出，观测方向与偏心方向越接近 90°、边长越短、偏心距 OO_1

越大，对测角的影响也越大，故在一定的测角精度要求下，测边越短，则对中精度要求越高。

造成目标偏心的原因是标杆没有精确地放置在地面点位上，或是标杆不垂直于地面。与测站偏心类似，在短边测角时，应尽可能用垂球作为观测标志。

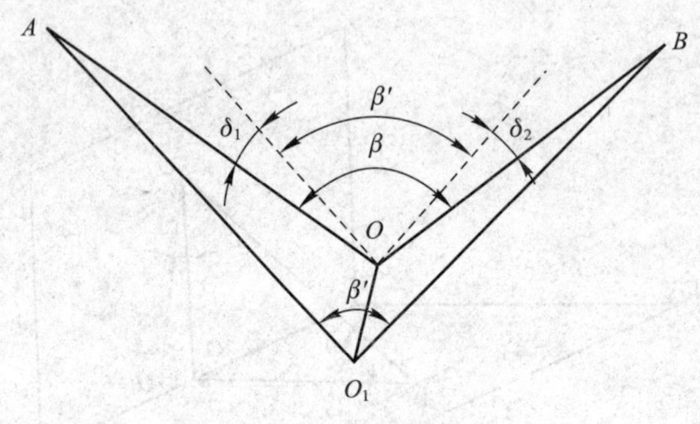

图 2—70　测站偏心

（2）照准误差和读数误差　照准误差的大小取决于人眼的分辨能力、望远镜的放大率、目标的形状和大小及操作的仔细程度等，对于粗的目标宜用十字丝双丝照准，细的目标则用单丝照准。DJ_6 光学经纬仪的读数误差为 ±6″，对于分微尺法读数，主要是估读最小分划的误差。

（3）竖盘指标水准器的整平误差　该误差是影响竖直角的主要因素，DJ_6 光学经纬仪的指标水准器分划值一般为 30″，在读取竖盘读数以前，须先将指标水准器整平。

3. 外界环境条件的影响

外界因素的影响十分复杂，如风会使仪器不稳，地面土质松软可使仪器下沉，强烈光照会使水准管变形，视线靠近反光物体会有折光等，这些都会影响测角的精度。

二、DJ_6 光学经纬仪应满足的几何条件

光学经纬仪各轴线之间必须满足一定的几何关系，才能测出正确的结果，其主要应具备的条件有：照准部的水准管轴应垂直于仪器的竖轴、十字丝纵丝应垂直于横轴、望远镜的视准轴应垂直于横轴、横轴应垂直于竖轴、视线水平时竖盘读数应为 90° 或 270°。

任务实施

一、工具准备

4～5 人为一组，每组配备 DJ_6 光学经纬仪 1 台套，仪器校正工具 1 套，记录板 1 块（含记录表格若干），铅笔、橡皮、小刀等。

二、实施步骤

1. 照准部水准管轴的检验与校正

（1）检验方法　如图 2—71 所示，先将仪器粗略整平后，使水准管平行于一对相邻的脚螺旋，并用这对脚螺旋使水准管气泡居中，这时水准管轴 LL' 已居于水平位置。如果水准管轴不垂直于竖轴，如图 2—71a 所示，则竖轴 VV' 不在铅垂位置。将照准部平转 180°，则水准管轴偏移水平位置，气泡也不再居中，如图 2—71b 所示。如果水准管轴与竖轴不垂直的偏差为 θ，则将照准部平转 180° 后，水准管轴相对水平位置的偏移量为 2θ。

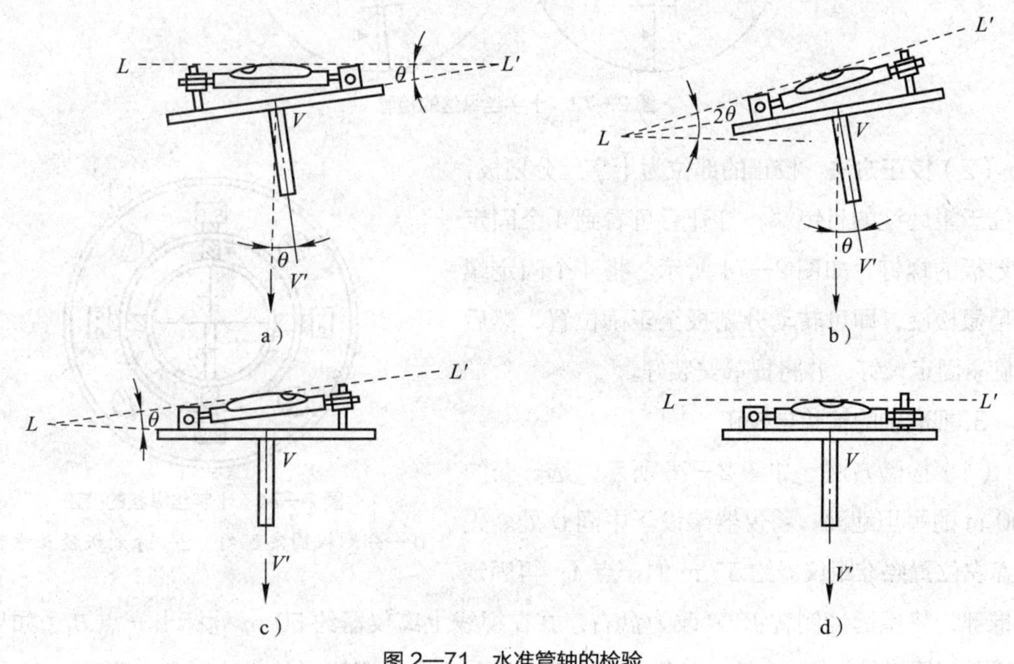

图 2—71　水准管轴的检验

（2）校正方法　如图 2—71c 所示，调节脚螺旋使气泡退回至原偏移量的一半，则竖轴处于铅垂位置；再用校正工具升高或降低水准管的一端，使气泡居中，则水准管轴垂直于竖轴，如图 2—71d 所示。

水准管校正装置的构造如图 2—72 所示，如果要使水准管的右端降低，则先顺时针转动下边的螺旋，再顺时针转动上边的螺旋；反之，则先逆时针转动上边的螺旋，再逆时针转动下边的螺旋。

2. 十字丝纵丝的检验与校正

（1）检验方法　以十字丝纵丝的一端照准一小而清晰的目标点，再用望远镜的微动螺旋使目标点移动到纵丝的另一端，如图 2—73 所示。如果目标点移到另一端时仍位于纵丝上，则十字丝处于正确位置。否则，需校正。

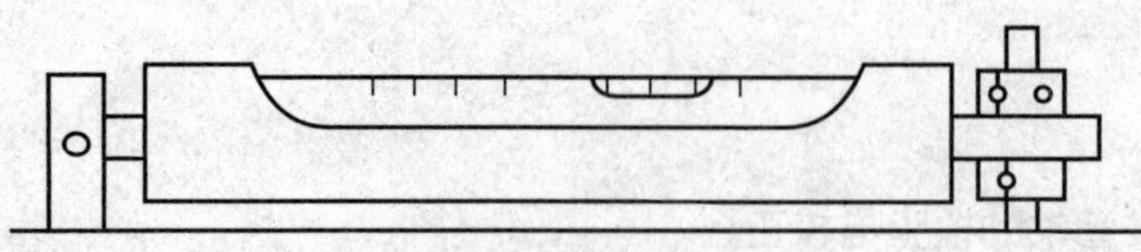

图 2—72　水准管校正装置的构造

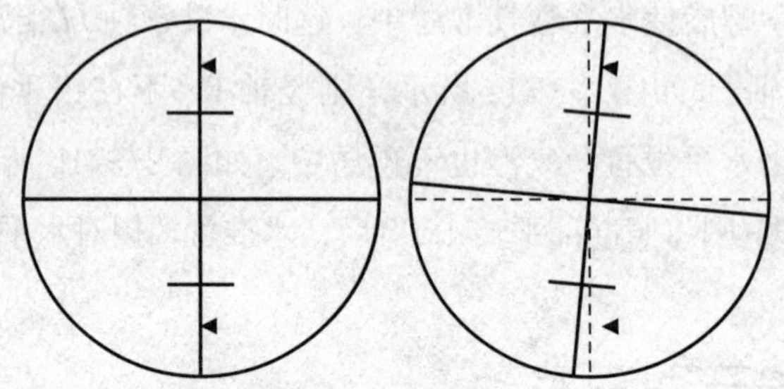

图 2—73　十字丝纵丝的检验

（2）校正方法　校正的部位为十字丝分划板，它位于望远镜的目镜端，打开后可看到 4 个固定分划板的螺钉，如图 2—74 所示。将 4 个固定螺钉稍微松旋，即可转动分划板至正确位置，然后再旋紧固定螺钉，并将护罩安装好。

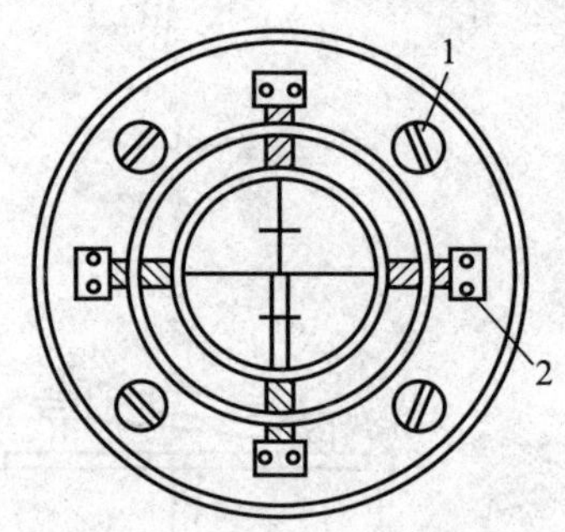

图 2—74　十字丝纵丝的校正

1—分划板固定螺钉　2—分划板校正螺钉

3. 视准轴的检验与校正

（1）检验方法　如图 2—75 所示，选一长约 100 m 的平坦地面，将仪器架设于中间 O 处。先以盘左位置照准距仪器约 50 m 的一点 A；再固定照准部，将望远镜倒转 180° 改为盘右，并在视线上离仪器约 50 m 处标出一点 B_1。如果视线垂直于横轴，则 A、O、B_1 三点必在同一直线上。当用同样的方法以盘右照准 A 点后，再倒转望远镜，视线应落于 B_1 点上；如果视线落于另一点 B_2，即说明视准轴需要校正。

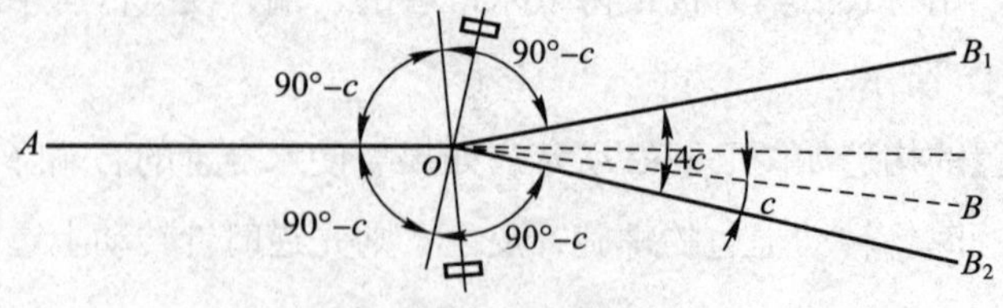

图 2—75　视准轴的检验

（2）校正方法　由图 2—75 可以看出，视线与横轴不垂直，存有一偏差角 c，而 $\angle B_1OB_2=4c$。将 B_1、B_2 之间的距离分为四等份，取靠近 B_2 点的等分点 B，则可近似地认为 $\angle BOB_2=c$。在照准部不动的条件下，将视线从 OB_2 校正到 OB 即可。

校正的部位仍为十字丝分划板。在图 2—74 中，校正分划板左右两个校正螺钉，则可使视线左右摆动。旋转校正螺钉时，应先松一个，再紧另一个。待校正至正确位置后，应将两个螺钉旋紧。

4. 横轴的检验与校正

（1）检验方法　在竖轴位于铅垂位置的条件下，如果横轴与竖轴不垂直，则横轴倾斜。如果视线已垂直于横轴，则望远镜绕横轴旋转时构成的是一个倾斜平面。如图 2—76a 所示，将仪器架设在一个高的建筑物附近，当仪器整平后，在望远镜倾斜约 30° 的高处，以盘左照准一清晰的目标点 *A*，然后将望远镜放平，在墙上标出视线所照准的一点 *B*。再将望远镜改为盘右，仍然照准 *A* 点，并放平视线，在墙上标出一点 *C*，如图 2—76b 所示。如果 *B*、*C* 两点不重合，则需要校正。

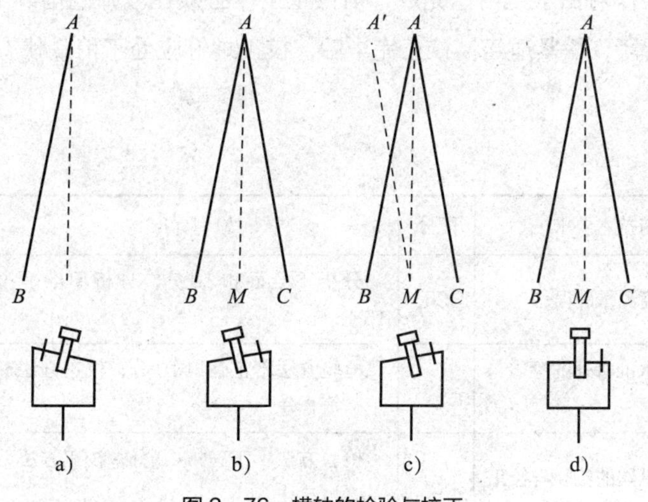

图 2—76　横轴的检验与校正

（2）校正方法　由于盘左、盘右倾斜的方向相反而大小相等，所以取 *B*、*C* 连线的中点 *M*，则 *A*、*M* 在同一铅垂面内。照准 *M* 点，将望远镜抬高，则视线必然偏离 *A* 点，而落在 *A′* 处，如图 2—76c 所示。在保持仪器不动的条件下，校正横轴的一端，使视线落在 *A* 处即可，如图 2—76d 所示。

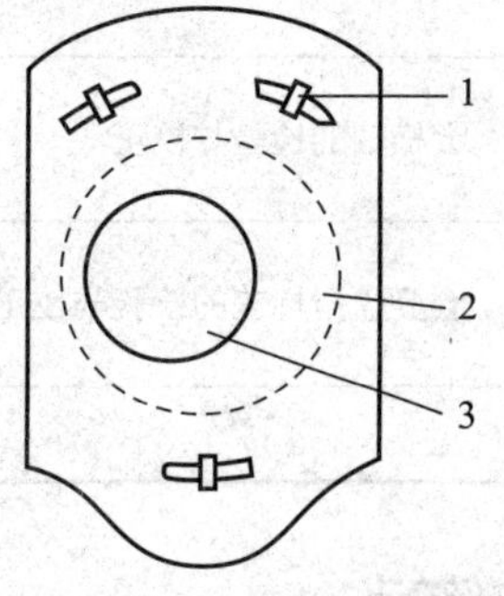

图 2—77　横轴校正装置

1—轴承固定螺钉　2—偏心轴承　3—横轴

图 2—77 所示为横轴校正装置，它是一个偏心轴承，当松开三个轴承固定螺钉后，轴承可作微小转动，能迫使横轴端点上下移动。待校正好后，应将固定螺钉旋紧，并安装好护罩。

5. 竖盘指标差的检验与校正

（1）检验方法　用盘左、盘右照准同一目标，并读得其读数 L 和 R 后，按式（2—35）计算出指标差数值。

（2）校正方法　保持盘右照准原来的目标不变，这时的正确读数应为 $R-x$。用指标水准管微动螺旋将竖盘读数调整至 $R-x$ 的位置上，这时指标水准管气泡不再居中，此时调节指标水准管校正螺钉，使气泡居中即可。

三、操作注意事项

1. 仪器的各项检验与校正往往需要重复进行数次才能达到效果，检验与校正的步骤应按顺序进行，不得颠倒。

2. 各项检验工作可由学生自己完成，但校正工作必须在教师的指导下进行；拨动校正螺钉时，要先松后紧，松紧适当。校正完毕后，校正螺钉应处于稍紧状态。

评分标准

序号	项目与技术要求	配分	检测标准	实测记录	得分
1	能分析角度测量的误差	25	分析不全面扣 10 分，分析不准确扣 15 分		
2	会照准部水准管轴的检验与校正	15	检验方法不正确扣 10 分，校正方法不正确扣 5 分		
3	会十字丝纵丝的检验与校正	15	检验方法不正确扣 10 分，校正方法不正确扣 5 分		
4	会视准轴的检验与校正	15	检验方法不正确扣 10 分，校正方法不正确扣 5 分		
5	会横轴的检验与校正	15	检验方法不正确扣 10 分，校正方法不正确扣 5 分		
6	会竖盘指标差的检验与校正	15	指标差数值计算错误扣 10 分，校正方法不正确扣 5 分		
合计得分					

思考与练习

简析产生角度测量误差的原因，并简述减小或消除其误差的方法。

知识链接

电子经纬仪简介

电子经纬仪是一种运用光电元件实现测角自动化、数字化的新一代电子测角仪器。由于它是在光学经纬仪的基础上发展起来的，所以整体结构与光学经纬仪有许多相似之处，现以 ET—02/05 电子经纬仪为例进行简介。

一、电子经纬仪的特点

ET—02/05 电子经纬仪采用电子测角系统，能自动显示测量结果，提高了工作效率，减轻了劳动强度。其结构合理、功能齐全、性能可靠、操作简单，很容易实现仪器的所有功能。另外，还同时具有如下特点：

1. 可以与该仪器的生产公司生产的 ND 系列测距仪和其他厂家生产的 6 种测距仪联机，组成组合式全站仪。

2. 可以与该仪器的生产公司生产的电子手簿联机，完成野外数据的自动采集，组成多功能全站仪。

3. 利用 6 个功能键即可实现任一功能，并且可以将测距仪的距离数据显示在电子经纬仪的显示屏上。

二、电子经纬仪的外部构造

与光学经纬仪相比，电子经纬仪多了一个机载电池盒、一个测距仪数据接口和一个电子手簿接口，增加了电子显示屏和操作键盘，其外部构造和部件名称如图 2—78 所示。

1. 数据输入、输出接口

（1）数据输入接口即测距仪数据接口，通过 CE—202 系列相应的电缆与测距仪连接，可将测距仪测得的距离值自动显示在电子经纬仪的显示屏上。

（2）数据输出接口，即电子手簿接口，用 CE—201 电缆与电子手簿连接，可将仪器观测的数据输入电子手簿进行记录。

通过以上两项连接后，电子经纬仪与测距仪和电子手簿就组成了能自动采集数据的多功能全站仪。

2. 显示屏与操作键盘

（1）显示屏　ET—02/05 电子经纬仪采用线条式液晶显示屏，当常用符号全部显示时，其具体位置如图 2—79 所示。中间两行各 8 个数位显示角度或距离等观测结果或提示字符串，左右两侧所显示的符号或字母表示数据的内容或采用的单位名称。

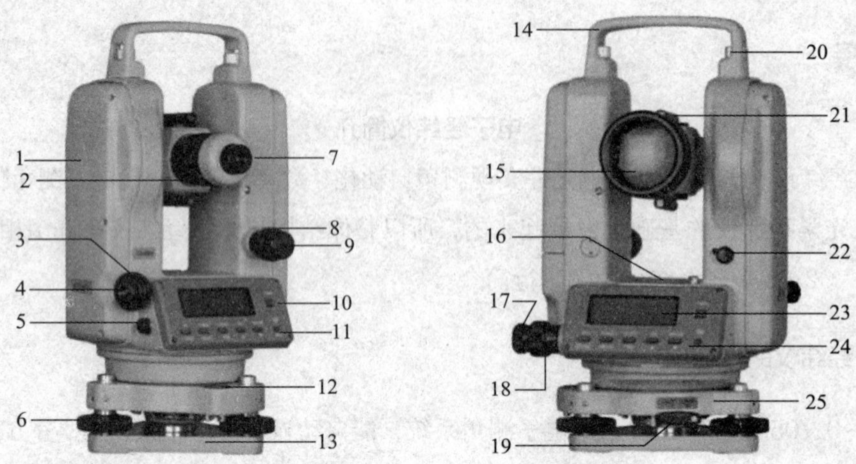

图 2—78　ET—02/05 电子经纬仪

1—仪器中心标志　2—望远镜调焦旋钮　3—对中器调焦旋钮　4—对中器目镜　5—电子手簿接口　6—基座脚螺旋　7—望远镜目镜　8—垂直制动旋钮　9—垂直微动旋钮　10—电源开关　11—照明开关　12—圆气泡　13—基座底板　14—提把　15—望远镜物镜　16—长水准器　17—水平微动旋钮　18—水平制动旋钮　19—基座锁定钮　20—提把固定螺钉　21—粗瞄准器　22—测距仪数据接口　23—显示屏　24—操作键盘　25—基座

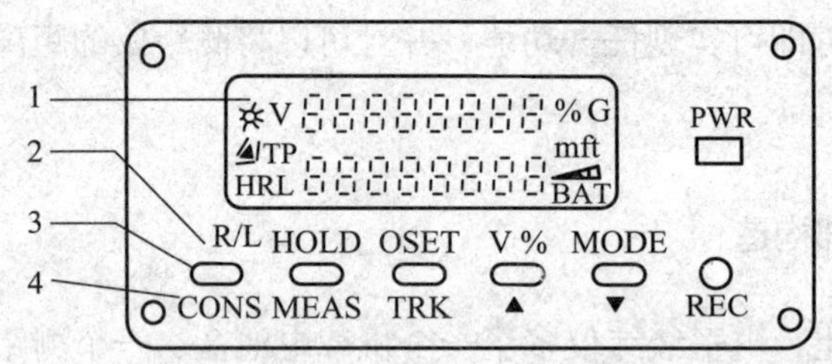

图 2—79　显示屏与操作键盘

1—信息显示窗口　2—第一（键上）功能符号　3—操作键　4—第二（键下）功能符号

（2）操作键盘　如图 2—79 所示，该仪器共有 6 个操作键和 1 个电源开关键，每个键具有一键双功能。一般情况下，仪器执行键上方所标示的第一（测角）功能，当按下 MODE 键后，再按其余各键则执行按键下方所标示的第二（测距）功能。

三、使用方法

1. 仪器的初始设置

ET—02/05 电子经纬仪具有多种功能项目供选择，以适应不同的作业性质对成果的需要。因此，在测量作业之前，应对仪器采用的角度测量单位、竖直角零方向的位置、水平为 0° 或天顶为 0°、自动断电关机时间、角度最小显示单位、竖盘指标零点补偿选择、自动补偿或不补偿、水平角读数经过 0°（或 90°、180°、270°）时蜂鸣或不蜂鸣、选择与不

同类型的测距仪连接等功能项目进行初始设置。

2. 水平角观测

假设角顶点为 *O*，左侧目标为 *A*，右侧目标为 *B*，观测水平角∠*AOB* 的方法如下：

（1）安置仪器于 *O* 点，转动照准部，以盘左位置用十字丝照准目标 *A*，先按[R/L]键，设置水平角为右旋（HR）测量方式，再按两次[OSET]键，使目标 *A* 的水平度盘读数设置为 0°00′00″；顺时针转动照准部，用十字丝照准目标 *B*，读取的水平度盘读数即为∠*AOB* 的角值。如显示屏显示[V 91°05′10″ HR 67°20′32″]，则∠*AOB* 为 67°20′32″。

（2）倒镜，以盘右位置照准目标 *B*，先按[R/L]键，设置水平角为左旋（HL）测量方式，再按两次[OSET]键，使目标 *B* 的水平度盘置为 0°；逆时针转动照准部，照准目标 *A*，读取显示屏上的水平度盘读数，就是盘右时∠*AOB* 的角值。

（3）若盘左、盘右的角值之差在误差容许范围内，取其平均值作为∠ *AOB* 的角值。

3. 竖直角观测

在观测竖直角之前应进行初始设置，一般设置天顶方向为 0°，则显示屏显示的读数为天顶距，可根据竖直角的计算方法改算成竖直角。初始设置完成后，用电子经纬仪观测竖直角的方法同光学经纬仪。

模块三

园林场地地形图的识读与应用

在居住小区、公园、庭院、中小型广场等园林规划设计或施工中，需要对相应的地形图进行识读并加以应用。本模块以地形图的识读与应用为任务，涉及的主要内容包括图幅分幅与编号、高斯投影与高斯平面直角坐标、地形图图廓及其内外各种要素的识读、应用地形图解决园林工程中各种基本数据的求算等。

课题一

园林场地地形图的识读

任务目标

◇熟悉地形图的分幅与编号方法

◇了解高斯投影及投影带划分方法

◇熟悉地形图图廓与分度带、图廓外各种要素

◇能够正确识读地形图上的地物、地貌

任务提出

地形图是用各种规定的符号和注记表示地物、地貌的图样资料，为了正确应用地形图，必须了解高斯投影的规律，熟悉地形图的分幅与编号方法，掌握有关地形图识读的知识和技能。

任务分析

识读地形图时，一般要按先图廓外后图廓内、先地物后地貌、从整体到局部的顺序，分层次地深入了解所需要解决的具体问题，这样不仅可以了解图名、图号和接图表、图廓与分度带、坡度尺等基本内容，而且还可以通过地物、地貌的识读，初步掌握该园林场地

的高低起伏、坡度坡向、各种建筑物的相对位置、交通线路、河流及地类等情况，为正确应用地形图打下基础。

相关知识

一、国家基本地形图

国家基本地形图是按国家测绘总局有关规定，规范测绘的标准图幅地形图，因其根据国家颁布的测量规范、图式和比例尺系统测绘或编绘，也称为基本比例尺地形图。我国把1：100万、1：50万、1：25万、1：10万、1：5万、1：2.5万、1：1万、1：5 000、1：2 000、1：1 000和1：500这些比例尺的地形图规定为基本比例尺地形图。

在园林工作中，一般将1：5 000、1：2 000、1：1 000、1：500的地形图称为大比例尺地形图，1：10万、1：5万、1：2.5万、1：1万的地形图称为中比例尺地形图，1：100万、1：50万、1：25万的地形图称为小比例尺地形图。

二、图幅分幅与编号

为了便于测绘、使用和管理地形图，需要对地形图统一进行分幅和编号。分幅就是将大面积的地形图按照不同比例尺划分成若干幅小区域的图幅；编号就是将划分的图幅，按比例尺大小和所在的位置，用文字符号和数字符号进行编号。

1. 正方形分幅的方法

为了适应各种园林工程设计和施工的需要，对于大比例尺地形图，大多按纵横坐标格网线进行等间距分幅，即采用正方形分幅法。图幅大小见表3—1。

表3—1　　正方形分幅的图幅规格与面积大小

地形图比例尺	图幅大小（cm×cm）	实际面积（km^2）	1：5 000图幅包含数
1：5 000	40×40	4	1
1：2 000	50×50	1	4
1：1 000	50×50	0.25	16
1：500	50×50	0.062 5	64

2. 正方形图幅的编号

（1）按图幅西南角坐标编号　用图幅西南角的x坐标和y坐标的千米数来编号，x坐标在前，y坐标在后，中间以短线连接。编号时，1：5 000坐标值取至1 km；1：2 000、1：1 000取至0.1 km；1：500取至0.01 km。如某幅1：1 000地形图的西南角坐标为x=30 km、y=10 km，则其编号为30.0-10.0。当该图幅采用国家统一坐标系统时，把图

幅所在投影带的中央子午线的经度加写在最前面，如 114°-30.0-10.0。

（2）按基本图号法编号　以 1：5 000 地形图为基础，较大比例尺图幅的编号在它的编号后面加上罗马数字，如一幅 1：5 000 地形图的编号为 20-60，则其他比例尺地形图的编号如图 3—1 所示。

（3）按数字顺序编号　小面积测区的图幅编号，可采用数字顺序或工程代号等方法进行编号。如图 3—2 所示，虚线表示测区范围，数字表示图幅编号，编号顺序一般为从左到右、由上到下。

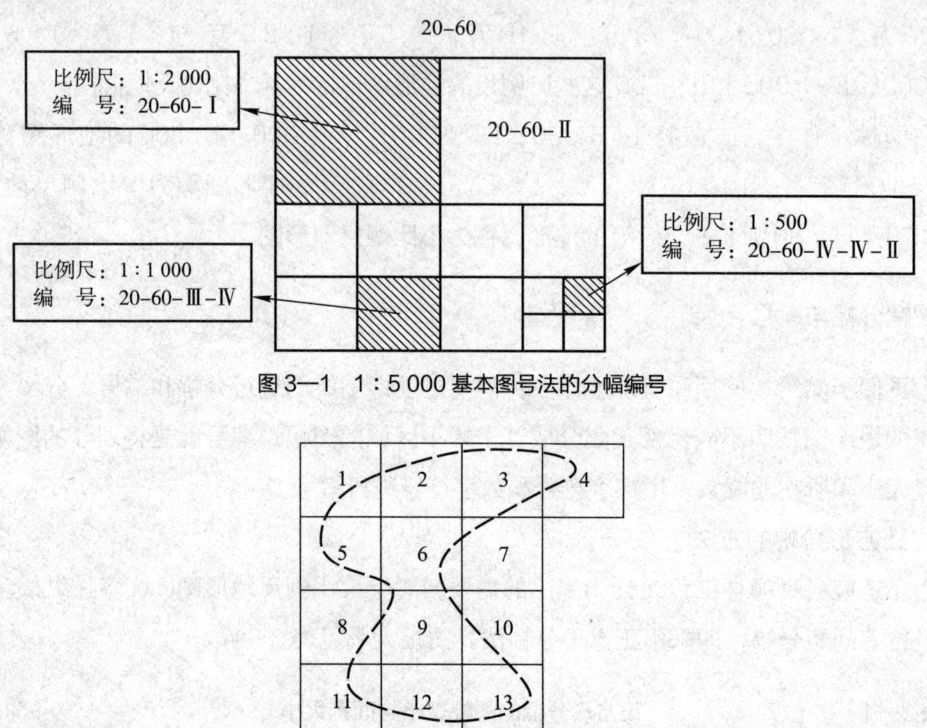

图 3—1　1：5 000 基本图号法的分幅编号

图 3—2　数字顺序编号

三、高斯平面直角坐标系

1. 高斯投影

当测区范围较大时，要建立平面坐标系，就不能忽略地球曲率的影响。为了解决球面与平面的矛盾，则必须采用地图投影的方法将球面上的大地坐标转换为平面直角坐标。目前我国采用高斯投影，它是一种等角横切椭圆柱投影，该投影解决了将椭球面转换为平面的问题。从几何意义上看，就是假设一个椭圆柱横套在地球椭球体外并与椭球面上的某一条子午线相切，这条相切的子午线称为中央子午线。假想在椭球体中心放置一个光源，通过光线将椭球面上一定范围内的物象映射到椭圆柱的内表面上，然后将椭圆柱面沿一条母线剪开并展成平面，即获得投影后的平面图形，如图 3—3 所示。

该投影的经纬线图形有以下特点：

（1）投影后的中央子午线为直线，无长度变化；其余的经线投影为凹向中央子午线的对称曲线，长度比球面上的相应经线略长。

（2）赤道的投影为一直线，并与中央子午线正交；其余的纬线投影为凸向赤道的对称曲线。

（3）经纬线投影后仍然保持相互垂直的关系，说明投影后的角度无变形。

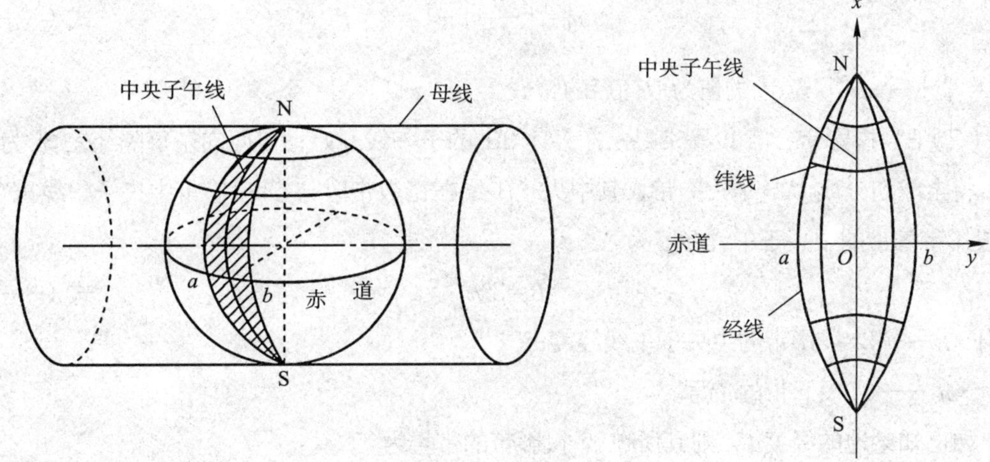

图 3—3　高斯投影

2. 投影带的划分

高斯投影没有角度变形，但有长度变形和面积变形，离中央子午线越远，变形就越大。为了对变形加以控制，测量中采用限制投影区域的办法，即将投影区域限制在中央子午线两侧一定的范围，此范围称为投影带。1 :（2.5 万 ~ 50 万）地形图采用 6° 分带，1 : 1 万及更大比例尺地形图采用 3° 分带，如图 3—4 所示。

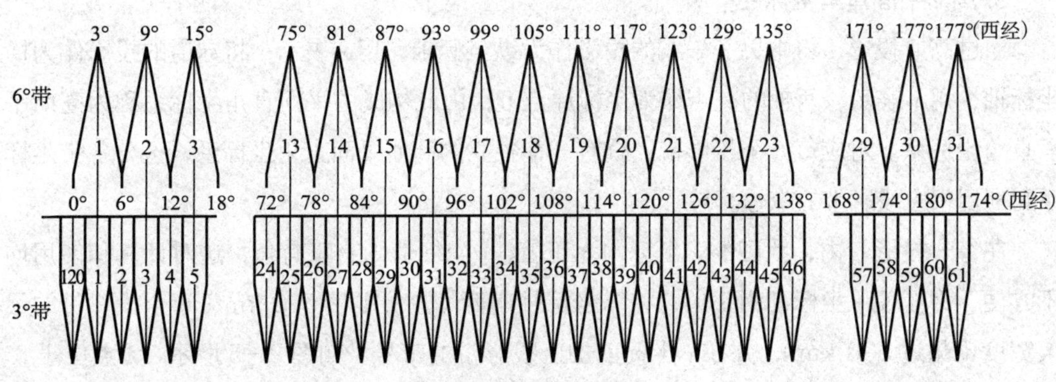

图 3—4　高斯投影带

（1）6° 投影带　6° 投影带是从首子午线开始，自西向东，每隔经差 6° 分为一带，将全球分成 60 个带，其编号分别为 1、2、…、60。6° 投影带每带的中央子午线经度可用式（3—1）计算。

$$L_6=6°n_6-3° \quad \text{式（3—1）}$$

式中　L_6——6° 投影带的中央子午线经度；

n_6——6° 投影带的带号。

如果已知某地的经度 L，则其所在 6° 投影带的带号为

$$n_6=\left[\frac{L}{6°}\right]+1 \quad \text{式（3—2）}$$

式中　[ ]——“[ ]”内的值为取商后的整数。

（2）3° 投影带　3° 投影带是从东经 1°30′ 的子午线开始，自西向东每隔经差 3° 为一带，将全球划分成 120 个投影带，其中央子午线在奇数带时与 6° 投影带中央子午线重合。3° 投影带每带的中央子午线经度为

$$L_3=3°n_3 \quad \text{式（3—3）}$$

式中　L_3——3° 投影带的中央子午线经度；

n_3——3° 投影带的带号。

如已知某地的经度 L，则其所在 3° 投影带的带号为

$$n_3=\left[\frac{L}{3°}\right] \quad \text{式（3—4）}$$

式中　[ ]——“[ ]”内的值为取商后的整数，但若余数大于 1°30′ 时，需要加上 1。

我国位于东经 72°～136° 之间，6° 投影带横跨 11 带（13～23 带）；3° 投影带横跨 22 带（24～45 带），其 6° 投影带和 3° 投影带的带号没有重复，从带号本身就能看出是 3° 投影带还是 6° 投影带。

3. 高斯平面直角坐标

通过高斯投影，将中央子午线的投影作为纵坐标轴，用 x 表示；将赤道的投影作为横坐标轴，用 y 表示，两轴的交点作为坐标原点 O；由此构成的平面直角坐标系称为高斯平面直角坐标系。对应每一个投影带，就有一个独立的高斯平面直角坐标系，区分各带坐标系则利用相应投影带的带号。

在每一投影带内，我国的 x 坐标均为正值，y 坐标值则有正有负，这对计算和使用均不方便，为了使 y 坐标都为正值，将纵坐标轴向西（左）平移 500 km（半个投影带的最大宽度不超过 500 km），并在 y 坐标前加上投影带的带号。如图 3—5 所示，A 点位于 6° 投影带的第 18 个投影带，若其距赤道投影为 3 395 451 m，并在该投影带中央子午线西

（左）侧 82 261 m，则它在 18 带中的高斯平面直角坐标为 X=3 395 451 m，Y=18 417 739 m，这种坐标也称为通用坐标。

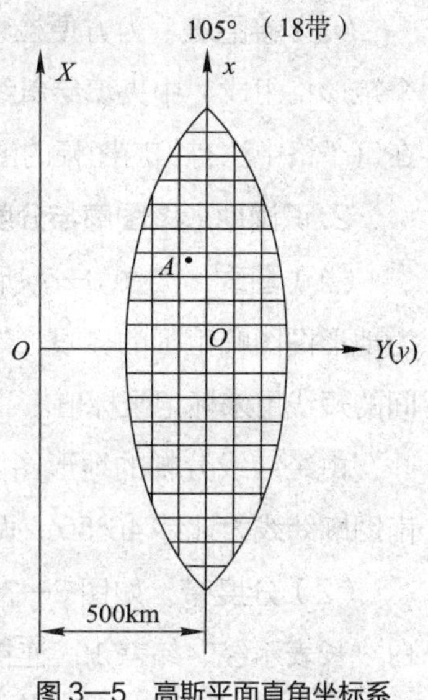

图 3—5　高斯平面直角坐标系

任务实施

一、工具准备

每人配备教学用地形图 1 幅，铅笔、橡皮、小刀、记录表等。

二、实施步骤

1. 识别图名、图号和接图表

（1）图名　每幅地形图都以图幅内最大的村镇或突出的地物、地貌的名称来命名，也可用该地区的习惯名称等命名。图名一般注记在北外图廓外面正中处。如图 3—6 所示，地形图的图名为“白吉树村”。

（2）图号　为便于保管、查询及避免同名异地等，每幅图应按规定编号，并将图号写在图名的下方。如图 3—6 所示，地形图的图号为“15.0–10.0”。

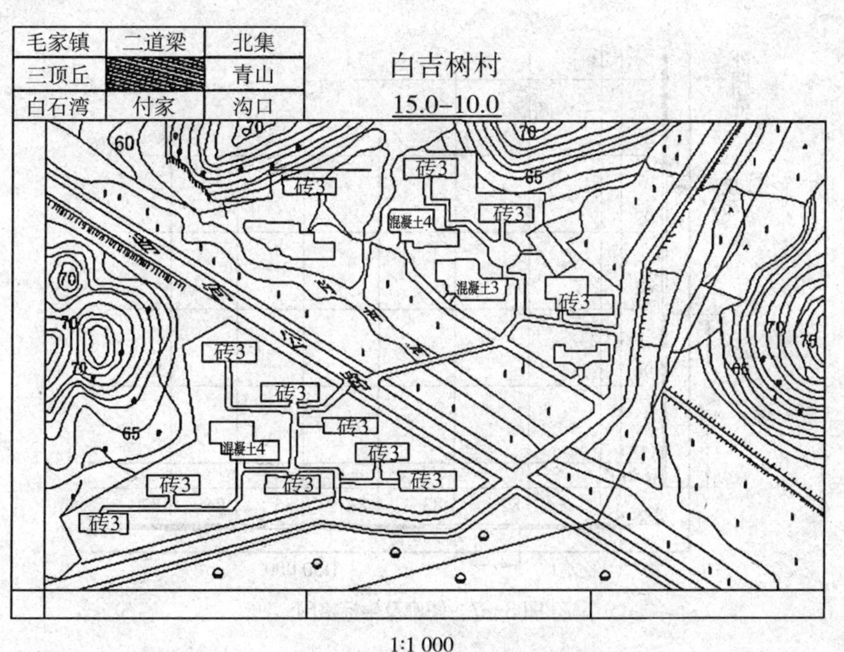

图 3—6　图名、图号和接图表

（3）接图表 为方便检索一幅图的相邻图幅，在图名的左边需要绘制接图表。它由 9 个矩形格组成，中央填绘斜线的格代表本图幅，四周的格表示上下、左右相邻的图幅，并在每个格中注有相应图幅的图名，如图 3—6 所示。

2. 识读地形图图廓与分度带

（1）图廓 如图 3—7 所示，图廓是地形图的边界，图廓有内、外图廓之分。内图廓为地形图图幅范围的界限，外图廓用较粗的实线描绘，仅起装饰作用。外图廓与内图廓之间的短线用来标记坐标值。

由经纬线分幅的地形图内图廓呈梯形，如图 3—7 所示，西图廓经线为东经 128°45′，南图廓纬线为北纬 46°50′，两线的交点为图廓点。

（2）分度带 如图 3—7 所示，内图廓与外图廓之间绘有黑白相间的分度带，每段黑白线长表示经、纬差 1′。连接东西、南北相对应的分度带值便得到大地坐标格网，可供图解点位的大地坐标用。

（3）坐标格网 分度带与内图廓之间注记了以千米为单位的高斯直角坐标值。如图 3—7 所示，图中左下角从赤道起算的 5 189 km 为纵坐标，其余的 90、91 等为省去了前面千、百两位（51）的千米数。横坐标为 22 482 km，其中 22 为该图所在的投影带号，482 km 为该纵线的横坐标值。纵横线构成了千米格网。在四边的外图廓与分度带之间注有相邻接图号，供接边查用。

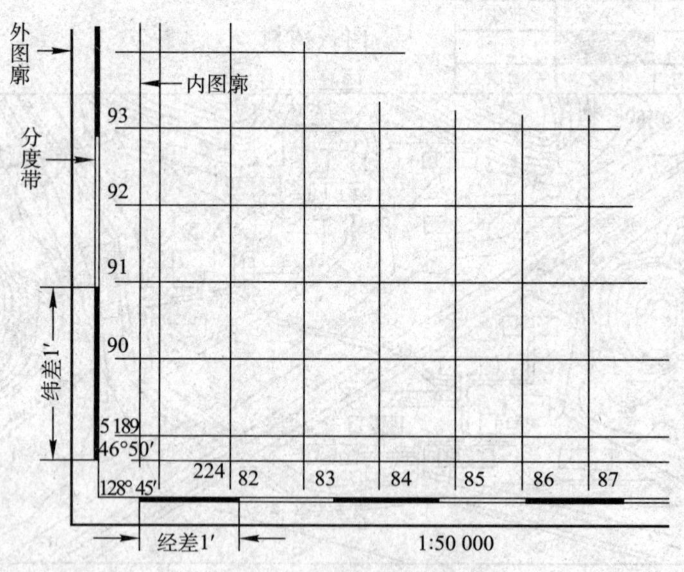

图 3—7 图廓及坐标格网

3. 识读测图比例尺

在每幅图南图廓外的中央注有测图的数字比例尺，数字比例尺下方还绘有直线比例尺。用直线比例尺可图解确定图上直线的实地距离，即首先用分规或直尺在地形图上量出两点之间的长度，然后与直线比例尺进行比较，就能直接得出该两点间的实际长度。

4. 识读坡度尺

为了便于在地形图上量测两条等高线（首曲线或计曲线）间两点直线的坡度，通常在中、小比例尺地形图的南图廓外绘有图解坡度尺，如图 3—8 所示。矩形分幅的地形图不绘坡度尺。

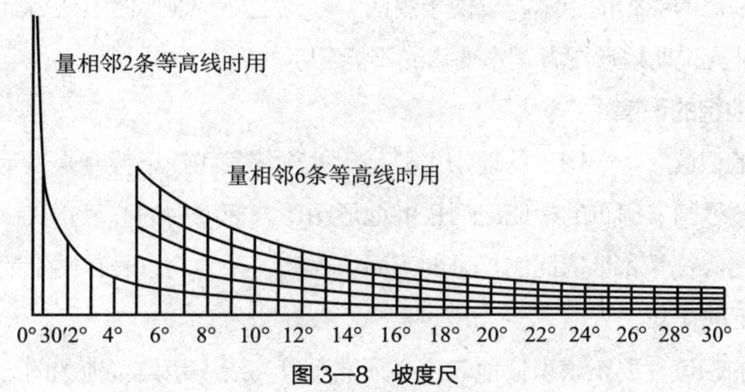

图 3—8 坡度尺

由等高线知识可知，地面上两点间的坡度 α 与两点间的水平距离 D 和高差 h 的关系为 $D=h\cot\alpha$，如将实地长 D 换成图上长 d，当测图比例尺分母值为 M 时，$d=\frac{h}{M}\cot\alpha$。如 d 为图幅上相邻两条等高线上两点间的距离，h 为等高距，并以不同的坡度 α 值代入 $d=\frac{h}{M}\cot\alpha$，可算出不同 α 角所对应的 d 值，然后再绘成平滑的曲线即成坡度尺。

设坡度 α 等于 30′、1°、2°、…、30°，代入 $d=\frac{h}{M}\cot\alpha$ 算出相应的 $d_{30'}$、$d_{1°}$、$d_{2°}$、…、$d_{30°}$；如图 3—8 所示，绘制坡度尺时，首先绘一水平直线作为基线，在基线上每隔 2 mm 等分直线，过各分点作垂线，并在各垂线上依次截取 $d_{30'}$、$d_{1°}$、$d_{2°}$、…、$d_{30°}$ 长的线段，然后将各端点连成平滑的曲线，下端注明相应的坡度值，即得量取相邻两条等高线间的坡度尺。

为了量取相邻 6 条等高线（即两条计曲线）间的坡度，可分别用 $2h$、$3h$、$4h$、$5h$ 代入 $d=\frac{h}{M}\cot\alpha$，同样可绘成量取相邻 3 条、4 条、5 条、6 条等高线间坡度的坡度尺，如图 3—8 所示。

5. 识读三北方向图

中、小比例尺地形图的南图廓线下方，通常绘有真北、磁北和坐标北之间的角度关系。利用三北方向图，可对图上任一方向的真方位角、磁方位角和坐标方位角进行相互换算。

6. 识读测图说明与注记等

地形图的南图廓线右下方，通常有测图的坐标系、高程系、基本等高距、成图方式、测绘单位、测绘日期、出版机关等。在东图廓线外，把图内所用符号释义以图例列出，同时注明图幅内采用的图式的版本，以便于用图。除此之外，地形图上还有其他的文字和数字注记，用来补充说明地形图各基本要素尚不能显示的内容。

7. 地物和地貌的识读

（1）地物的识读　地形图上的地物主要是用地物符号和注记符号来表示，因此识读地物，首先，要熟悉国家颁布的相应比例尺的地形图图式标准中的符号；其次，要区分依比例符号、非依比例符号和半依比例符号的不同，弄清各种地物符号在图上的真实位置；最后，要懂得注记的含义。

（2）地貌的识读　要正确识读地貌，必须熟悉等高线表示典型地貌的方法和等高线的特性，分清等高线表达的地貌要素及地性线，找出地貌变化的规律。山地等高线数量多而且密集；丘陵等高线平距较大，并且多呈现闭合图形；平原等高线平直、稀疏；盆地等高线多呈闭合图形，且外面高、中间低。识读时，首先要找出最高点和最低点，确定山脊线和山谷线，然后就可由山脊线看出山脉连绵，由山谷线看出水系的分布，由山峰、鞍部、洼地和特殊地貌可看出地貌的局部变化。

若是国家基本比例尺地形图，还可根据其颜色大概识读地物和地貌，如蓝色用于溪、河、湖、海等水系，绿色用于森林、草地、果园等植被，棕色用于地貌、土质符号及公路，黑色用于其他要素和注记。

三、操作注意事项

因比例尺精度的问题，要注意有些地物在不同比例尺图上所用符号可能不同。

评分标准

序号	项目与技术要求	配分	评分标准	实测记录	得分
1	能正确识读图廓外要素	20	识读不全面扣 10 分，识读错误的全扣		
2	能正确识读图廓与分度带	20	识读不全面扣 10 分，识读错误的全扣		
3	能正确识读地物	30	识读不全面扣 15 分，识读错误的全扣		
4	能正确识读地貌	30	识读不全面扣 15 分，识读错误的全扣		
合计得分					

思考与练习

图 3—9 所示为某一测区地形图的局部，试识读该地形图中的地物、地貌等情况。

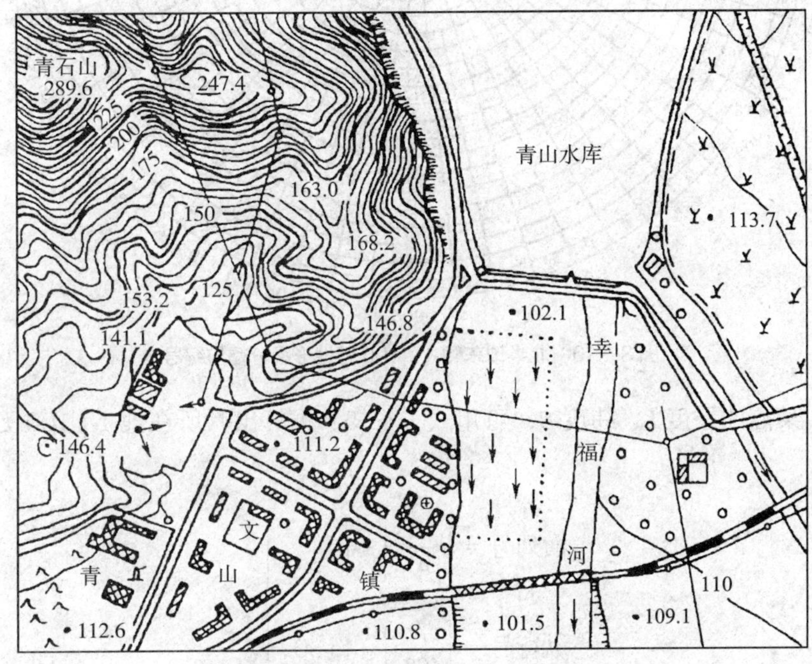

图 3—9　某一测区地形图的局部

知识链接

地形图的梯形分幅与编号

国家基本比例尺地形图以 1∶100 万地形图的分幅与编号为基础，按经纬线划分图幅，一幅图的左右图廓为经线，上下图廓为纬线，由于图廓为梯形，因而称为梯形分幅。1993 年以前地形图的分幅编号采用旧分幅编号方法，以后的地形图分幅编号为新分幅编号。

一、旧分幅编号方法

1. 比例尺为 1∶100 万地形图的分幅与编号

如图 3—10 所示，1∶100 万地形图的分幅采用国际分幅标准，按经差 6° 为一行，由经度 180° 起自西向东进行划分，每行用阿拉伯数字 1、2、3、…、60 依次编号，把地球分为 60 纵行；按纬差 4° 由赤道分别向北（或向南）直至纬度 88° 止，将北半球（或南半球）分成 22 横列，分别用 A、B、C、D、…、V 表示；其中的每一格就是一幅 1∶100 万的地形图，可用该格所对应的“列号码—行号码”表示该幅地形图的编号，如北京所在地的 1∶100 万地形图图幅号为 J-50。

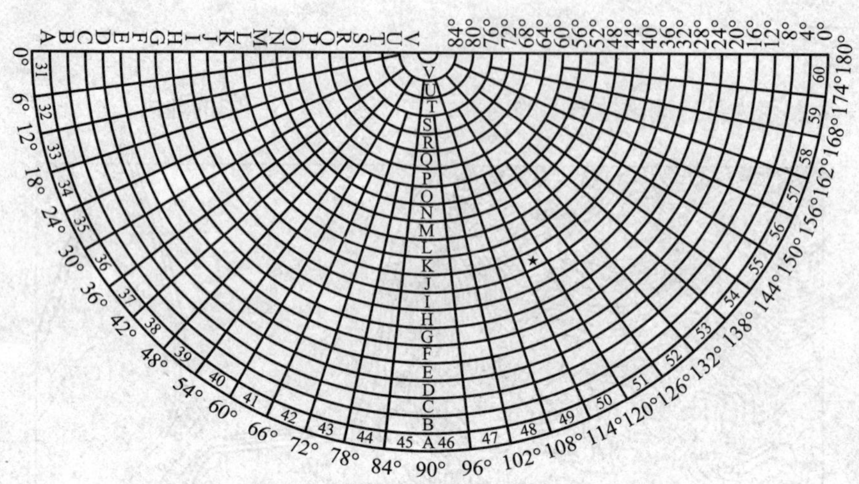

图 3—10　北半球东侧 1：100 万地形图分幅与编号

若已知某点的经度 *L*、纬度 *B*，可用式（3—5）推算出其所在地 1：100 万图幅的编号，即

$$\left.\begin{aligned} 横列号 &= \left[\frac{B}{4^\circ}\right]+1 \\ 纵行号 &= \left[\frac{L}{6^\circ}\right]+1+30 \end{aligned}\right\} \qquad 式（3—5）$$

式中　[ ]——“[ ]”内的值为取商后的整数。

2. 比例尺为 1：50 万、1：25 万、1：10 万地形图的分幅与编号

这三种比例尺地形图的分幅与编号，都是在 1：100 万地形图分幅编号的基础上，按相应的经差和纬差来划分的。

如图 3—11 所示，1：50 万地形图是把一幅 1：100 万地形图按经差 3°、纬差 2° 将其分成 2 行 2 列，得到 A、B、C、D 四幅 1：50 万地形图，如 J-50-A；1：25 万地形图则是把一幅 1：100 万地形图分成 4 行 4 列，共计 16 幅图，经差为 1°30′，纬差为 1°，依次

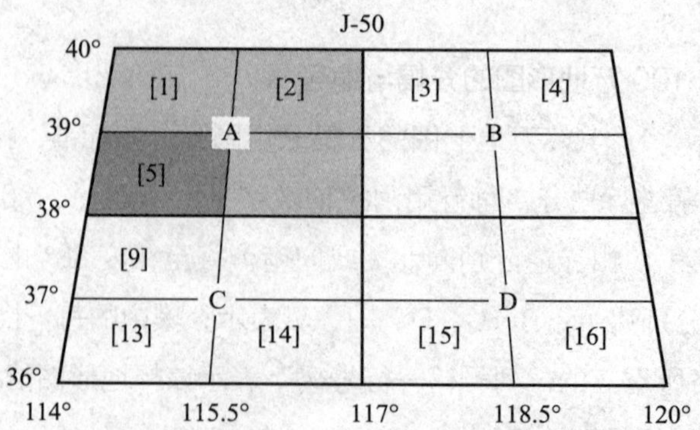

图 3—11　1：50 万、1：25 万地形图分幅与编号

按从上到下、从左到右的顺序，用［1］、［2］、［3］、…、［16］编号，如 J-50-［5］。

如图 3—12 所示，1∶10 万地形图是把一幅 1∶100 万地形图分成 12 行 12 列，共 144 幅图，经差为 30′，纬差为 20′，依次按从上到下、从左到右的顺序用 1、2、3、…、144 编号，如 J-50-65。

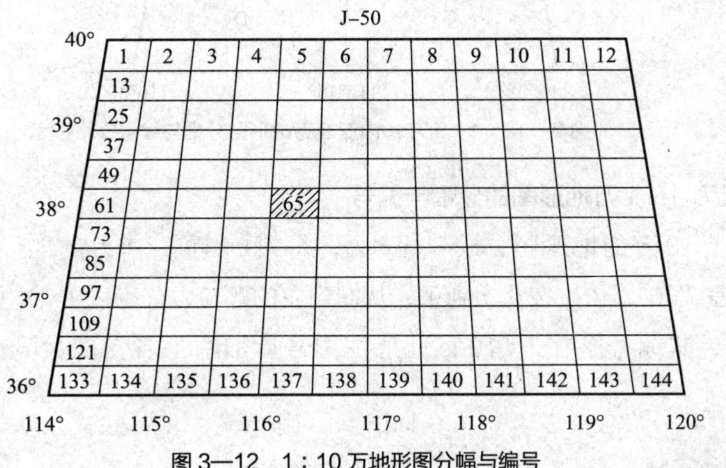

图 3—12　1∶10 万地形图分幅与编号

已知某点的经度 L 和纬度 B，可从图 3—12 中查出其划分 1∶10 万图幅后的顺序号，也可计算求出，即

$$x=\left[\frac{B_0-B}{20'}\right]\times 12+\left[\frac{L-L_0}{30'}\right]+1 \qquad \text{式（3—6）}$$

式中　x——划分 1∶10 万图幅后的顺序号；

［ ］——“［ ］”内的值为取商后的整数；

B_0——某点所在 1∶100 万图幅左上角顶点的纬度，B_0=（1∶100 万图幅横列字母对应的数字）×4°；

L_0——某点所在 1∶100 万图幅左上角顶点的经度，L_0=（1∶100 万图幅纵行号 -31）×6°。

3. 比例尺为 1∶5 万、1∶2.5 万地形图的分幅与编号

如图 3—13 所示，把一幅 1∶10 万地形图分成 2 行 2 列，得到 A、B、C、D 四幅 1∶5 万地形图，每幅图经差 15′、纬差 10′，其编号是在 1∶10 万地形图图号后加写各自的顺序号，如 J-50-65-A。

再将一幅 1∶5 万地形图分成 2 行 2 列，得到 4 幅 1∶2.5 万的地形图，每幅图经差 7′30″、纬差 5′，分别以 1、2、3、4 为代号，其编号是在 1∶5 万地形图图号后加写上各自的代号，如 J-50-65-A-4。

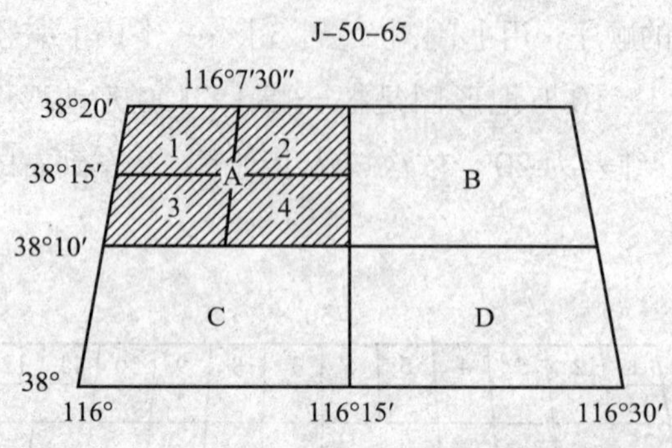

图 3—13 1∶5 万、1∶2.5 万地形图分幅与编号

4. 比例尺为 1∶1 万地形图的分幅与编号

将一幅 1∶10 万的地形图分成 8 行 8 列，得到 64 幅 1∶1 万的地形图，每幅图经差 3′45″、纬差 2′30″，依次按从上到下、从左到右的顺序，分别以（1）、（2）、（3）、…、（64）为代号，其编号是在 1∶10 万地形图图号后加写上各自的代号，如 J-50-65-（10）。

二、新分幅编号方法

目前，新分幅编号方法按《国家基本比例尺地形图分幅和编号》（GB/T 13989—2012）实施，与旧分幅编号方法相比，该标准将 1∶5 000、1∶2 000、1∶1 000、1∶500 地形图列入国家基本比例尺地形图系列，扩大了分幅编号的范围。

1. 分幅方法

1∶100 万地形图仍采用经差 6°、纬差 4° 的国际分幅标准进行分幅，然后按不同的经差、纬差将每幅 1∶100 万地形图逐次加密划分为不同比例尺地形图，并将旧分幅编号时的纵行、横列改成横行、纵列。另外，为使各比例尺地形图不致混淆，分别采用不同字符作为各比例尺代码。1∶100 万至1∶500 地形图的比例尺代码、图幅范围、行列数量和图幅数量关系详见表 3—2。

2. 编号方法

1∶100 万地形图的编号与旧的编号方法基本相同，只是去掉了字母和数字间的短线，行和列称呼相反，编号为“行号码列号码”，如“J50”。

1∶50 万至1∶2 000 地形图均以 1∶100 万地形图的编号为基础，采用行列编号方法进行编号，各比例尺地形图的图号均由其所在 1∶100 万地形图的图号、比例尺代码和各图幅的行列号共十位码组成，如图 3—14a 所示。

1∶50 万至1∶2 000 地形图的行、列编号是将 1∶100 万地形图按所含各比例尺地形图的经差和纬差划分成若干行和列，横行从上到下、纵列由左至右按顺序分别用三位阿

表 3—2　　1：100 万至 1：500 地形图的比例尺代码、图幅范围、行列数量和图幅数量关系

比例尺		1：100 万	1：50 万	1：25 万	1：10 万	1：5 万	1：2.5 万	1：1 万	1：5 000	1：2 000	1：1 000	1：500
比例尺代码			B	C	D	E	F	G	H	I	J	K
图幅范围	经差	6°	3°	1°30′	30′	15′	7′30″	3′45″	1′52.5″	37.5″	18.75″	9.375″
	纬差	4°	2°	1°	20′	10′	5′	2′30″	1′15″	25″	12.5″	6.25″
行列数量关系	行数	1	2	4	12	24	48	96	192	576	1 152	2 304
	列数	1	2	4	12	24	48	96	192	576	1 152	2 304
图幅数量关系（图幅数量 = 行数 × 列数）		1	4（2×2）	16（4×4）	144（12×12）	576（24×24）	2 304（48×48）	9 216（96×96）	36 864（192×192）	331 776（576×576）	1 327 104（1 152×1 152）	5 308 416（2 304×2 304）
			1	4（2×2）	36（6×6）	144（12×12）	576（24×24）	2 304（48×48）	9 216（96×96）	82 944（288×288）	331 776（576×576）	1 327 104（1 152×1 152）
				1	9（3×3）	36（6×6）	144（12×12）	576（24×24）	2 304（48×48）	20 736（144×144）	82 944（288×288）	331 776（576×576）
					1	4（2×2）	16（4×4）	64（8×8）	256（16×16）	2 304（48×48）	9 216（96×96）	36 864（192×192）
						1	4（2×2）	16（4×4）	64（8×8）	576（24×24）	2 304（48×48）	9 216（96×96）
							1	4（2×2）	16（4×4）	144（12×12）	576（24×24）	2 304（48×48）
								1	4（2×2）	36（6×6）	144（12×12）	576（24×24）
									1	9（3×3）	36（6×6）	144（12×12）
										1	4（2×2）	16（4×4）
											1	4（2×2）

拉伯数字编号组成数字码，不足三位者前面补零，取行号码在前、列号码在后的排列形式标记。

1∶1 000、1∶500 地形图经度、纬度分幅的图幅编号也均以 1∶100 万地形图编号为基础，采用行列编号方法，图号由其所在 1∶100 万地形图的图号、比例尺代码和各图幅的行列号共十二位码组成，如图 3—14b 所示。

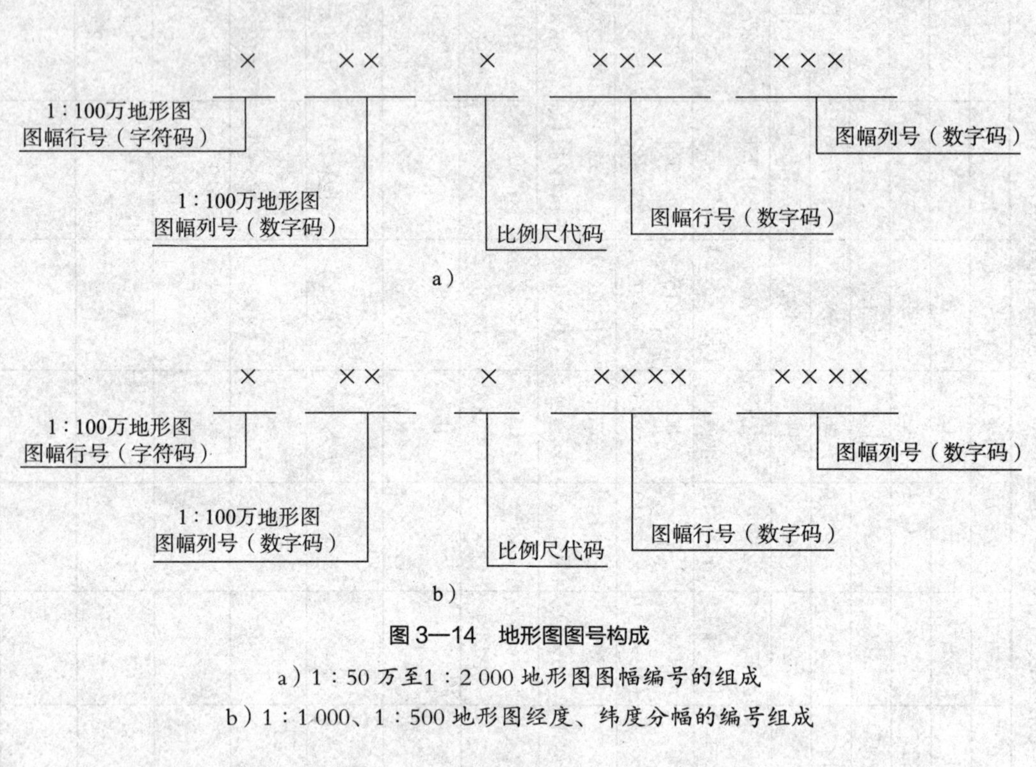

图 3—14 地形图图号构成

a）1∶50 万至1∶2 000 地形图图幅编号的组成

b）1∶1 000、1∶500 地形图经度、纬度分幅的编号组成

课题二

园林场地地形图的应用

任务目标

◇能够对地形图进行实地定向，并能确定站立点在图上的位置

◇能够计算地形图上某点的坐标与高程，并能求算两点间的距离和方向

◇能够求算地面的坡度，选择拟订最短路线，并绘制指定方向的断面图

◇掌握常用的面积求算方法

任务提出

地形图是园林规划设计、施工与管理等工作的基础资料，在图上可准确、方便地确定地物的位置和相互关系及地貌的起伏等情况。那么，如何应用地形图解决园林工程中各种基本数据的求算呢?

任务分析

应用地形图求算各种基本数据，可以按照一定的顺序进行。例如，在园林道路工程线路的选择时，欲求算一线段的坡度，必须首先已知该线段两端点的高程，而高程则可由等高线的注记求得；若要得到一线段的距离和方位角，事先就需根据地形图的直角坐标格网计算出两端点的直角坐标。

相关知识

大比例尺地形图采用实测方法成图，较精确地反映了地球表面上的地理和社会经济要素，是城市规划、市政建设和各项工程勘察设计的重要资料。由于大比例尺地形图可较详尽地表示出作为方位物的突出地物、水系及其附属建筑物、道路网的组成、地貌和各种植被、居民地及各级行政界限等，因此主要用于规划设计和工程施工。其中，1∶5 000 比例尺地形图多用于园林初步设计和区域规划，1∶（1 000~2 000）比例尺地形图多用于小面积规划，1∶1 000 和 1∶500 地形图多用于园林详细设计和施工放样。

中比例尺地形图是用航测及编绘方法成图，其表示的内容不及大比例尺地形图详尽、精确，是大面积区域规划设计和各种资源调查的依据，也是编绘较小比例尺地形图的主要资料。它可以表示出不同地区的水系类型和形态特征；能正确表示出居民地位置、行政意义、分布特点等，以及与其他要素的关系；对于道路，能表示出铁路、公路和其他道路类型的等级、质量、密度等，以及与其他要素的关系；对于境界线，可以表示出主要行政界限；对于地貌，能显示出各类地貌的基本形态特征；对于植被，能反映出不同植被的种类和分布范围；对于独立地物和具有科学意义的地物，也能表示出来。

小比例尺地形图用编绘方法成图，是根据各种地形在实地上的重要性和地图上各种要素综合取舍的原则，来表示各类地理要素的，所以表示内容的综合程度较高，但详尽性及精确性均不及大、中比例尺地形图。它是研究广大区域地形状况的重要资料，是制定大区域发展战略的重要依据。

任务实施

一、工具准备

4～5人为一组，每组配备手持罗盘1个，两脚规1个，量角器1个，直尺1把，三棱比例尺1把，计算器1台，电子求积仪1台，记录板1块（含记录表格若干），铅笔、橡皮、小刀、图钉、细线等。每人配备教学用地形图1幅，绘图纸、透明方格纸等。

二、实施步骤

1. 对地形图进行实地定向

在野外使用地形图，首先要进行地形图定向。地形图定向就是使地形图上的东南西北与实地的方向一致，也就是使图上线段与地面上的相应线段平行或重合，通常借助手持罗盘定向。

（1）依磁子午线定向　如图3—15a所示，先将罗盘的度盘零分划线朝向北图廓，并使罗盘的直边与磁子午线吻切，转动地形图使磁针北端对准零分划线，这时地形图的方向便与实地的方向一致了。

（2）依坐标纵线定向　如图3—15b所示，先将罗盘的度盘零分划线朝向北图廓，使罗盘仪的直边与某一坐标纵线吻切，然后转动地形图使磁针北端对准磁坐偏角值，则地形图的方向即与实地的方向一致了。因为磁坐偏角有东偏和西偏之别，所以在转动地形图时要注意转动的方向，即东偏向西（左）转，西偏向东（右）转。

（3）依真子午线定向　如图3—15c所示，先将罗盘的度盘零分划朝向北图廓，使罗盘的直边与东或西内图廓线吻切，然后转动地形图使磁针北端对准磁偏角值（东偏时向西转，西偏时向东转），这时，地形图的方向也就定好了。

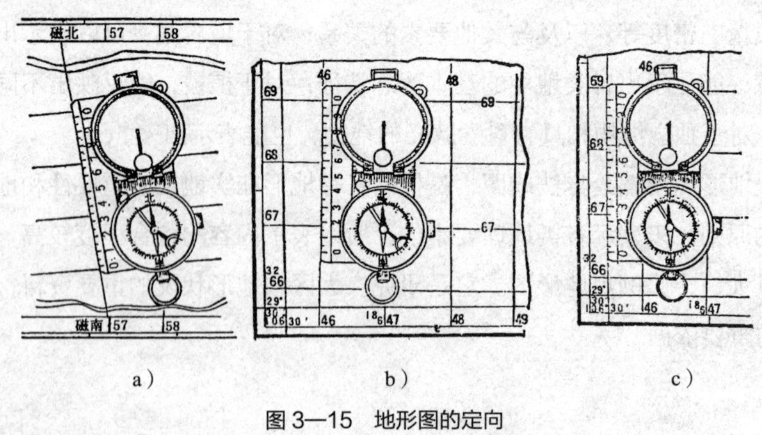

a)　　b)　　c)

图3—15　地形图的定向

2. 确定站立点在图上的位置

要确定站立点在图上的位置，可以根据观测者到明显地物的距离和方向进行大致定位，再根据站立点周围小地形的变化来确定。小地形变化如线形地物的转弯处、山顶、山脊线或山谷线与线形地物的交会处等。

另外，还可以采用交会法进行定位。如图 3—16 所示，在图上选择两个以上的明显地形点，如 *a*、*b*、*c* 三点，选取点时要能同时看到地面上相对应的点 *A*、*B*、*C*。在图板上放一张透明纸，并用图钉固定，用铅笔在它上面标出任意点 *O*，用直尺从 *O* 点分别瞄准地面上的 *A*、*B*、*C* 点并画出方向线，这样，在透明纸上就取得了自 *O* 点的三条直线。取下图钉，将透明纸在地形图上移动，使这三条直线恰好通过图上的各同名地物点 *a*、*b*、*c* 三点，此时，将 *O* 点转刺到图纸上，即得所求站立点的位置。

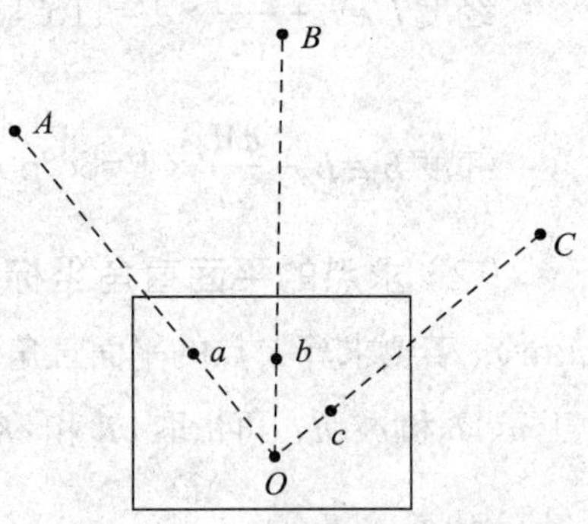

图 3—16　交会法确定站立点位置

3. 求算点位的坐标

（1）求点的大地坐标　欲求某一点的大地坐标，需根据地形图四周的经度、纬度注记和黑白相间的分度带，建立经度、纬度为 1′ 的分度带网格。如图 3—17 所示，若求 *M* 点的大地坐标，可先过 *M* 点作分度带格网的平行线，分别与格网线交于 *a*、*b* 和 *c*、*d*，再量取 *ab*、*aM* 和 *cd*、*cM* 的长度，则 *M* 点的大地坐标为

$$\left.\begin{aligned} L_M &= L_c + \frac{cM}{cd} \times 1' \\ B_M &= B_a + \frac{aM}{ab} \times 1' \end{aligned}\right\} \qquad \text{式（3—7）}$$

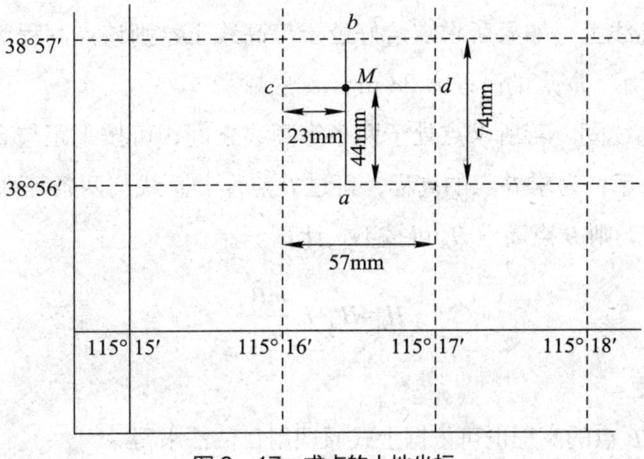

图 3—17　求点的大地坐标

在图 3—17 中，首先由图看出，M 点在北纬 38°56′ 至 38°57′ 之间，经度在东经 115°16′ 至 115°17′ 之间；然后量出经差 1′ 的网格长度为 57 mm，纬差 1′ 的长度为 74 mm，并量得 cM=23 mm，aM=44 mm，则 M 点的大地坐标由式（3—7）可得

经度 $L_M=L_c+\dfrac{cM}{cd}\times 1'=115°16'+\dfrac{23}{57}\times 1'=115°16'24.2''$

纬度 $B_M=B_a+\dfrac{aM}{ab}\times 1'=38°56'+\dfrac{44}{74}\times 1'=38°56'35.7''$

（2）求点的平面直角坐标　如图 3—18 所示，在地形图上绘有坐标格网（单位：km），若要求算 K 点的平面直角坐标，可先过 K 点作坐标格网的平行线，分别与格网线交于 a、b 和 c、d，再量取 aK 和 cK 的长度，则 K 点的平面直角坐标为

$$\left.\begin{aligned}x_K&=x_a+aK\\y_K&=y_c+cK\end{aligned}\right\}\qquad 式（3—8）$$

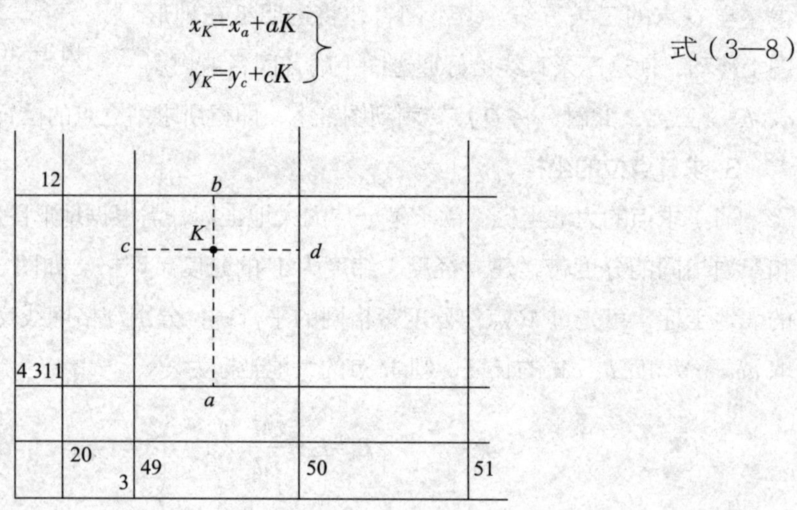

图 3—18　求点的平面直角坐标

4. 求算点位的高程

（1）点在等高线上　如果所求点恰好位于等高线上，则该点高程等于所在等高线高程。如图 3—19 所示，m 点的高程为 38 m。

（2）点在等高线间　若所求点处于两条等高线之间，可按平距与高差的比例关系求得。如图 3—19 所示，为求 B 点的高程，可过 B 点作一直线与两条等高线交于 m、n，分别量 mn、mB 之长，则 B 点高程 H_B 可按下式计算

$$H_B=H_m+h\,\frac{mB}{mn}\qquad 式（3—9）$$

式中　h——等高距。

实际应用时，B 点的高程也可依据上式原理用目估法求得。

（3）点在地形点之间　假如所求点位于山顶或凹地上，在同一等高线的包围中，那么该点的高程，就等于最近首曲线的高程，加上或减去 1/2 基本等高距，若是山顶应加半个等高距，若是凹地应减半个等高距，如图 3—19 中 e 点的高程为 39.5 m。点在鞍部可按组成鞍部的一对山谷等高线的高程，再加上半个等高距；或以另一对山头等高线的高程，减去半个等高距，即得该点高程。

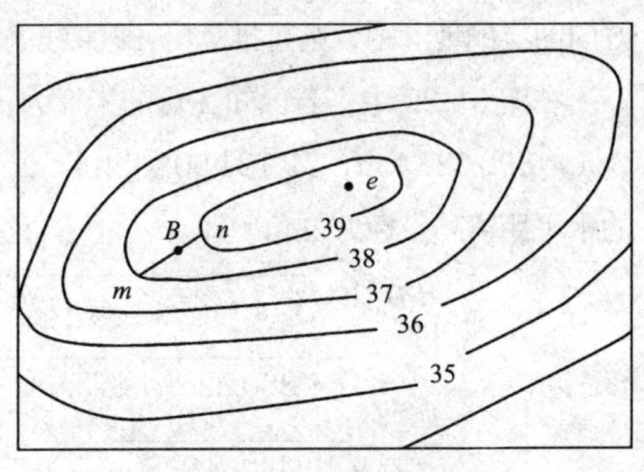

图 3—19　确定点的高程

5. 量算两点之间的距离和方位角

如图 3—20 所示，若已知 A、B 两点的平面直角坐标（x_A、y_A）和（x_B、y_B），可根据式（3—10）求得两点间的距离

$$D_{AB}=\sqrt{(x_B-x_A)^2+(y_B-y_A)^2} \quad \text{式（3—10）}$$

若精度要求不高，也可用比例尺直接在图上量取长度。

当已知 A、B 两点的平面直角坐标（x_A、y_A）和（x_B、y_B）时，可根据式（3—11）求得两点间的方位角

$$\alpha_{AB}=\arctan\frac{y_B-y_A}{x_B-x_A}=\arctan\frac{\Delta y_{AB}}{\Delta x_{AB}} \quad \text{式（3—11）}$$

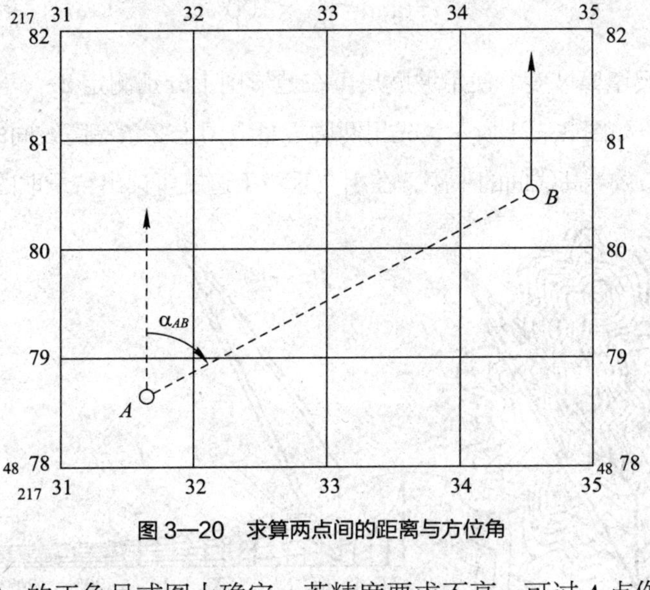

图 3—20　求算两点间的距离与方位角

象限由 Δy、Δx 的正负号或图上确定。若精度要求不高，可过 A 点作坐标纵轴 x 轴的平行线（或延长 BA 与坐标纵线交叉），用量角器直接量取直线 AB 的方位角。附有“三北

方向图”的地形图，则可推算出 AB 直线的真方位角、磁方位角。

在图 3—20 中，若已知 A 点的坐标为（4 878.682 km，21 731.690 km），B 点的坐标为（4 880.326 km，21 734.608 km），根据式（3—10）、式（3—11），便可求出直线 AB 的水平距离和坐标方位角，即

$$D_{AB}=\sqrt{(x_B-x_A)^2+(y_B-y_A)^2}$$

$$=\sqrt{(4\,880.326-4\,878.682)^2+(21\,734.608-21\,731.690)^2}$$

$$=\sqrt{1.644^2+2.918^2}$$

$$=3.349\text{ km}$$

$$\alpha_{AB}=\arctan\frac{y_B-y_A}{x_B-x_A}$$

$$=\arctan\frac{21\,734.608-21\,731.690}{4\,880.326-4\,878.682}$$

$$=60°36'11.2''$$

6. 量算地面的坡度

（1）按公式计算坡度　地面某线段对其水平投影的倾斜程度就是该线段的坡度，即该线段两端点的高差 h 与其水平距离 D 之比，通常用百分率 i 来表示，也可以表示为坡度角 α，它们之间的关系为

$$i=\tan\alpha=\frac{h}{D}\times 100\% \qquad \text{式（3—12）}$$

（2）用坡度尺量算坡度　使用坡度尺可在地形图上分别测定 2～6 条相邻等高线间任意方向线的坡度。如图 3—21 所示，先用两脚规量取图上 2 条等高线间的宽度，然后到坡度尺上比量同样条数等高线间的平距，在相应垂线下边就可读出待量取的坡度。

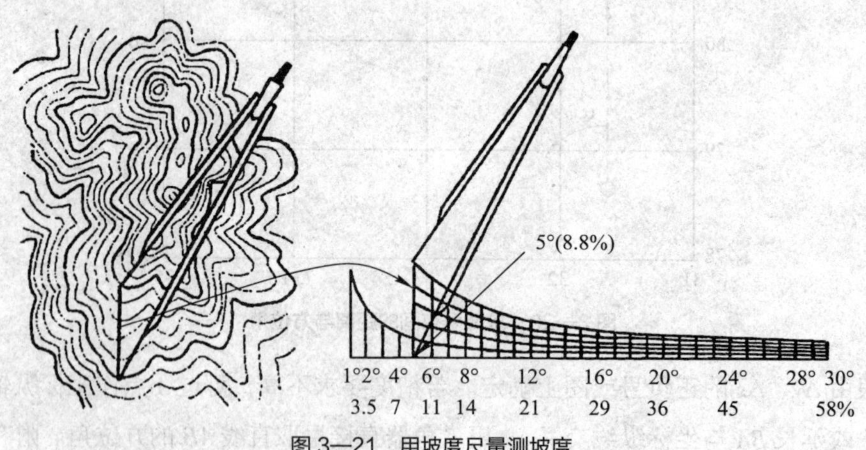

图 3—21　用坡度尺量测坡度

（3）求某地区的平均坡度　首先按该区域地形图等高线的疏密情况，将其划分为若干同坡小区；然后，在每个小区内绘一条最大坡度线，并求出各线的坡度作为该小区的坡度；最后取各小区坡度的平均值，即为该地区的平均坡度。

7. 在地形图上按限定坡度选线

（1）求最大坡度线　从斜坡上一点向不同的方向出发，地面坡度大小是不同的，其中有一个最大坡度。降雨时，水沿着最大坡度线流向下方。斜坡的最大坡度线，是坡面上垂直于水平线的直线，也就是垂直于图上等高线的直线。欲求斜坡上最大坡度线，就要在各等高线间找出连续的最短距离（即等高线间的垂直线），并将最大坡度线连接起来，就构成坡面上的最大坡度线。

如图 3—22 所示，欲由 a 点引一条最大坡度线到点 C，则从点 a 向下一条等高线作垂线交于 $1'$ 点，由 $1'$ 点再作下一条等高线的垂线交于 $2'$ 点，同法到点 C，则 a、$1'$、$2'$、C 的连线即为从 a 点至 C 点的最大坡度线。

（2）选定限定坡度的最短路线　在进行线路设计时，往往需要在坡度 i 不超过某一数值的条件下选定最短的路线。如图 3—22 所示，已知图的比例尺为 1∶1 000，等高距 h=1 m，欲从河边 A 点至山顶 B 方向修一条坡度不超过 5% 的道路，此时路线经过相邻两等高线间的水平距离 $D=\dfrac{1}{5\%}$=20 m，换算为图上距离 $d=\dfrac{20}{1\ 000}$=20 mm。那么，将两脚规的两脚调至 20 mm，自 A 点作圆弧交 27 m 等高线于 1 点，再自 1 点以 20 mm 的半径作圆弧交 28 m 等高线于 2 点，如此进行到 5 点，连接各点所得的路线就既符合坡度规定要求，又为选定的最短路线。如果某两条等高线间的平距大于 20 mm，则说明该段地面小于规定的坡度，此时该段路线向终点方向连接即可。

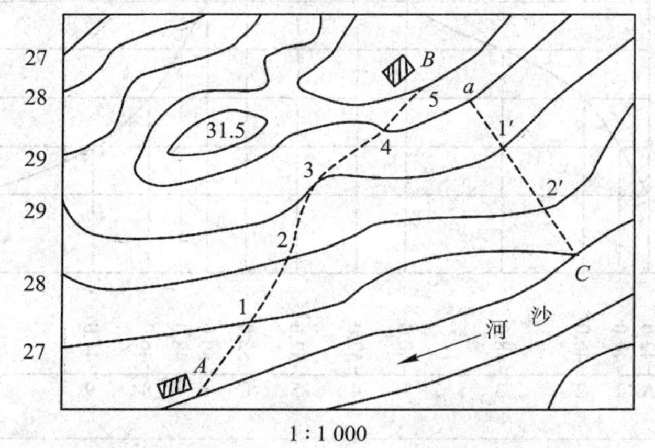

图 3—22　最大坡度线与最短路线

8. 按指定方向绘制断面图

如图 3—23 所示，*A*—*B*—*C*—*D* 为一条越岭线路，依次交等高线于 1、2、3 等点，如果需要了解这一线路地面起伏的情况，则可根据地形图绘出该方向的纵断面图，其操作步骤如下：

（1）在绘图纸（或毫米方格纸）上绘出两条互相垂直的直线，用横轴表示水平距离，其比例尺与地形图比例尺相同（也可以不相同）；纵轴表示高程，为了突出线路 *AD* 方向的地形起伏状态，其比例尺一般是水平距离比例尺的 10～20 倍。

（2）在地形图上，从 *A* 点开始，沿线路方向依次量取两相邻点间的平距，按一定比例尺将各点依次绘在横轴上，得 *A*、1、2、…、9、*D* 点的位置。

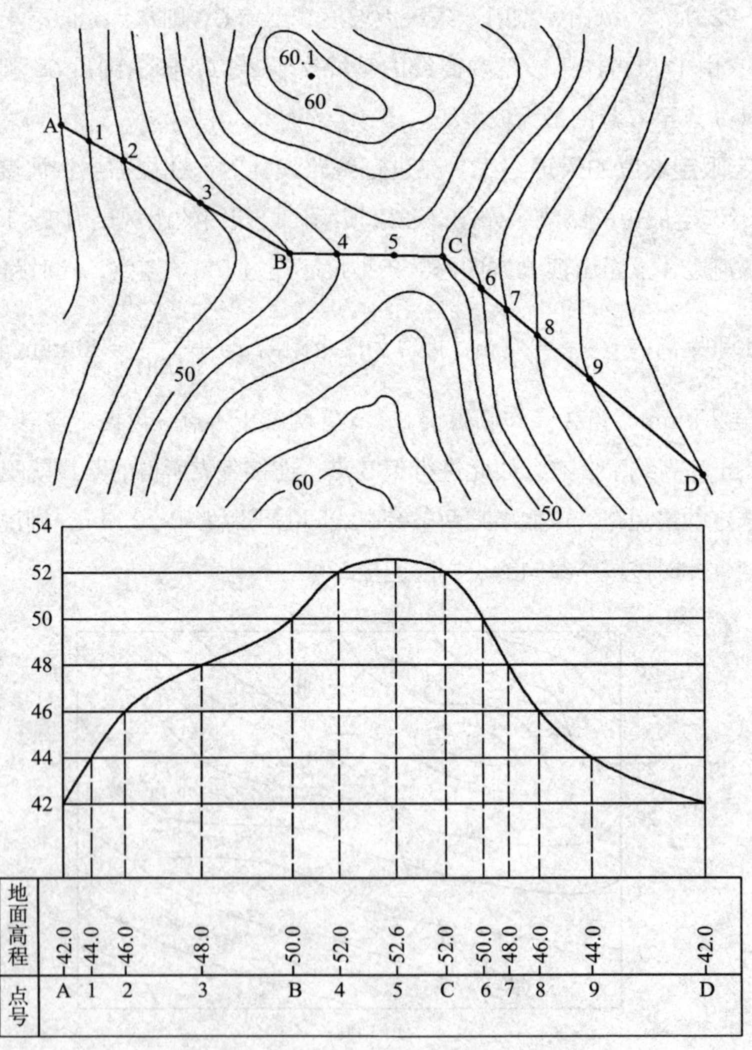

图 3—23　绘制断面图

（3）再从地形图上求出 *A*、1、2、…、9、*D* 各点高程，按一定比例尺绘在横轴相应各点向上的垂线上。

（4）最后将相邻垂线上的高程展绘点用平滑的曲线（或折线）连接起来，即得路线 *A*—*B*—*C*—*D* 方向的纵断面图。

9. 量算图形的面积

（1）几何图形法　如图 3—24 所示，将某一图形分解成若干个三角形、矩形、梯形等简单几何图形，然后分别量取、计算各简单几何图形的面积，将其相加即得整个图形的图上面积，若再乘以比例尺分母的平方便得到实地面积。该方法适用于由折线连接而成的闭合多边形。

（2）透明方格纸法　如图 3—25 所示，把画有间隔为 2 mm（或 4 mm 或其他规格）的透明方格纸覆盖在要测量面积的图形上，查数图形内完整小方格数，再加上位于图形边界上不完整小方格数的一半得总方格数，则总面积为

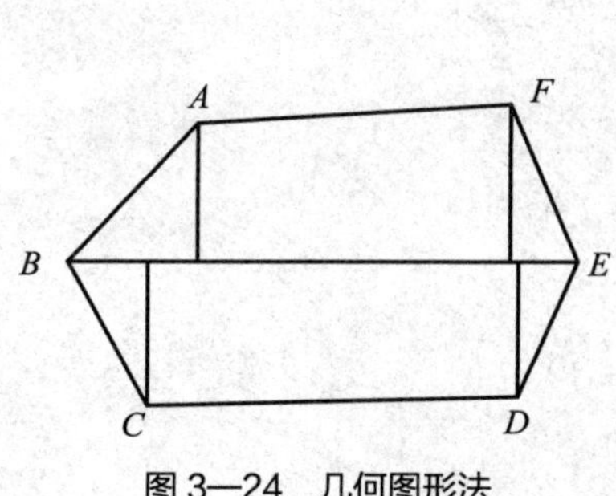

图 3—24　几何图形法

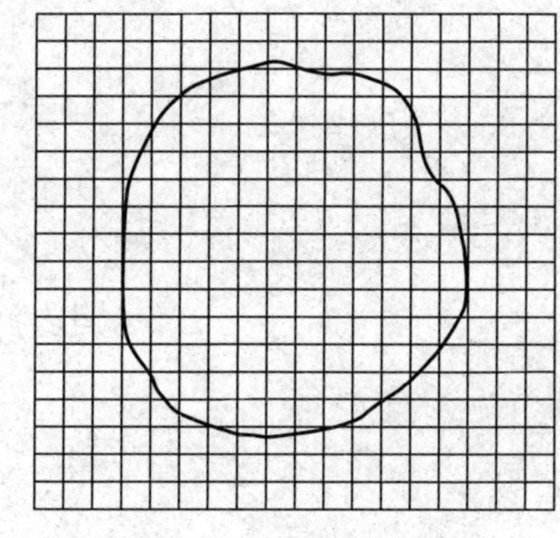
图 3—25　透明方格纸法

$$A=\left(\frac{dM}{1\,000}\right)^2 n \qquad \text{式（3—13）}$$

式中　A——实地面积，m^2；

d——小方格边长，mm；

M——测图比例尺分母值；

n——总方格数。

（3）平行线法　如图 3—26 所示，在透明纸或胶片上，按间隔 h（2 mm 或 4 mm 或其他规格）画上一些互相平行的直线，成为平行线透明模片。测算面积时，将透明模片覆盖在待测图形上，转动模片，使欲测面积图形边缘与上、下两条平行线相切，这样，整个图形就被平行线分割成许多等高的近似梯形，而近似梯形的高就是相邻两平行线的间距 h。

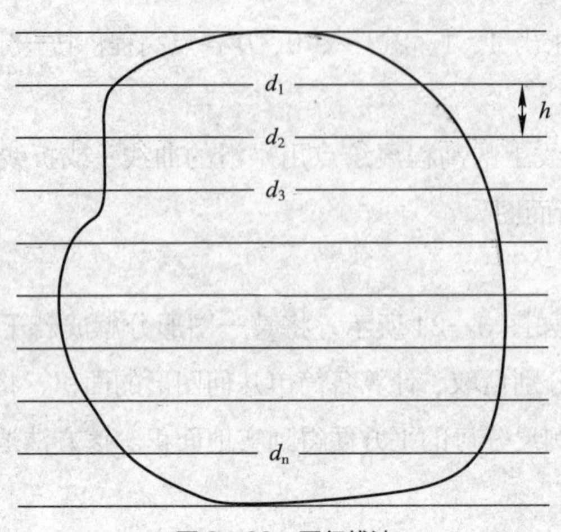

图 3—26 平行线法

设图形截割各平行线的长度分别为 d_1、d_2、…、d_n，则各近似梯形的面积分别为

$$A_1=\frac{1}{2}h\,(0+d_1)$$

$$A_2=\frac{1}{2}h\,(d_1+d_2)$$

……

$$A_n=\frac{1}{2}h\,(d_{n-1}+d_n)$$

$$A_{n+1}=\frac{1}{2}h\,(d_n+0)$$

则，所测算图形的面积为

$$A=A_1+A_2+\cdots+A_n+A_{n+1}=h\,(d_1+d_2+\cdots+d_n)=h\sum_{i=1}^{n}d_i \qquad \text{式（3—14）}$$

式中 A——图形的面积；

h——相邻平行线的间距；

d_i——待量测面积的图形内平行线段长度（i=1，2，…，n）。

量测 d_1、d_2、…、d_n 的长度时，通常是依次将 d_1、d_2、…、d_n 左右相接地画在同一纸条上再量其总长度，因此，平行线法又称积距法。

（4）电子求积仪法 电子求积仪是用微处理器控制的数字化面积测量仪器，可以自动显示面积值、重复量测的平均面积值、若干小图形面积的累计值，使用简单，精度较高。

1）电子求积仪的构造。图 3—27 所示是 KP-90N 型电子求积仪的正面图，它由动极轴、计算器和跟踪臂等部分组成。

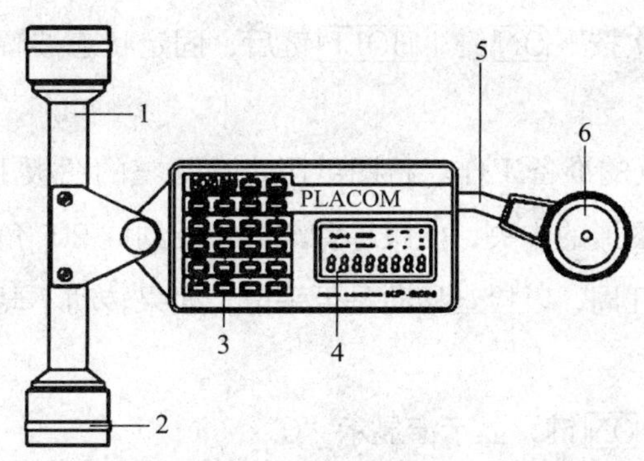

图 3—27　KP-90N 型电子求积仪

1—动极轴（臂）　2—动极轮　3—键盘（功能键）　4—显示窗
5—跟踪臂（航臂）　6—跟踪放大镜

KP-90N 型电子求积仪的键盘及显示窗如图 3—28 所示，各键的功能见表 3—3。

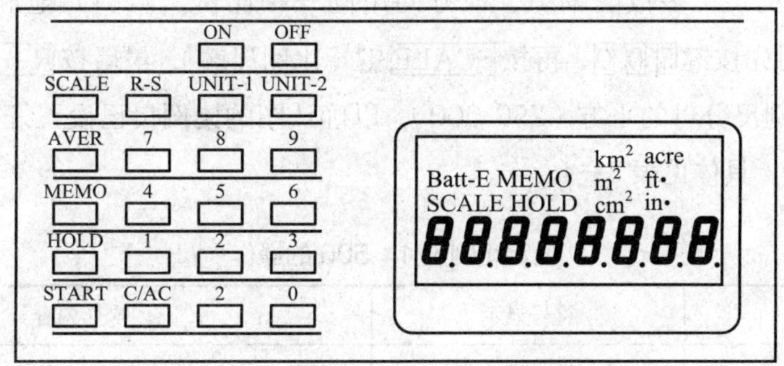

图 3—28　KP-90N 型电子求积仪的键盘及显示窗

表 3—3　　KP-90N 型电子求积仪的功能键

功能键符号	功能键的功能	功能键符号	功能键的功能
ON	电源键（开）	OFF	电源键（关）
0 ~ 9	数字键	·	小数点键
START	测量启动键	HOLD	固定键
MEMO	存储键	AVER	结束及平均值键
UNIT1、UNIT2	面积单位键	SCALE	比例尺键
R-S	比例尺确认键	C/AC	清除或全清除键

KP-90N 型电子求积仪有自动断电功能，若使用后忘记关上电源，3 min 后电源将自动切断。若测量中因事必须暂停作业时，可按下HOLD（固定）键，3 min 后电源自动切

断；再返回工作时，顺次按下ON键、HOLD键后，固定状态被解除，能继续进行后续的测量。

2）使用电子求积仪的准备工作。将图纸固定在平整的图板上，放置电子求积仪时，把跟踪放大镜大致放在图形的中央，使跟踪臂与动极轴约成 90° 角。然后，用跟踪放大镜沿图形的轮廓线试绕行几周，以检查移动是否平滑，如果转动不灵活，应调整动极轴的位置，使其平滑运转。

3）打开电源。按下ON键，显示窗显示“0”。

4）设置面积单位。一般情况下按UNIT—1键，选择米制（还可选择英制、日制）；在单位制确定的情况下，再按UNIT—2键，选择 km^2 或 m^2 或 cm^2。应该注意，即使已设定了面积单位，但绕测后所显示的数据仍是脉冲数，只有当按下AVER键后，显示数值才是面积。

5）设定比例尺。多数图幅纵、横方向用同一种比例尺。例如地形图的比例尺为 1∶500，设定时先按键5 0 0，再按SCALE键（比例尺键），最后按R—S键（比例尺确认键），显示比例尺分母的平方（250 000），以确认图的比例尺已设置好，再按START键，可开始测量。具体见表 3—4。

表 3—4　　设定比例尺 1∶500 的操作

键操作	符号显示	操作内容
5 0 0	cm^2 500.	对比例尺分母 500 进行置数
SCALE	SCALE cm^2 0.	设定比例尺 1∶500
R—S	SCALE cm^2 250 000.	500^2=250 000 确认比例尺 1∶500 已设定
START	SCALE cm^2 0.	比例尺 1∶500 设定完毕，可开始测量

有的图幅纵、横比例尺不一致，比如水平比例尺为 1∶1 000，垂直比例尺为 1∶50。设置时，首先按键1 0 0 0，再按SCALE键，设定水平比例尺；然后按键5 0，再按SCALE键，设定垂直比例尺；最后按R—S键，显示 50 000，确认水平比例尺 1∶1 000、垂直比例尺 1∶50 已设置好，再按START键，可开始测量。具体见表 3—5。

表 3—5　　设定水平比例尺 1∶1 000 和垂直比例尺 1∶50 的操作

键操作	符号显示	操作内容
1 0 0 0	cm^2 1 000.	对水平比例尺分母 1 000 进行置数
SCALE	SCALE cm^2 0.	设定水平比例尺 1∶1 000
5 0	SCALE cm^2 50.	对垂直比例尺分母 50 进行置数
SCALE	SCALE cm^2 0.	垂直比例尺 1∶50 设定完毕
R—S	SCALE cm^2 50 000.	1 000×50=50 000，确认水平比例尺 1∶1 000、垂直比例尺 1∶50 已设定
START	SCALE cm^2 0.	水平比例尺 1∶1 000、垂直比例尺 1∶50 已设定完毕，可开始测量

6）面积测量。在图形轮廓线上选取一个较明显的点作为量测起点，该点尽可能在图形左侧边界中心，使跟踪放大镜中心与该点重合。按 START 键，蜂鸣器发出声响，显示窗显示“0”；然后，使跟踪放大镜中心准确沿图形轮廓线顺时针方向移动，直至回到起点，此时，屏幕显示的数值为脉冲数；再按 AVER 键，则显示图形面积值及其单位。

为了提高测量精度，可对同一图形进行重复测量。测量时，每绕图形一周，不按 AVER 键而按存储键 MEMO，这样重复 n 次后，按 AVER 键，则显示 n 次测量的面积平均值。

如果所测图形较大，需分成若干块进行累加测量。首先测量第一个图形，绕图形一周后不按 AVER 键而按固定键 HOLD；然后，将跟踪放大镜中心移至第二个图形的起始点，再按 HOLD 键解除固定（“HOLD”字样消失，显示器显示 0），顺时针绕图形一周后（注意不能逆时针绕图形转），再按固定键 HOLD。同法对其他图形进行累加测量，最后按 AVER 键，显示测量图形的面积总和。

三、操作注意事项

1. 在求算图形面积时，若面积较大，可以在待测的整个面积内画出一个或若干个规则图形，采用几何图形法求算面积，然后再用电子求积仪等方法测量剩下的不规则的小块面积。

2. 电子求积仪不能放在太阳直射、高温、高湿的地方；表面有脏物时，应用柔软、干燥的布抹拭，不能使用稀释剂、挥发油及湿布等擦洗。

评分标准

序号	项目与技术要求	配分	评分标准	实测记录	得分
1	能对地形图进行实地定向，并确定站立点在图上的位置	10	定向错误扣5分，站立点位置确定错误扣5分		
2	会求算图上点位的坐标	20	地理坐标求算错误扣10分，平面直角坐标求算错误扣10分		
3	会求算图上任意一点的高程	10	方法不正确或求算结果错误的全扣		
4	会求算图上两点间水平距和方位角	20	水平距求算错误扣10分，方位角求算错误扣10分		
5	能量算地面的坡度，并按规定坡度选线	20	坡度求算错误扣10分，等高线平距量算错误扣5分，选线坡度不符合要求扣5分		
6	能按指定方向绘制断面图	10	纵横比例不合适全扣，点的高程计算错误或断面图不正确的全扣		
7	能正确求算图形面积	10	求算方法不正确或结果错误的全扣		
合计得分					

思考与练习

如图 3—29 所示，根据该地形图所提供的信息，完成以下任务：

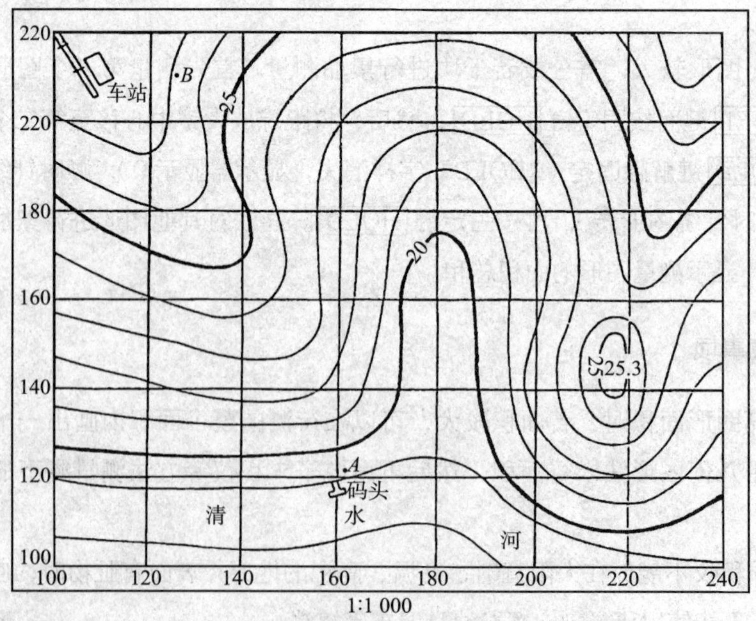

图 3—29 某旅游区地形图局部

1. 根据等高线，求出码头处 *A* 点和车站处 *B* 点的高程。

2. 求算 *A*、*B* 两点的平面直角坐标。

3. 根据平面直角坐标，求算 *A*、*B* 两点的水平距离（计算结果应与用直尺量取的长度相比较）。

4. 求算 *AB* 连线的坐标方位角和坡度。

5. 欲从 *A* 点至 *B* 点修建一条道路，试为其选线（要求：坡度不大于 8%，并且线路最短）。

6. 绘制 *AB* 方向的断面图（横轴比例尺为 1 : 1 000，纵轴比例尺为 1 : 100）。

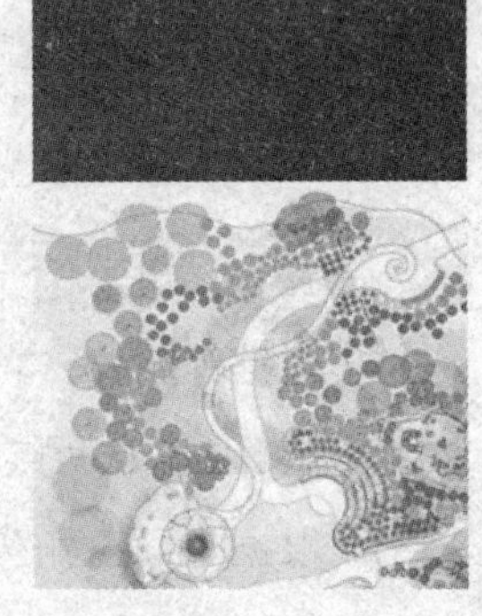

模块四

电子全站仪与 GPS 的应用

随着测绘科技的发展，在园林规划设计或施工中，传统的手工图解法测图已逐步被高精度、高自动化、数字化的测图作业所取代，全球定位系统（GPS）、遥感（RS）、地理信息系统（GIS）已被广泛应用到园林测量工作中。本模块以数字化测图和全球定位系统的应用为任务，涉及的主要内容包括电子全站仪的应用、GPS 技术在测量中的应用等。

课题一

电子全站仪的应用

任务目标

◇熟悉电子全站仪的技术指标和各部件名称

◇熟悉电子全站仪的键盘功能和信息显示

◇掌握电子全站仪在基本测量模式下的观测技能

◇能够进行电子全站仪的存储管理

任务提出

电子全站仪的出现，改变了传统、经典的经纬仪测图模式。那么，电子全站仪是如何进行测量作业的呢?

任务分析

目前，NTS-320 系列电子全站仪已在我国数字测图的外业数据采集过程中得到了广泛应用，因此，可用该型号仪器来说明电子全站仪的功能和操作方法。

相关知识

一、电子全站仪的技术指标和各部件名称

电子全站仪即全站型电子速测仪，简称全站仪，它是将电子经纬仪和光电测距仪合为一体，集水平角测量、距离测量、高差测量功能于一身的测量仪器，能够在测站上同时观测和显示水平角、竖直角（垂直角）、距离等。

1. 电子全站仪的主要技术指标

电子全站仪的种类很多，但一般按其结构形式可分为组合式和整体式两种。组合式全站仪是用一些连接器将测距部分、电子经纬仪部分和电子记录装置部分连接成一个组合体，其优点是能通过不同的构件进行灵活多样的组合；整体式全站仪是在一个仪器内装配测距、测角和电子记录三个部分，其优点是测距和测角共用一个光学望远镜，方向和距离测量只需一次照准，使用较为方便。NTS-320 系列电子全站仪是目前广泛应用的国产全站仪，其主要技术指标见表 4—1。

表 4—1　　NTS-320 系列电子全站仪的技术指标

序号	项目	技术指标	序号	项目	技术指标
1	望远镜成像	正像	10	测角方式	光电增量式
2	放大倍率	30×	11	光栅盘直径（水平、竖直）	79 mm
3	有效孔径	望远：45 mm 测距：50 mm	12	最小显示读数	1″或 5″，可选
4	分辨率	4″	13	探测方式	水平角：双 竖直角：双
5	视场角	1°30′	14	测角单位	360° 或 400 gon 或 6 400 mil，可选
6	最短视距	1m	15	竖直角 0°	位置天顶 0°或水平 0°，可选
7	视距乘常数	100	16	测角精度	NTS-322　2″级 NTS-325　5″级 NTS-325S　5″级
8	视距精度	≤0.4%D	17	单个棱镜（距离测量，良好气象条件）	NTS-322：1.8 km NTS-325：1.6 km NTS-325S：1.4 km
9	筒长	154 mm	18	三棱镜组（距离测量，良好气象条件）	NTS-322：2.6 km NTS-325：2.3 km NTS-325S：2.0 km

续表

序号	项目	技术指标	序号	项目	技术指标
19	数字显示（距离测量）	最大：999 999.999 m 最小：1 mm	31	竖盘补偿器的分辨率	1″
20	单位（距离测量）	米（m）或英尺（ft），可选	32	光学对中器成像	正像
21	精度（距离测量）	±（3 mm+2 ppm *D*）	33	光学对中器放大倍率	3×
22	测量时间（距离测量）	精测单次：3 s 跟踪：1 s	34	光学对中器调焦范围	0.5 m～∞
23	平均测量次数（距离测量）	可选取2～255次的平均值	35	光学对中器视场角	5°
24	气象改正（距离测量）	输入参数自动改正	36	光学对中器显示器类型	LCD，四行，图形式
25	大气折光和地球曲率改正（距离测量）	输入参数自动改正，*K*=0.14或0.2，可选	37	数据传输接口	RS-232C
26	反射棱镜常数改正（距离测量）	输入参数自动改正	38	电源、电压	可充电镍—氢电池，直流6V
27	长水准器	30″/2 mm	39	连续工作时间	NB-10A电池：2 h NB-20A电池：8 h
28	圆水准器	8′/2 mm	40	使用环境温度	-20～45℃
29	竖盘补偿器系统	液体电容式，可选	41	外形尺寸	160 mm×150 mm×330 mm
30	竖盘补偿器的工作范围	±3′	42	质量	6.5 kg

2. 电子全站仪的各部件名称

（1）电子全站仪的主机　NTS-320系列电子全站仪的外观和各部件名称如图4—1所示。

（2）反射棱镜和有关组合件　电子全站仪在进行测量作业时，必须在目标处放置反射棱镜和有关组合件。反射棱镜有单棱镜和三棱镜组，可通过基座连接器将棱镜组连接在基座上，以便安置到三脚架上，也可直接安置在对中杆上。图4—2所示为电子全站仪测量时所需的反射棱镜和有关组合件。

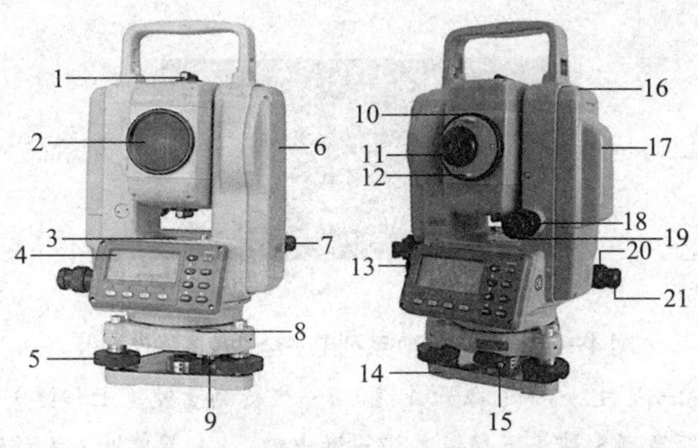

图 4—1　NTS-320 系列电子全站仪

1—粗瞄器　2—物镜　3—管水准器　4—显示屏　5—整平脚螺旋　6—仪器中心标志　7—光学对中器　8—圆水准器　9—圆水准器校正螺旋　10—望远镜调焦螺旋　11—目镜　12—望远镜把手　13—数据通信接口　14—底板　15—基座固定钮　16—电池锁紧杆　17—电池 NB-20A　18—垂直制动螺旋　19—垂直微动螺旋　20—水平制动螺旋　21—水平微动螺旋

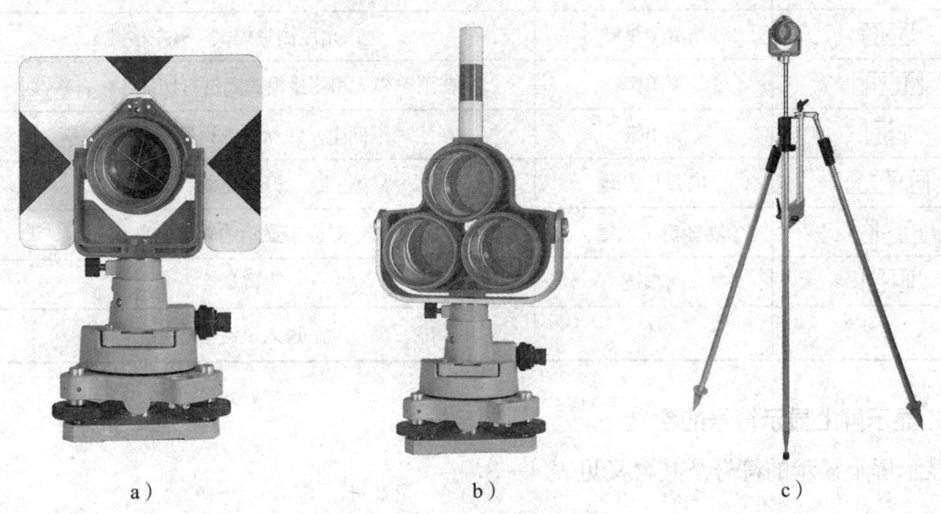

图 4—2　反射棱镜和有关组合件

a）单棱镜和基座连接器　b）三棱镜组和基座连接器　c）单棱镜和对中杆

二、NTS-320 系列电子全站仪的键盘功能和信息显示

1. 操作键的名称

显示屏和操作键的名称如图 4—3 所示。

2. 操作键的功能

操作键位于显示屏的右侧与下方，其功能见表 4—2。

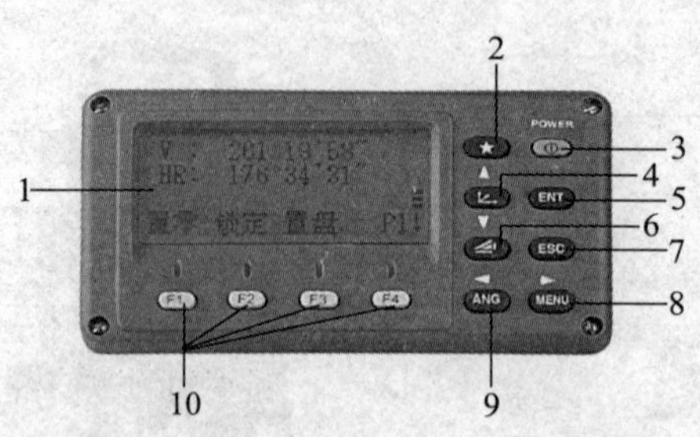

图 4—3 NTS-320 系列电子全站仪的操作面板

1—显示屏 2—星键 3—电源开关键 4—坐标测量键（上移键） 5—回车键
6—距离测量键（下移键） 7—退出键 8—菜单键（右移键）
9—角度测量键（左移键） 10—功能键（F1～F4）

表 4—2 NTS-320 系列电子全站仪操作键的功能

按键	名称	功能
	坐标测量键	进入坐标测量模式（▲上移键）
	距离测量键	进入距离测量模式（▼下移键）
ANG	角度测量键	进入角度测量模式（◀左移键）
MENU	菜单键	在菜单模式和测量模式间进行切换（▶右移键）
ESC	退出键	返回上一级状态或返回测量模式
POWER	电源开关键	开关电源
F1～F4	功能键（软键）	对应于显示的软键信息
ENT	回车键	确认
★	星键	进入星键模式

3. 显示屏上显示符号的含义

显示屏上显示的符号及其含义见表 4—3。

表 4—3 NTS-320 系列电子全站仪显示屏上显示的符号及其含义

显示符号	符号的含义	显示符号	符号的含义
V%	垂直角（坡度显示）	E	东向坐标（y）
HR	水平角（右角）	Z	高程（H）
HL	水平角（左角）	*	EDM（电子测距）正在进行
HD	水平距离	m	以米为单位
VD	高差	ft	以英尺为单位
SD	倾斜	fi	以英寸为单位
N	北向坐标（x）		

4. 各种功能键在测量模式中的说明

（1）角度测量模式　角度测量模式有 3 页菜单，如图 4—4 所示。

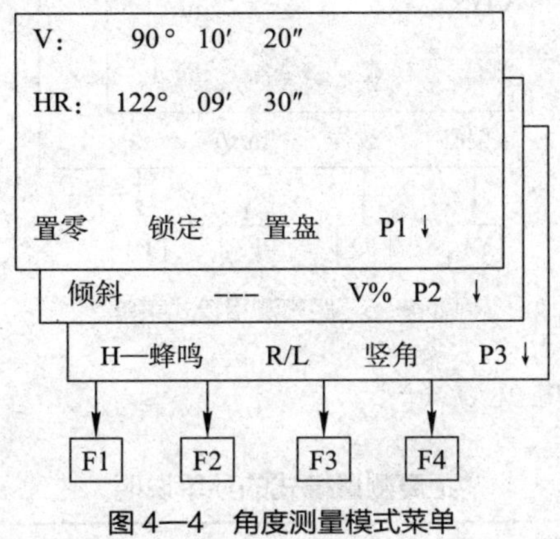

图 4—4　角度测量模式菜单

其各键和显示符号的功能见表 4—4。

表 4—4　角度测量模式的菜单说明

页数	软键	显示符号	功能
第 1 页（P1）	F1	置零	将当前视线方向的水平度盘读数设置为 0°0′0″
	F2	锁定	将当前视线方向的水平度盘读数锁定
	F3	置盘	将当前视线方向的水平度盘读数设置为输入值
	F4	P1↓	显示第 2 页软键功能
第 2 页（P2）	F1	倾斜	设置倾斜改正开或关，若选择开，则显示倾斜改正的角度值
	F2	——	
	F3	V%	垂直角与百分比坡度的切换
	F4	P2↓	显示第 3 页软键功能
第 3 页（P3）	F1	H- 蜂鸣	仪器转动至水平度盘读数分别为 0°、90°、180°、270° 时，是否设置蜂鸣
	F2	R/L	水平度盘读数按右或左方向计数的转换
	F3	竖角	垂直角显示格式（高度角或天顶距）的切换
	F4	P3↓	显示第 1 页软键功能

（2）距离测量模式　距离测量模式有 2 页菜单，如图 4—5 所示。

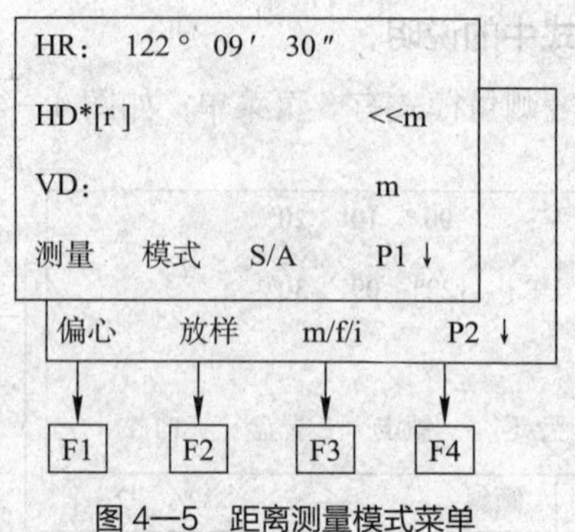

图 4—5 距离测量模式菜单

其各键和显示符号的功能见表 4—5。

表 4—5 距离测量模式的菜单说明

页数	软键	显示符号	功能
第 1 页（P1）	F1	测量	启动距离测量
	F2	模式	设置测距模式为精测或跟踪
	F3	S/A	温度、气压、棱镜常数等设置
	F4	P1↓	显示第 2 页软键功能
第 2 页（P2）	F1	偏心	偏心测量模式
	F2	放样	距离放样模式
	F3	m/f/i	距离单位的设置，米 / 英尺 / 英寸
	F4	P2↓	显示第 1 页软键功能

（3）坐标测量模式 坐标测量模式有 3 页菜单，如图 4—6 所示。其各键和显示符号的功能见表 4—6。

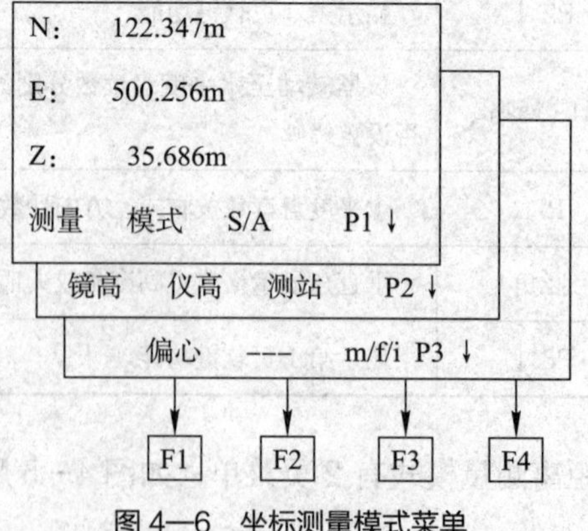

图 4—6 坐标测量模式菜单

表 4—6　　坐标测量模式的菜单说明

页数	软键	显示符号	功能
第 1 页（P1）	F1	测量	启动坐标测量
	F2	模式	设置测距模式为精测或跟踪
	F3	S/A	温度、气压、棱镜常数等设置
	F4	P1 ↓	显示第 2 页软键功能
第 2 页（P2）	F1	镜高	设置棱镜高度
	F2	仪高	设置仪器高度
	F3	测站	设置测站坐标
	F4	P2 ↓	显示第 3 页软键功能
第 3 页（P3）	F1	偏心	偏心测量模式
	F2	---	
	F3	m/f/i	距离单位的设置，米 / 英尺 / 英寸
	F4	P3 ↓	显示第 1 页软键功能

（4）星键模式　按下★键，可以对以下项目进行设置：

1）对比度调节。按星键后，通过按▲或▼键，可以调节液晶显示屏的对比度。

2）照明。按星键后，通过按F1选择“照明”，按F1或F2选择开关背景光。

3）倾斜。按星键后，通过按F2选择“倾斜”，按F1或F2选择开关倾斜改正。

4）S/A。按星键后，通过按F3选择“S/A”，可以对棱镜常数、温度和气压进行设置。

任务实施

一、工具准备

按 4 ~ 5 人为一组，每组配备 NTS-320 系列电子全站仪 1 台套，带三脚架和基座连接器的单棱镜 1 个，带对中杆的单棱镜 1 个，木桩和小铁钉各 4 ~ 6 个，斧头 1 把，钢尺 1 副，气压计 1 个，温度计 1 支，对讲机 2 个，记录板 1 块（含草稿纸等），铅笔、小刀等。

二、实施步骤

1. 仪器的开箱与存放

将仪器箱放置于地面，使箱盖朝上，打开锁栓并开盖，然后轻轻地取出仪器；使用完毕后，应盖好望远镜的镜盖，使照准部的垂直制动螺旋和基座的圆水准器朝上，随后将仪器平放在箱内，再轻轻旋紧垂直制动螺旋，盖好箱盖并上锁存放。

2. 安置仪器

（1）将仪器安置到三脚架上　打开三脚架，调到适当高度，拧紧三个固定螺旋。松开中心连接螺旋，在架头上轻移仪器，直到垂球对准测站点标志中心，然后轻轻拧紧连接螺旋。

（2）利用圆水准器粗平仪器　同时旋转任意两个脚螺旋，使圆水准器气泡移到与这两个脚螺旋中心连线相垂直的一条直线上；再旋转第三个脚螺旋，使圆水准器气泡居中。

（3）利用管水准器精平仪器　松开水平制动螺旋、转动仪器使管水准器平行于任一对脚螺旋的连线，再旋转这两个脚螺旋，使管水准器气泡居中；将仪器绕竖轴旋转 90°，再旋转第三个脚螺旋，使管水准器气泡居中。

（4）利用光学对中器对中并最后精平仪器　松开中心连接螺旋，轻移仪器，将光学对中器的中心标志对准测站点，然后拧紧连接螺旋；再次精确整平，直到仪器旋转到任何位置时，管水准气泡始终居中为止。

3. 开机与充电

（1）开机和关闭电源　确认仪器已经精确整平后，打开电源开关（POWER 键）。仪器开机时应确认棱镜常数值（PSM）和大气改正值（PPM），并通过按 F1（↓）或 F2（↑）键调节对比度；为了在关机后保存设置值，可按 F4（回车）键。确认电子全站仪有足够的电池电量，当显示“电池电量不足”时，应及时关闭电源并更换电池或对电池进行充电。在进行测量的过程中，切记不能不关机就拔下电池，否则测量数据将会丢失。

（2）电池信息与充电　如图 4—7 所示，“☰”表示电量充足，可操作使用；刚出现“〓”信息时，电池尚可使用 1 h 左右；“━”表示电量已经不多，应尽快结束操作，更换电池并充电。

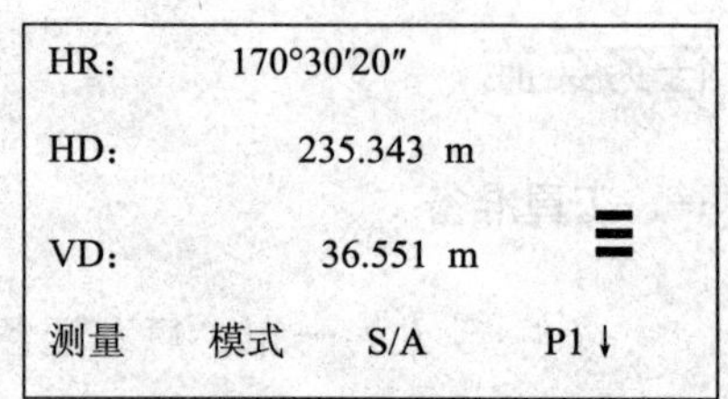

图 4—7　界面中的电池信息

给电池充电应使用专用充电器，充电时先将充电器接到 220 V 电源，从仪器上取下电池盒，将充电器插头插入电池盒的充电插座，充电器上的指示灯为橙色时表示正在充电，充电 6 h 后或指示灯为绿色时表示充电完毕，拔出插头即可。

4. 在基本测量模式下的观测

电子全站仪的测量模式一般有两种：一是“基本测量模式”，包括角度测量模式、距离测量模式和坐标测量模式等；二是“特殊测量模式”，可进行悬高测量、偏心测量、对边测量、距离放样、坐标放样、面积计算等。

（1）角度测量

1）水平角（右角）和垂直角测量。角度测量的方法与光学经纬仪相似，只是当精度

要求不高时可测半测回。在角度测量模式下，若某水平角的顶点为 *O*，左目标为 *A*，右目标为 *B*，则测量∠*AOB* 及 *OA*、*OB* 方向垂直角的过程见表 4—7。

表 4—7　　水平角（右角）和垂直角的测量

操作步骤或按键说明	操作	显示
安置仪器于角顶点 *O*，开机后照准第一个目标 *A*	照准 *A*	V：82°09′30″ HR：90°09′30″ 置零　锁定　置盘　P1↓
设置目标 *A* 的水平角读数为 0°00′00″，按 F1（置零）键和 F3（是）键	F1	水平角置零 >OK? ---　---　[是]　[否]
	F3	V：82°09′30″ HR：0°00′00″ 置零　锁定　置盘　P1↓
照准第二个目标 *B*，显示目标 *B* 的 V/H	照准 *B*	V：92°09′30″ HR：67°09′30″ 置零　锁定　置盘　P1↓

2）水平角（右角 / 左角）切换。在角度测量模式下，水平角（右角 / 左角）的切换操作过程见表 4—8。

表 4—8　　水平角（右角 / 左角）的切换

操作步骤或按键说明	操作	显示
按 F4（↓）键两次，转到第 3 页功能	F4 两次	V：122°09′30″ HR：90°09′30″ 置零　锁定　置盘　P1↓ 倾斜　---　V%　P2↓ H—蜂鸣　R/L　竖角　P3↓

续表

操作步骤或按键说明	操作	显示
按F2（R/L）键，右角模式（HR）切换到左角模式（HL），以左角模式（HL）进行测量	F2	V：122°09′30″ HL：269°50′30″ H—蜂鸣　R/L　竖角　P3↓
备注：每次按F2（R/L）键，HR/HL 两种模式交替切换		

3）水平角的设置。在角度测量模式下，水平度盘读数的设置方法有两种，即通过锁定角度值进行设置和利用键盘输入进行设置。其操作过程见表 4—9、表 4—10。

表 4—9　　　　通过锁定角度值设置水平度盘读数

操作步骤或按键说明	操作	显示
用水平微动螺旋转到所需的水平角	显示角度	V：122°09′30″ HR：90°09′30″ 置零　锁定　置盘　P1↓
按F2（锁定）键	F2	水平角锁定 HR：90°09′30″ >设置　？ ---　---　[是]　[否]
照准目标	照准	
按F3（是）键完成水平角设置，显示屏变为正常的角度测量模式；若要返回上一个模式，可按F4（否）键	F3	V：122°09′30″ HR：90°09′30″ 置零　锁定　置盘　P1↓

表 4—10　　　　利用键盘输入设置水平度盘读数

操作步骤或按键说明	操作	显示
照准目标	照准	V：122°09′30″ HR：90°09′30″ 置零　锁定　置盘　P1↓

续表

操作步骤或按键说明	操作	显示
按[F3]（置盘）键	[F3]	水平角设置 HR： 输入 --- --- ［回车］ 1 2 3 4 5 6 7 8 9 0 . - ［ENT］
通过键盘输入所要求的水平角，如151°12′20″；随后即可从所要求的水平角进行正常的测量	[F1] 151.1220 [F4]	V：122°09′30″ HR：151°12′20″ 置零 锁定 置盘 P1↓

4）天顶距和垂直角的转换。其操作见表4—11。

表4—11　天顶距和垂直角的转换

操作步骤或按键说明	操作	显示
按[F4]（↓）键转到第3页	[F4] 两次	V：19°51′27″ HR：170°30′20″ 置零 锁定 置盘 P1↓ H-蜂鸣 R/L 竖角 P3↓
按[F3]（竖角）键	[F3]	V：70°08′33″ HR：170°30′20″ H-蜂鸣 R/L 竖角 P3↓

（2）距离测量

1）设置温度和气压。在进行距离测量前，应预先测得测站周围的温度和气压，如温度为25℃，气压为1 017.5 hPa，则其设置过程见表4—12。

表4—12　温度和气压的设置

操作步骤或按键说明	操作	显示
第1步：进入距离测量模式	按[◢]键	HR：170°30′20″ HD：235.343 m VD：36.551 m 测量 模式 S/A P1↓

续表

操作步骤或按键说明	操作	显示
第 2 步：由距离测量或坐标测量模式预先测得测站周围的温度和气压，进入设置	按F3键	设置音响模式 PSM：0.0　　PPM：2.0 信号：[| | | | |] 棱镜　　PPM　　T—P　　---
第 3 步：按F3键执行 [T—P]	按F3键	温度和气压设置 温度　->15.0℃ 气压：1 013.2 hPa 输入　---　---　　　回车 1 2 3 4　5 6 7 8　9 0 . -　[ENT]
第 4 步：按F1键执行 [输入]，输入温度与气压；按F4键执行 [回车]，确认输入	按F1键输入温度；按F4键输入气压	温度和气压设置 温度：->25.0℃ 气压：1 017.5 hPa 输入　---　---　　　回车
备注： ①温度输入范围：−30～60℃（步长 0.1℃）或 −22～140℉（步长 0.1℉）； ②气压输入范围：560～1 066 hPa（步长 0.1 hPa）或 420～800 mmHg（步长 0.1 mmHg）或 16.5～31.5 inHg（步长 0.1 inHg）； ③如果根据输入的温度和气压算出的大气改正值超过 ±999.9 ppm 范围，则操作过程自动返回到第 4 步，重新输入数据		

2）设置大气改正。全站仪发射红外光的光速随大气的温度和压力而改变，当测定温度和气压后，就可从大气改正图上或由改正公式求得大气改正值；全站仪一旦设置大气改正值，即可自动对测距结果实施大气改正。设置大气改正的操作过程见表 4—13。

表 4—13　　大气改正的设置

操作步骤或按键说明	操作	显示
由距离测量或坐标测量模式按F3键	F3	设置音响模式 PSM：0.0　　PPM：0.0 信号：[| | | | |] 棱镜　　PPM　　T—P　　---
按F2 [ppm] 键，显示当前设置值	F2	PPM　设置 PPM：0.0　ppm 输入　---　---　回车 1 2 3 4　5 6 7 8　9 0 . -　[ENT]

续表

操作步骤或按键说明	操作	显示
输入大气改正值（输入范围：-999.9～999.9 PPM，步长 0.1 PPM），返回设置模式	F1 输入数据 F4	PPM 设置 PPM：4.0 ppm 输入 --- --- 回车 设置音响模式 PSM：0.0 PPM 4.0 信号：[| | | | |] 棱镜 PPM T—P ---

3）设置反射棱镜常数。NTS-320 系列电子全站仪的棱镜常数（PSM）出厂时设置为 -30，若使用棱镜常数不是 -30 的配套棱镜，则必须设置相应的棱镜常数。其操作过程见表 4—14。

表 4—14　　反射棱镜常数的设置

操作步骤或按键说明	操作	显示
由距离测量或坐标测量模式按F3（S/A）键	F3	设置音响模式 PSM：-30.0 PPM：0.0 信号：[| | | | |] 棱镜 PPM T—P ---
按F1（棱镜）键	F1	棱镜常数设置 棱镜：0.0 mm 输入 --- --- 回车 1234 5678 90 . - [ENT]
按F1（输入）键输入棱镜常数改正值（输入范围：-99.9～+99.9 mm，步长 0.1 mm），按F4确认，显示屏返回设置模式	F1 输入数据 F4	设置音响模式 PSM：0.0 PPM：0.0 信号：[| | | | |] 棱镜 PPM T—P ---

4）测量距离的模式。NTS-320 系列电子全站仪测量距离的模式有连续测量模式、N 次测量 / 单次测量模式、精测模式和跟踪模式，它们都是在角度测量模式下进行的。其操作过程见表 4—15、表 4—16、表 4—17。

表 4—15　　距离测量（连续测量模式）

操作步骤或按键说明	操作	显示
照准棱镜中心	照准	V：90°10′20″ HR：170°30′20″ H- 蜂鸣　R/L　竖角　P3 ↓
按[◢]键，距离测量开始；当光电测距正在工作时，“*”标志就会出现在显示屏	[◢]	HR：170°30′20″ HD*［r］　<<m VD：　m 测量　模式　S/A　P1 ↓
显示测量的距离，单位表示为“m”（米）或“ft”“fi”，并随着蜂鸣声在每次距离数据更新时出现；再次按[◢]键，显示变为水平角（HR）、垂直角（V）和斜距（SD）	[◢]	HR：170°30′20″ HD*　235.343 m VD：　36.551 m 测量　模式　S/A　P1 ↓ V：90°10′20″ HR：170°30′20″ SD*　241.551 m 测量　模式　S/A　P1 ↓

表 4—16　　距离测量（N 次测量 / 单次测量模式）

操作步骤或按键说明	操作	显示
照准棱镜中心	照准	V：122°09′30″ HR：90°09′30″ 置零　锁定　置盘　P1 ↓
按[◢]键，连续测量开始	[◢]	HR：170°30′20″ HD*［r］　<<m VD：　m 测量　模式　S/A　P1 ↓
当不再需要连续测量时，可按[F1]（测量）键，测量模式为 N 次测量；当光电测距（EDM）正在工作时，再按[F1]（测量）键，转变为连续测量模式	[F1]	HR：170°30′20″ HD*［n］　<<m VD：　m 测量　模式　S/A　P1 ↓ HR：170°30′20″ HD：　566.346 m VD：　89.678 m 测量　模式　S/A　P1 ↓

表 4—17　　距离测量（精测模式 / 跟踪模式）

操作步骤或按键说明	操作	显示
在距离测量模式下按F2（模式）键，设置模式的首字符（F/T）；要取消设置，按ESC键	F2	HR：170°30′20″ HD：566.346 m VD：89.678 m 测量　模式　S/A　P1 ↓
按F1（精测）键精测，按F2（跟踪）键跟踪测量	F1—F2	HR：170°30′20″ HD：566.346 m VD：89.678 m 精测　跟踪　---　F HR：170°30′20″ HD：566.346 m VD：89.678 m 测量　模式　S/A　P1 ↓

（3）坐标测量　电子全站仪的坐标测量是在测距和测角的基础上完成的，坐标测量与测距和测角不同的变量设置有测站点坐标设置、仪器高设置、棱镜高设置和后视方位角设置。

1）测站点坐标的设置。设置仪器（测站点）相对于坐标原点的坐标，仪器可自动转换和显示未知点（棱镜点）在该坐标系中的坐标。其操作过程见表 4—18。

表 4—18　　测站点坐标的设置

操作步骤或按键说明	操作	显示
在坐标测量模式下，按F4（↓）键，转到第 2 页功能	F4	N：286.245 m E：76.233 m Z：14.568 m 测量　模式　S/A　P1 ↓ 镜高　仪高　测站　P2 ↓
按F3（测站）键	F3	N->　0.000 m E：0.000 m Z：0.000 m 输入　---　----　回车 1 2 3 4　5 6 7 8　9 0 . -　[ENT]

续表

操作步骤或按键说明	操作	显示
输入 N 坐标（输入范围： -999 999.999 ~ +999 999.999 m， -999 999.999 ~ +999 999.999 ft， -999 999.999 ~ +999 999.999 ft+inch）	[F1] 输入数据 [F4]	N：　36.976 m E->　0.000 m Z：　0.000 m 输入　---　----　回车
按同样方法输入 E 和 Z 坐标，输入数据后，显示屏返回坐标测量显示		N：　36.976 m E：　298.578 m Z：　45.330 m 测量　模式　S/A　P1 ↓

2）仪器高的设置。仪器高的设置操作见表 4—19。

表 4—19　**仪器高的设置**

操作步骤或按键说明	操作	显示
在坐标测量模式下，按 [F4]（↓）键，转到第 2 页功能	[F4]	N：　286.245 m E：　76.233 m Z：　14.568 m 测量　模式　S/A　P1 ↓ 镜高　仪高　测站　P2 ↓
按 [F2]（仪高）键，显示当前值	[F2]	仪器高 输入 仪高　0.000 m 输入　---　---　回车 1 2 3 4　5 6 7 8　9 0 . -　[ENT]
输入仪器高（输入范围： -999.999 ~ +999.999 m， -999.999 ~ +999.999 ft， -999.11.7 ~ +999.11.7 ft+inch）	[F1] 输入仪器高 [F4]	N：　286.245 m E：　76.233 m Z：　14.568 m 测量　模式　S/A　P1 ↓

3）棱镜高的设置。棱镜高的设置用于获取 *Z* 坐标值，电源关闭后，可保存目标高。其操作步骤见表 4—20。

表 4—20　　　　　　　　　　　　**棱镜高的设置**

操作步骤或按键说明	操作	显示
在坐标测量模式下，按[F4]键，进入第 2 页功能	[F4]	N:　286.245 m E:　76.233 m Z:　14.568 m 测量　模式　S/A　P1↓ 镜高　仪高　测站　P2↓
按[F1]（镜高）键，显示当前值	[F1]	镜高 输入 镜高　0.000 m 输入 ---　--- 回车 1 2 3 4　5 6 7 8　9 0 . -　[ENT]
输入棱镜高（输入范围：-999.999 ~ +999.999 m，-999.999 ~ +999.999 ft，-999.11.7 ~ +999.11.7 ft+inch）	[F1] 输入棱镜高 [F4]	N:　286.245 m E:　76.233 m Z:　14.568 m 测量　模式　S/A　P1↓

4）坐标测量的方法。当测站点坐标、仪器高和棱镜高的设置完成后，再设置后视方位角，便可测定未知点的坐标。其操作步骤见表 4—21。

表 4—21　　　　　　　　　　　　**坐标测量的步骤**

操作步骤或按键说明	操作	显示
设置已知点 A 的方向角	设置方向角	V: 122°09′30″ HR: 90°09′30″ 置零　锁定　置盘　P1↓
照准目标 B，按[⊿]键	照准棱镜 [⊿]	N:　<<　m E:　m Z:　m 测量　模式　S/A　P1↓
按[F1]（测量）键，开始测量	[F1]	N*　286.245 m E:　76.233 m Z:　14.568 m 测量　模式　S/A　P1↓
备注：在测站点的坐标未输入的情况下，（0，0，0）作为默认的测站点坐标；当仪器高未输入时，仪器高以 0 计算；当棱镜高未输入时，棱镜高以 0 计算		

5. 电子全站仪的存储管理

在“主菜单”模式的“菜单 1/3”按F3键，进入“存储管理”菜单，该菜单有 3 页子菜单，如图 4—8 所示。

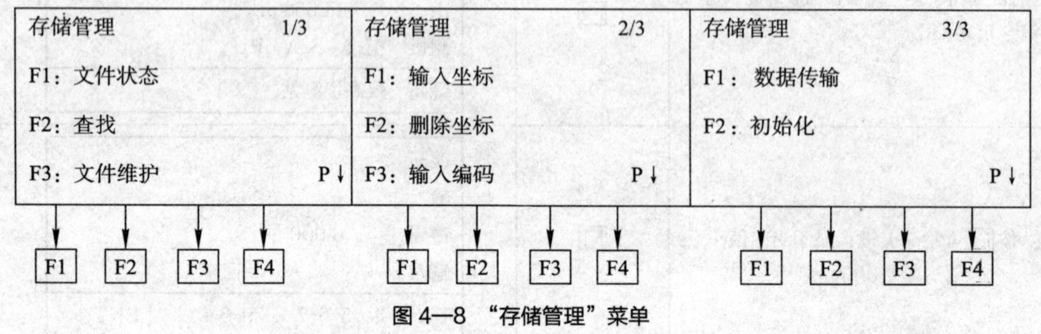

图 4—8 “存储管理”菜单

（1）文件状态　全站仪中的数据采用文件方式管理，文件分为数据文件和坐标文件，数据文件保存的是测量的原始观测数据，而坐标文件保存的是点的坐标和高程。仪器当前存储状态的检查操作见表 4—22。

表 4—22　存储状态的检查操作

操作步骤或按键说明	操作	显示
由“存储管理 1/3”菜单，按F1键，显示测量数据文件和坐标数据文件总数	F1	文件状态 1/2 测量文件： 3 坐标文件： 6 剩余空间： 85% P↓
按F4（P↓）键，显示全部文件中测量数据和坐标数据总数	F4	文件状态 2/2 测量数据： 580 坐标数据： 170 剩余空间： 85% P↓
备注：每个坐标文件都有一个说明工作区的附加数据，按F4（P↓）键可交替显示文件或数据状态（FILE/DATA STATUS）；按ESC键可返回存储管理菜单		

（2）查找　在“存储管理 1/3”菜单中，按F2键进入“查找”菜单，即可进行测量数据、坐标数据和编码库的查找。表 4—23 为测量数据的查找操作。

表 4—23　　测量数据的查找操作

操作步骤或按键说明	操作	显示
按F2（查找）键	F2	查找 F1：测量数据 F2：坐标数据 F3：编码库
按F1（测量数据）键	F1	选择文件 FN：＿＿＿＿＿ 输入 调用 --- 回车
按F1（输入）键，输入文件名；按F4（回车）键	F1 输入 FN F4	测量数据查找 F1：第一个数据 F2：最后一个数据 F3：按点号查找
按F3（点号 DATA）键	F3	测量点名查找 点号：＿＿＿＿＿ 输入 --- --- 回车
按F1（输入）键，输入点号；按F4（回车）键	F1 输入点号 F4	点号 SOUT-104 1/2 V：90°26′05″ HR：134°30′20″ 倾斜 0°00′00″ P↓
按F4（↓）键，上下卷动数据选择待查询的点	F4	点号 SOUT-104 2/2 编码： 镜高： 1.300 m 编辑 P↓
备注：按F2（调用）键，显示文件目录；按［▲］或［▼］键，显示下一个点或上一个点		

（3）文件维护　在“存储管理 1/3”菜单中，按F3键进入“文件维护”菜单，便可实施更改文件名、查找文件中的数据、删除文件的操作，见表 4—24。

表 4—24　　文件维护

操作步骤或按键说明	操作	显示
按F3（文件维护）键	F3	@DATA　/C0123 ->DATA0102　/M0220 &SOUDATA　/C0010 改名　查找　删除　---

（4）输入坐标　在“存储管理 1/3”菜单下，按F4键进入“存储管理 2/3”菜单，可进行输入坐标的操作，见表 4—25。控制点的坐标数据可直接由键盘输入，并可存入内存中的一个文件内。

表 4—25　　输入坐标的操作

操作步骤或按键说明	操作	显示
按F4（P↓）键	F4	存储管理　2/3 F1：输入坐标 F2：删除坐标 F3：输入编码　P↓
按F1（输入坐标）键	F1	选择文件 FN：________ 输入　调用　---　回车
按F1（输入），输入欲设置的文件名，按F4（ENT）键	F1 输入 PN F4	输入坐标数据 点号：________ 输入　调用　---　回车
按F1（输入）键，输入点号，按F4键	F1 输入点号 F4	N：　12.322 m E：　34.286 m Z：　1.577 2 m 输入　---　---　回车
同法输入坐标数据，进入下一个点输入	F1 输入坐标 F4	输入坐标数据 点号：SOUTH-100 输入　调用　---　回车

（5）删除坐标　在“存储管理 2/3”菜单中，按表 4—26 的操作步骤，可以删除文件中的坐标数据。

表 4—26　　删除坐标的操作

操作步骤或按键说明	操作	显示
按F4（P↓）键	F4	存储管理　2/3 F1：坐标输入 F2：删除坐标 F3：输入编码　P↓
按F2（删除坐标）键	F2	选择文件 FN：______ 输入　调用　---　回车
按F1（输入），输入文件名，按F4（ENT）键	F1 输入 PN F4	删除数据 点号：______ 输入　调用　----　回车
按F1（输入）键，输入点号，按F4键	F1 输入点号 F4	N：　12.322 m E：　34.286 m Z：　1.577 2 m >删除？　[是]　[否]
确认待删除的数据，按F3（是）键，显示屏返回“存储管理 2/3”菜单	F3	

（6）输入编码　在“存储管理 2/3”菜单中，按表 4—27 的操作步骤，可以将编码数据输入编码库中。

表 4—27　　输入编码

操作步骤或按键说明	操作	显示
按F4（P↓）键	F4	存储管理　2/3 F1：坐标输入 F2：删除坐标 F3：编码输入　P↓
按F3（输入编码）键	F3	->001：SOUTH 002：DSAIK 编辑　---　清除　---

续表

操作步骤或按键说明	操作	显示
按下［▲］或［▼］光标键，可使编码号增加或减少	［▲］、［▼］	001：SOUTH ->002：DSAIK 003：LISS 编辑 --- 清除 ---
按F1（编辑）键	F1	001：SOUTH ->002：______ 003：LISS 1 2 3 4 5 6 7 8 9 0 . - 回车
输入编码，按F4（ENT）键	输入编码 F4	001：SOUTH ->002：DSAIK 003：LISS 编辑 --- 清除 ---

（7）数据传输　在“存储管理 3/3”菜单中，按F1键进入“数据传输”菜单，如图 4—9 所示。

此时，可直接将内存中的数据文件下载到计算机，也可以从计算机将坐标数据文件和编码库数据直接上传至仪器内存。

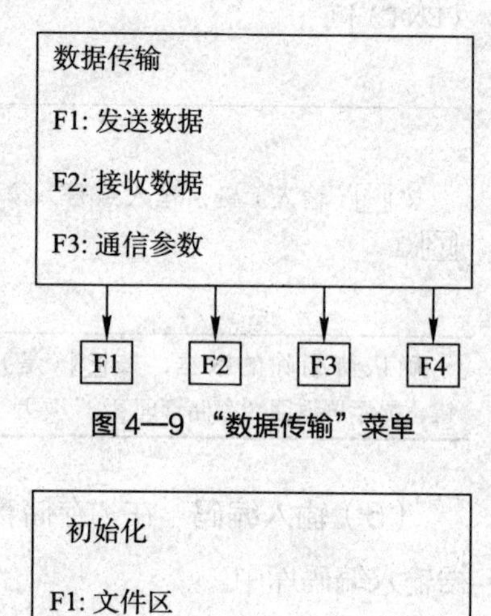

图 4—9 “数据传输”菜单

（8）数据初始化　在“存储管理 3/3”菜单中，按F2键进入“初始化”菜单，如图 4—10 所示。

选择“文件区”，将删除全部测量数据和坐标数据文件；选择“编码表”，将删除编码库数据；选择“所有数据”，将删除文件数据和编码数据。

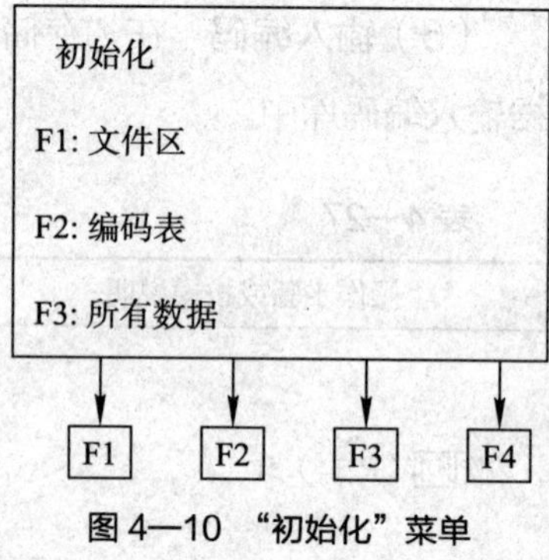

图 4—10 “初始化”菜单

三、操作注意事项

1. 若仪器工作处的温度与存放处的温度差异太大，应先将仪器留在箱内，直至其适应环境温度后再使用仪器。

2. 作业前应仔细全面检查仪器，待仪器的各项指标、功能、电源、初始设置和改正参数等均符合要求时再进行作业。

3. 日光下测量应避免将物镜直接瞄准太阳，若在太阳下作业应安装滤光器；棱镜附近不应有反射物，若存在反射物应采取防干扰措施。

4. 仪器使用完毕后，应将其装入箱内并置于干燥处保存；仪器若被雨水淋湿，切勿通电开机，应使用干净软布擦干并在通风处放置一段时间。

5. 长期不使用仪器时，应将机载电池取下存放，卸电池时应关闭电源，电池必须每月充电 1 次。

评分标准

序号	项目与技术要求	配分	评分标准	实测记录	得分
1	熟悉 NTS-320 系列全站仪各部件的名称及其功能	10	讲述仪器构成部件的名称、位置和功能不全面或不正确的全扣		
2	学会全站仪的基本操作方法	10	不熟悉键盘功能和信息显示情况扣 5 分，仪器的基本操作不熟练、不规范扣 5 分		
3	能在基本测量模式下，熟练进行各项观测工作	60	角度测量、距离测量和坐标测量的操作方法或测量结果错误各扣 20 分		
4	能进行全站仪的存储管理	20	对文件维护、数据传输等存储管理的操作不熟练扣 10 分，操作错误的全扣		
合计得分					

思考与练习

简述 NTS-320 系列电子全站仪在基本测量模式下进行角度测量、距离测量、坐标测量的步骤。

知识链接

数字化测图技术

一、数字化测图概述

数字化测图（DSM）是近 20 年发展起来的一种全新的地形图测绘方法。从广义上说，数字化测图应包括：利用电子全站仪或其他测量仪器进行野外数字化测图；利用手扶数字化仪或扫描数字化仪对传统方法测绘的原图进行数字化；借助解析测图仪或立体坐标量测仪对航空摄影、遥感相片进行数字化测图等技术。利用上述技术将采集到的地形数据传输到计算机，并由功能齐全的成图软件进行数据处理、成图显示，再经过编辑、修改，生成符合国家标准的地形图，最后将地形数据和地形图分类建立数据库，并用数控绘图仪或打印机完成地形图和相关数据的输出。这种以计算机为核心，在外联输入、输出硬件设备和

软件的支持下，对地形空间数据进行采集、传输、处理、编辑、入库管理和成图输出的整个系统，称为自动化数字测绘系统。

数字化测绘不仅仅可以减轻测绘人员的劳动强度，保证地形图的绘制质量，提高绘图效率，更具有深远意义的是，由计算机进行数据处理，可以直接建立数字地面模型和电子地图，为建立地理信息系统提供了可靠的原始数据，以供国家、城市和行业部门的现代化管理，以及工程设计人员进行计算机辅助设计（CAD）使用。目前，提供地图数字图像等信息资料已成为政府管理部门和工程设计、工程建设单位必不可少的工作。

二、野外数字化数据采集方法

1. 数据采集的作业模式

数字化测图的野外数据采集作业模式主要有野外测量记录、室内计算机成图的数字测记模式和野外数据采集、便携式计算机实时成图的电子平板测绘模式。

图 4—11 所示为利用电子全站仪在野外进行数字地形测量数据采集，从图中可看出，其数据采集的原理与普通测量方法类似，所不同的是电子全站仪不仅可测出碎部点至已知点间的距离和角度，而且还可直接计算出碎部点的坐标，并自动记录。

由于地形图不是在现场测绘，而是依据电子手簿中存储的数据由计算机软件自动处理，并控制数控绘图仪自动完成地形图的绘制，这就存在着野外采集的数据与实地或图形之间的对应关系问题。为使测绘人员或计算机能够识别所采集的数据，便于对其进行处理和加工，必须对仪器实测的每一个碎部点给予一个确定的地形信息编码。

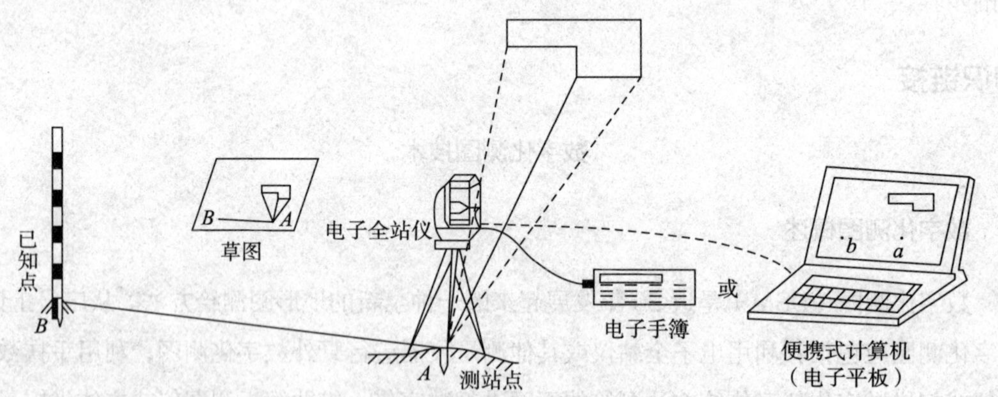

图 4—11　利用电子全站仪在野外进行数字地形测量数据采集

2. 地形信息的编码

（1）地形信息编码的原则　由于数字化测图采集的数据信息量大、内容多、涉及面广，数据和图形应一一对应，构成一个有机的整体，因此，必须对其进行科学编码。编码

的方法多种多样，但不管采用何种编码方式，都应遵循以下基本原则：

1）一致性。要求野外采集的数据或测算的碎部点坐标数据，在绘图时能唯一地确定一个点，并在绘图时符合图式规范。

2）灵活性。要求编码结构充分灵活，满足多用途数字测绘的需要，在地理信息管理和规划、建筑设计等后续工作中，为地形数据信息编码的进一步扩展提供方便。

3）简易实用性。尊重传统方法，容易为野外作业和图形编辑人员理解、接受和记忆，并能正确、方便地使用。

4）高效性。能以尽量少的数据量承载尽可能多的外业地形信息。

5）可识别性。编码一般由字符、数字或字符与数字组合而成，设计的编码不仅要求能够被人识别，还要求能被计算机用较少的机时加以识别，并能有效地对其管理。

（2）编码方法　在遵循编码原则的前提下，应根据数据采集使用的仪器、作业模式及数据的用途，统一设计地形信息编码。如按照地形图图式分类进行编码的三位、四位编码，按照地物的拼音首字母进行编码等方法。目前，国内数字化测图系统的软件品种较多，所采用的地理信息编码的方法也很多，实际工作中可参阅有关测图软件说明书。

3. 碎部测量的步骤

（1）测图准备工作　野外数字化测图前，必须按照规范对所使用的仪器进行检验，如电子全站仪的轴系关系是否满足要求，水平角、竖直角和距离测量的精度是否符合限差规定，光学对中器及各种螺旋是否正常，以及反射棱镜常数的测定和设置等。还需要安装、调试好所使用的电子手簿（或便携机）及数字化测图软件，并通过数据接口传输或按菜单提示键盘输入图根控制点的点号、平面坐标（x，y）和高程（H）。

（2）测站设置与检核　将电子全站仪安置在测站点上，经对中、整平后，量取仪器高，连接电子手簿或便携式计算机，启动野外数据采集软件，按菜单提示键输入测站信息，如测站点号、后视点点号、检核点点号及测站仪器高等。根据所输入的点号即可提取相应控制点的坐标，并反算出后视方向的坐标方位角，以此角值设定电子全站仪的水平度盘起始读数。然后用电子全站仪瞄准检核点反光镜，测量检核点的三维坐标，并与该点已知坐标数据比较，若超过限差规定，需要重新定向。

4. 碎部点的信息采集

碎部点的信息包括几何信息和属性信息，几何信息主要指点的三维坐标和点的连接关系，属性信息主要指碎部点的特征信息，如绘图时必须知道该点是什么点（房角、消火栓、电线杆等），有什么特征（房屋的类型、道路的等级）等。

测点的坐标是用仪器在外业测量中测得的，测量时要标明点号，点号在测图系统中是

唯一的，根据它可以提取点位坐标。目前使用的全站仪都有内存，能把外业测量的坐标数据直接存储在全站仪的内存中。

测点的属性是用地形编码表示的，有编码就知道它是什么点，图式符号是什么。外业测量时知道测的是什么点，就可以给出该点的编码并记录下来。

测点的连接信息是用连接点和连接线型表示的，外业测量中，在记录下点号的同时，还要记录哪一个点和哪一点连接，连接的线型是折线还是曲线。测点的属性信息，如地形编码和连线信息可以输入电子全站仪内存中或电子手簿中，通过内业处理软件自动判别，自动绘图。由于外业信息十分复杂，很难做到自动化处理，目前生产单位常用的方法是全站仪草图法，即外业属性信息绘制在一张草图上，并把测点的点号也标注在草图上，内业成图时，把电子全站仪内存中的坐标数据展绘在成图软件中，再根据草图上记录的各点连线信息和地物类别进行编图。

三、地形图的处理与输出

绘制出清晰、准确、符合标准的地形图，是大比例尺数字化地形测量工作的主要目的之一，因此，对图形的处理和输出也就成为数字化测图系统中不可缺少的重要组成部分。野外采集的地物和地貌特征点信息，经过数据处理之后形成了图形数据文件，其数据是以高斯直角坐标的形式存放的，而图形输出无论是在显示器上显示图形，还是在绘图仪上自动绘图，都存在坐标转换的问题。另外，还有图形的分幅、绘图比例尺的确定、图式符号注记及图廓整饰等内容，都是计算机绘图不可缺少的内容。

1. 图形截幅

在数字化地形测量的野外数据采集时，采用电子全站仪等设备自动记录或手工键入实测数据、信息等，并不在现场成图，因此，对所采集的数据范围应按照标准图幅的大小或用户确定的图幅尺寸进行截取，对自动成图来说，这项工作称为图形截幅。图形截幅的基本思路是，首先，根据四个图廓点的高斯平面直角坐标，确定图幅范围；其次，对数据的坐标项进行判断，将属于图幅矩形框内的数据，以及由其组成的线段或图形等，组成该图幅相应的图形数据文件，而将图幅以外的数据和由其组成的线段或图形，仍保留在原数据文件中，以供相邻图幅提取。图形截幅的原理和软件设计的方法很多，常用的有四位码判断截幅、二位码判断截幅和一位码判断截幅等方法。

2. 图形的显示与编辑

要实现图形屏幕显示，首先要将用高斯平面直角坐标形式存放的图形进行定位，并将这些数据转换成计算机屏幕坐标。高斯平面直角坐标系 x 轴向北为正，y 轴向东为正，对于一幅地形图来说，向上为 x 轴正方向，向右为 y 轴正方向。而计算机显示器则以屏幕左上角为坐标原点（o，o），x 轴向右为正，y 轴向下为正，（x，y）坐标值的范围则以屏幕的显示方式决定。因此，只要将高斯坐标系的原点平移至图幅左上角，再按顺时针方向旋转90°，并考虑两种坐标系的变换比例，即可实现由高斯直角坐标向屏幕坐标的转换。有了图形定位点的屏幕坐标，就可充分利用计算机语言中各种基本绘图命令及其有机的组合，编制程序，自动显示图形。

对在屏幕上显示的图形，可根据野外实测的草图或记录的信息进行检查，若发现问题，用程序可对其进行屏幕编辑和修改，同时按成图比例尺完成各类文字注记、图式符号以及图名图号、图廓等成图要素的编辑。经检查和编辑修改成为准确无误的图形，软件能自动将其图形定位点的屏幕坐标再转换成高斯坐标，连同相应的信息编码保存在图形数据文件中或组成新的数据文件，供自动绘图时调用。

3. 绘图仪自动绘图

野外采集的地形信息经数据处理、图形截幅、屏幕编辑后，形成了绘图数据文件。利用这些绘图数据，即可由计算机软件控制绘图仪自动输出地形图。

绘图仪作为计算机输出图形的重要设备，其基本功能是将计算机中以数字形式表示的图形描绘到图纸上，实现数（x，y 坐标串）—模（矢量）的转换。利用绘图仪绘制地形图，同样存在坐标系的转换问题，实际绘图操作时，用户通过软件可自行定义并设置坐标原点和坐标单位，以实现高斯坐标系向绘图坐标系的转换，称为定比例。通过定比例操作，用户可根据实际需要来缩小或者扩大绘图坐标单位，以实现不同比例尺和不同大小图幅的自动输出。

课题二

GPS 技术的应用

任务目标

◇了解 GPS 的组成及其相互关系

◇熟悉 GPS 定位的基本原理

◇掌握 GPS 网技术设计的内容

◇掌握 GPS 测量的外业观测、数据处理方法和步骤

◇会编写 GPS 测量技术总结

任务提出

GPS 测量具有精度高、测站间无须通视、观测时间短、仪器操作简便、能全天候工作等特点。那么，GPS 是如何进行测量作业的呢？

任务分析

GPS 测量工作与常规测量相似，包括 GPS 网的技术设计、选点与埋石、外业观测、数据处理、技术总结编写等内容。

相关知识

一、GPS（全球定位系统）的组成及其相互关系

GPS 是“卫星测时测距导航 / 全球定位系统”的简称。GPS 由空间星座部分、地面控制部分和用户设备部分构成，其组成如图 4—12 所示。

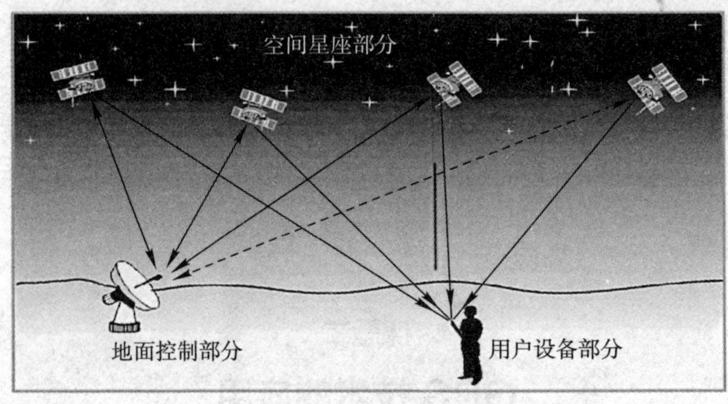

图 4—12　GPS 的组成

1. 空间星座部分

GPS 卫星星座由 21 颗工作卫星和 3 颗在轨备用卫星组成，记作（21+3）GPS 星座。GPS 卫星的核心部件包括高精度的时钟、导航电文存储器、双频发射和接收机及微处理机。如图 4—13 所示，24 颗卫星均匀分布在 6 个轨道平面内，轨道倾角为 55°，各轨道平面之间夹角为 60°，即轨道的升交点赤经各相差 60°；每个轨道平面内各卫星之间的升交角相差 90°，一轨道平面上的卫星比西边相邻轨道平面上的相应卫星超前 30°；轨道平均高度为 20 200 km，卫星运行周期为 11 小时 58 分。用 GPS 信号导航定位时，为了解算测站的三维坐标，必须观测 4 颗卫星，称为定位星座。GPS 卫星的空间分布保证了在地球上的任何地点、任何时刻至少可同时观测到 4 颗卫星，加上 GPS 卫星信号的传播和接收

不受天气影响，故 GPS 是一种高精度、全球性、全天候的连续实时定位系统。

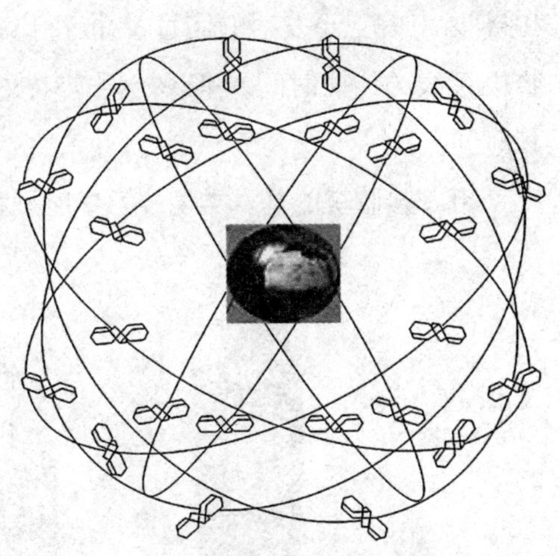
图 4—13　GPS 卫星的星座

2. 地面控制部分

GPS 工作卫星的地面控制系统包括 1 个主控站、3 个注入站和 5 个监测站，如图 4—14 所示。主控站设在美国科罗拉多，其任务是收集、处理本站和监测站收到的全部资料，编算出每颗卫星的星历和 GPS 时间系统，将预测的卫星星历、钟差、状态数据及大气传播改正等，编制成导航电文传送到注入站；主控站还负责纠正卫星的轨道偏离，必要时调度卫星，让备用卫星取代失效的工作卫星；另外还负责整个地面监测系统的工作，检验注入给卫星的导航电文，监测卫星是否将导航电文发给了用户。3 个注入站分别设在大西洋的阿松森岛、印度洋的狄哥伽西亚和太平洋的卡瓦加兰，其任务是将主控站发来的导航电文注入相应的卫星存储器；此外，注入站能自动向主控站发射信号，每分钟报告一次自己的工作状态。监测站共有 5 个，除了主控站和注入站这 4 个站以外，还在夏威夷设立了一个监测站，它们的主要任务是为主控站提供卫星的观测数据，监测卫星的工作状态。

图 4—14　GPS 卫星的地面控制系统

3. 用户设备部分

用户设备部分主要包括 GPS 接收机硬件、数据处理软件和微处理机及其终端设备等。GPS 接收机是用户设备部分的核心，一般由主机、天线和电源三部分组成，其作用是接收 GPS 卫星所发出的信号，并利用这些信号进行导航定位等工作。用户设备部分能跟踪和接收 GPS 卫星发射的信号，并进行交换、放大和处理，以便测出 GPS 信号从卫星到接收机天线的传播时间，解译出导航电文，实时计算出测站的三维坐标，甚至是三维速度和时间。

GPS 接收机的基本类型分为导航型和大地型，分别如图 4—15、图 4—16 所示。

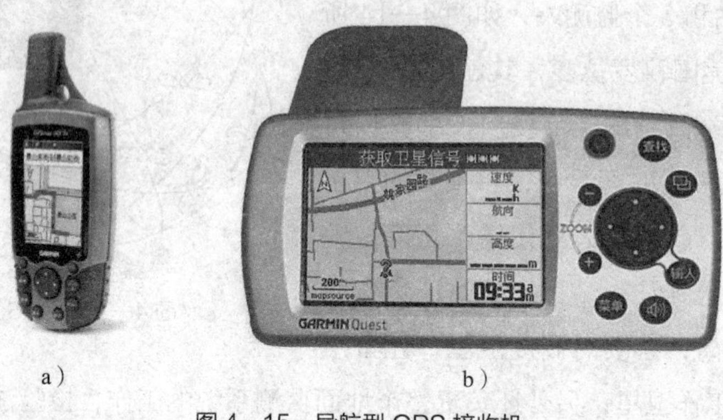

a）　　　　　　　　b）

图 4—15　导航型 GPS 接收机

a）手持型　b）车载型

图 4—16　大地型 GPS 接收机

二、GPS 定位的基本原理

GPS 定位的基本原理如下：应用无线电测距交会的原理，可由三个以上地面已知点（控制站）交会出卫星的位置，反之利用三颗以上卫星的已知空间位置又可交会出地面未知点（用户接收机）的位置。

1. 伪距法定位原理

伪距就是卫星发射的信号到达 GPS 接收机的传播时间乘以光速所得出的量测距离。由于卫星钟、接收机钟的误差及无线电信号经过电离层和对流层的延迟，实测出的距离与卫星到接收机的几何距离有一定差值，因此一般称量测出的距离为伪距。伪距法虽然定位精度不高，但定位速度快，且无多值性等优点，是 GPS 定位系统中最基本的方法。

2. 载波相位测量

利用卫星发射的载波为测距信号，由于载波的波长比测距码波长短很多，因而就会得到较高的测量定位精度。载波相位测量是目前大地测量和工程测量中的主要测量方法。由于载波信号是一种周期性的正弦信号，相位测量只能测定不足一个波长的部分，因此存在整周数不确定的问题，从而使载波相位测量的解算过程比较复杂。

三、GPS 网的技术设计

技术设计是 GPS 测量的基础性工作，也是项目实施和检查、验收时的技术性资料。GPS 网技术设计的依据是测量任务书或测量合同书及 GPS 测量规范、规程等。

测量任务书是测量单位的上级事业性单位主管部门下达的具有强制约束力的文件，常用于下达计划指令性任务；测量合同书则是由业主方（或上级主管部门）与测量实施单位所签订的合同，经双方协商同意并签订后便具有法律效力。

我国目前现行的有关 GPS 测量的规范、规程有《全球定位系统（GPS）测量规范》（GB/T 18314—2009）、《全球定位系统（GPS）测量型接收机检定规程》（CH 8016—1995）、《全球定位系统（GPS）接收机（测地型和导航型）校准规范》（JJF 1118—2004）、《全球导航卫星系统连续运行参考站网建设规范》（CH/T 2008—2005）、《卫星定位城市测量技术规范》（CJJ/T 73—2010）等，其中，GB/T 18314—2009 详细规定了利用全球定位系统（GPS）静态测量技术建立 GPS 控制网的布设原则、测量方法、精度指标和技术要求。

1.GPS 测量级别划分、测量精度与用途

在 GB/T 18314—2009 中，GPS 测量按照精度和用途分为 A 级、B 级、C 级、D 级、E 级。A 级 GPS 网由卫星定位连续运行基准站构成，其精度要求与用途见表 4—28；B 级、C 级、D 级、E 级 GPS 测量的精度要求与用途见表 4—29。

表 4—28　　A 级 GPS 测量的精度要求与用途

级别	坐标年变化率中误差		相对精度	地心坐标各分量年平均中误差（mm）	用途
	水平分量（mm/ 年）	垂直分量（mm/ 年）			
A	2	3	1×10^{-8}	0.5	用于建立国家一等大地控制网，进行全球性的地球动力学研究、地壳形变测量和精密定轨等的 GPS 测量

表 4—29 B 级、C 级、D 级、E 级 GPS 测量的精度要求与用途

级别	相邻点基线分量中误差		相邻点间平均距离（km）	用途
	水平分量（mm）	垂直分量（mm）		
B	5	10	50	用于建立国家二等大地控制网，建立地方或城市坐标基准框架、区域性的地球动力学研究、地壳形变测量、局部形变监测和各种精密工程测量等的 GPS 测量
C	10	20	20	用于建立三等大地控制网，以及建立区域、城市及工程测量的基本控制网等的 GPS 测量
D	20	40	5	D 级 GPS 测量用于建立四等大地控制网；用于中小城市、城镇及测图、地籍、土地信息、房产、物探、勘测、建筑施工等的控制测量等的 GPS 测量，应满足 D 级、E 级 GPS 测量的精度要求
E	20	40	3	

注：1. 用于建立国家二等大地控制网和三、四等大地控制网的 GPS 测量，在满足 B 级、C 级和 D 级精度要求的基础上，其相对精度应分别不低于 1×10^{-7}、1×10^{-6} 和 1×10^{-5}。

2. 各级 GPS 网点相邻点的 GPS 测量大地高差的精度应不低于该表规定的各级相邻点基线垂直分量的要求。

2.GPS 控制网的布设原则

（1）基本原则

1）各级 GPS 网一般逐级布设，在保证精度、密度等技术要求时可跨级布设；各级 GPS 网的布设应根据其布设目的、精度要求、卫星状况、接收机类型和数量、测区已有的资料、测区地形和交通状况及作业效率等因素综合考虑，按照优化设计原则进行。

2）B 级、C 级、D 级、E 级 GPS 网最简异步观测环或附合路线的边数应分别不大于 6 条、6 条、8 条、10 条；各级 GPS 网点位应均匀分布，相邻点间距离最大不宜超过该网平均点间距的 2 倍。

3）新布设的 GPS 网应与附近已有的国家高等级 GPS 点进行联测，联测点数应不少于 3 点；为求定 GPS 点在某一参考坐标系中坐标，应与该参考坐标系中的原有控制点联测，联测的总点数应不少于 3 点；在需用常规测量方法加密控制网的地区，D 级、E 级网点应有 1～2 个方向通视。

4）A 级、B 级网应逐点联测高程，C 级网应根据区域似大地水准面精化要求联测高程，D 级、E 级网可依具体情况联测高程；A 级、B 级网点的高程联测精度应不低于二等水准测量精度，C 级网点的高程联测精度应不低于三等水准测量精度，D 级、E 级网点按四等水准测量或与其精度相当的方法进行高程联测。

5）B 级、C 级、D 级、E 级网布设时，测区内高于施测级别的 GPS 网点均应作为本级别 GPS 网的控制点（或框架点），并在观测时纳入相应级别的 GPS 网中一并施测；在局部补充、加密低等级的 GPS 网点时，采用的高等级 GPS 网点点数应不少于 4 个。

6）各级 GPS 网按观测方法可采用基于 A 级点、区域卫星连续运行基准站网、临时连续运行基准站网等的点观测模式，或以多个同步观测环为基本组成的网观测模式；网观测模式中的同步环之间应以边连接或点连接的方式进行网的构建。

7）GPS 网应尽量利用独立观测边构成闭合图形，如三角形、多边形或附合线路，以此增加检核条件，提高网的可靠性。

（2）GPS 点命名

1）GPS 点名应以该点位所在地命名，无法区分时可在点名后加注（一）、（二）等予以区别；少数民族地区应使用规范的音译汉语名，在译音后可附上原文。

2）新旧点重合时，应采用旧点名，不得更改。如原点位所在地名称已变更，应在新点名后以括号注明旧点名；如与水准点重合时，应在新点名后以括号注明水准点等级和编号。

3）点名书写应准确、正规，一律以国务院公布的简化汉字为准。

4）当对 GPS 点编制点号时，应整体考虑，统一编号，点号应唯一，且适于计算机管理。

3. 技术设计的实施

GPS 网布测前应进行技术设计，设计前应收集测区范围既有的国家三角点、导线点、天文重力水准点、水准点、甚长基线干涉测量站、卫星激光测距站、天文台和已有的 GPS 站点资料（包括点之记、网图、成果表、技术总结等），以及测区范围内有关的地形图、交通图、测区总体建设规划和近期发展方面的资料等，并对收集的资料进行分析研究，必要时应进行实地勘查。

技术设计书的格式、内容、要求与审批程序等按照《测绘技术设计规定》（CH/T 1004—2005）执行。技术设计后，应上交技术设计书与专业设计书（附 GPS 点位设计图）、野外踏勘技术总结等资料。

四、GPS 接收机的选用和观测技术要求

1. 接收机选用

A 级网测量采用的 GPS 接收机的选用按 CH/T 2008—2005 的有关规定执行，B 级、C 级、D 级、E 级 GPS 网的规定见表 4—30。

表 4—30　　　B 级、C 级、D 级、E 级 GPS 网接收机的选用规定

级别	B	C	D、E
单频 / 双频	双频 / 全波长	双频 / 全波长	双频或单频
观测量至少有	L1、L2 载波相位	L1、L2 载波相位	L1 载波相位
同步观测接收机数	≥4	≥3	≥2

2. 基本技术规定

A 级 GPS 网观测的技术要求按 CH/T 2008—2005 的有关规定执行，B 级、C 级、D 级、E 级 GPS 网观测的基本技术规定见表 4—31。

表 4—31　　　B 级、C 级、D 级、E 级 GPS 网观测的基本技术规定

项目	级 别			
	B	C	D	E
卫星截止高度角（°）	10	15	15	15
同时观测有效卫星数	≥4	≥4	≥4	≥4
有效观测卫星总数	≥20	≥6	≥4	≥4
观测时段数	≥3	≥2	≥1.6	≥1.6
时段长度	≥23 h	≥4 h	≥60 min	≥40 min
采样间隔（s）	30	10～30	5～15	5～15

注：1. 计算有效观测卫星总数时，应将各时段的有效观测卫星数扣除其间的重复卫星数。

2. 观测时段长度应为开始记录数据到结束记录的时间段。

3. 观测时段数≥1.6，指采用网观测模式时，每站至少观测一时段，其中二次设站点数应不少于 GPS 网总点数的 60%。

4. 采用基于卫星定位连续运行基准站点观测模式时，可连续观测，但观测时间应不低于表中规定的各时段观测时间的和。

任务实施

一、工具准备

4～5 人为一组，每组配备大地型 GPS 接收机 1 台套，手持型 GPS 机 1 台，对讲机 2 个，钢尺 1 副，斧子 1 把，气压计 1 个，温度计 1 支，记录板 1 块（含记录手簿等），木桩及小钉若干，铅笔等。

二、实施步骤

1. 选点与埋石

（1）选点

1）选点准备。选点人员在实地选点前，广泛收集有关布网任务与测区的资料，包括测区 1：5 万或更大比例尺地形图、已有各类控制点、卫星定位连续运行基准站的资料等；选点人员应充分了解和研究测区情况，特别是交通、通信、供电、气象、地质及大地点等情况。

2）各级 GPS 点点位的基本要求。在充分利用符合要求的已有控制点的基础上，点位应布设在交通方便、地面基础稳定之处，以便于安置接收设备和操作，有利于其他测量手段扩展和联测，并易于标石的长期保存。为避免磁场对 GPS 信号的干扰，点位应远离大功率无线电发射源（如电视台、电台、微波站等），其距离不得小于 200 m；还应远离高压输电线和微波无线电信号传送通道，其距离不应小于 50 m。点位附近不应有强烈反射卫星信号的物件（如大型建筑物等），视野开阔，视场内障碍物的高度角不超过 15°，以免 GPS 信号被遮挡或吸收。选点时还应尽可能使测站附近的局部环境（地形、地貌、植被等）与周围的大环境保持一致，以减少气象元素的代表性误差。

选点结束后，应上交 GPS 网点点之记、环视图、GPS 网选点图和选点工作总结等资料。

（2）埋石　各级 GPS 点均应埋设固定的标石或标志。GPS 点标石类型分为天线墩、基本标石和普通标石，各种类型的标石应设有中心标志。基岩和基本标石的中心标志应用铜或不锈钢制作，普通标石的中心标志可用铁或坚硬的复合材料制作。

埋石结束后，应上交 GPS 点之记、测量标志委托保管书、标石建造拍摄的照片和埋石工作总结等资料。

2. 外业观测

（1）安置天线　在测站上，首先连接基座和脚架，然后将 GPS 天线、天线连接器与基座相连，进行对中、整平、定向。在确认各部件连接妥当后，量取天线斜高，上至天线槽口，下到测站中心。安置天线时应符合下列要求：

1）在正常点位，天线应架设在三脚架上，其对中误差不应大于 1 mm；天线集成体上的圆水准气泡必须居中，没有圆水准气泡的天线，可调整天线基座脚螺旋，使在天线互为 120° 方向上量取的天线高互差小于 3 mm。

2）在特殊点位，当天线需要在三角点觇标的观测台或回光台上时，可先将觇标顶部拆除，以防止对 GPS 信号的遮挡；如果觇标顶部无法拆除，可进行偏心观测。

3）B 级 GPS 测量时，天线定向标志线应指向正北，顾及当地磁偏角修正后，其定向误差应不大于 ±5°；对于定向标志不明显的接收机天线，可预先设置标记，每次按此标记安置仪器。

4）架设天线不宜过低，一般应距地面 1 m 以上；刮风天气安置天线时，应将天线进行三方向固定，以防倒地碰坏；雷雨天气安置天线时，应注意将其底盘接地，以防雷击。

（2）开机观测　天线安置完成后，在距离天线适当位置的地面上安放 GPS 接收机，接通 GPS 接收机与电源、GPS 天线、控制器的连接电缆，经过预热和静置，启动接收机进行观测。观测作业的要求如下：

1）开机后经检验有关指示灯与仪表显示正常后，方可进行自测试并输入测站、观测单元和时段等控制信息；接收机启动前与作业过程中，应随时逐项填写测量手簿中的记录项目，观测数据文件名中应包含测站名或测站号、观测单元、测站类型、日期、时段号等信息。

2）接收机开始记录数据后，观测员可使用专用功能键和选择菜单，查看测站信息、接收卫星数、卫星号、卫星健康状况、各通道信噪比、相位测量残差、实时定位的结果及其变化、存储介质记录和电源情况等，如发现异常情况或未预料到的情况，应记录在测量手簿的备注栏内，并及时报告作业调度者。

3）每时段观测开始及结束前各记录一次观测卫星号、天气状况、实时定位经纬度和大地高、PDOP 值等，一次在时段开始时，一次在时段结束时；时段长度超过 2 h，应每当 UTC 整点时增加观测记录上述内容一次，夜间放宽到 4 h。

4）每时段观测前后应各量取天线高一次，两次量高之差不应大于 3 mm，取平均值作为最后天线高。

5）当所有的规定作业项目经检查均已全面完成，并符合要求，且记录与资料完整无误后，方可迁站。

（3）观测记录　观测记录由 GPS 接收机自动进行，均记录在存储介质（如硬盘、记忆卡等）上；观测手簿则是在 GPS 接收机启动前和观测过程中由观测者实时进行填写。GPS 测量作业所获取的成果记录类型包括观测数据、测量手簿、偏心观测资料等其他记录。观测记录项目包括观测数据（原始观测数据和 Rinex 格式数据）、对应观测值的 GPS 时间、测站和接收机初始信息等内容。有关要求如下：

1）测量手簿各项观测记录一律使用铅笔填写，不应刮、涂改和转抄或追记，手簿整饰、存储介质注记和各种计算一律使用蓝黑墨水书写。

2）外业观测中接收机内存储介质上的数据文件应及时复制成一式两份，并在外存储介质外面适当处制贴标签，注明网区名、点名、点号、观测单元号、时段号、文件名、采

集日期、测量手簿编号等；接收机内所存数据文件卸载到外存介质上时，不应进行剔除、删改或编辑。

A 级 GPS 网外业成果记录的内容和要求按 CH/T 2008—2005 的有关规定执行。

（4）关机

1）检查卫星状况后，按住数据记录开关，直到指示灯熄灭，停止记录。

2）按住电源开关，直到无指示灯闪烁，然后拆除天线，装箱迁站。

3. 数据处理

（1）基本要求

1）A 级、B 级 GPS 网基线数据处理应采用高精度数据处理专用的软件，C 级、D 级、E 级 GPS 网基线解算可采用随接收机配备的商用软件。

2）数据处理软件应经有关部门的试验鉴定并经业务部门批准方能使用。

3）A 级 GPS 网应以适当数量和分布均匀的 IGS 站的坐标和原始观测数据为起算数据；B 级 GPS 网以适当数量和分布均匀的 A 级 GPS 网点或 IGS 站的坐标和原始观测数据为起算数据；C 级、D 级、E 级 GPS 网以适当数量和分布均匀的 A 级、B 级 GPS 网网点的坐标和原始观测数据为起算数据。

4）外业观测结束后，必须在测区及时对外业观测的数据质量进行检核，对不合格的成果要予以淘汰或重测、补测；各种起算数据也应进行数据完整性、正确性和可靠性检核。

（2）基线向量解算　在多台 GPS 接收机同步观测中，每次选取两台接收机的 GPS 观测数据解算相应的基线向量，称为单基线解。从 m（$m \geqslant 3$）台 GPS 接收机同步观测值中，由 $m-1$ 条独立基线构成观测方程，统一解算出 $m-1$ 条基线向量，称为多基线解。解算基本要求如下：

1）A 级、B 级 GPS 网基线精处理应采用精密星历，C 级及以下各级网基线处理时，可采用广播星历。

2）B 级、C 级、D 级、E 级网 GPS 观测值均应加入对流层延迟修正，对流层延迟修正模型中的气象元素可采用标准气象元素。

3）基线解算以同步观测时段为单位进行，按多基线解算时，每个时段须提供一组独立基线向量及其完全的方差—协方差阵；按单基线解算时，须提供每条基线分量及其方差—协方差阵。

4）B 级、C 级 GPS 网基线解算可采用双差解、单差解，D 级、E 级 GPS 网根据基线长度允许采用不同的数据处理模型；当基线长度小于 15 km 时，应采用双差固定解，长度大于 15 km 的基线可在双差固定解和双差浮点解中选择最优结果。

（3）GPS 网平差　各项观测质量经检核并符合要求后，即可利用相关软件在 2000 国家大地坐标系中进行 GPS 网平差；A 级、B 级 GPS 网应采用无约束平差、整体平差，C 级、D 级、E 级 GPS 网采用无约束平差、约束平差；各级 GPS 网平差后，其精度应分别符合表 4—28、表 4—29 的规定。

4. 技术总结编写

（1）外业技术总结

1）测区范围与位置，自然地理条件，气候特点，交通及电信、供电等情况。

2）任务来源，测区已有测量成果，项目名称，施测目的和基本精度要求。

3）施测单位，施测起讫时间，作业人员数量，技术状况。

4）作业技术依据。

5）作业仪器类型、精度、检验和使用情况。

6）点位观测条件的评价，埋石与重合点情况。

7）联测方法、完成各级点数与补测、重测情况，以及作业中存在问题的说明。

8）外业观测数据质量分析与数据检核情况。

（2）内业技术总结

1）数据处理方案、所采用的软件、星历、起算数据、坐标系统、历元，以及无约束平差、约束平差情况。

2）误差检验及相关参数和平差结果的精度估计等。

3）上交成果中尚存问题和需要说明的其他问题、建议或改进意见。

4）各种附表与附图。

5. 上交资料

上交的资料包括：测量任务书（或合同书）、技术设计书，点之记、环视图、测量标志委托保管书、选点和埋石资料，接收设备、气象及其他仪器的检验资料，外业观测记录、测量手簿及其他记录，数据处理中生成的文件、资料和成果表，GPS 网展点图，技术总结和成果验收报告。

三、操作注意事项

1. 测量前，应了解各 GPS 点所处的环境，以选择最佳的观测时段进行任务实施；雷电、风暴天气时，不宜进行 B 级网 GPS 观测。

2. B 级、C 级、D 级、E 级 GPS 网测量可不观测气象元素，而只记录天气状况。

3. 观测员要细心操作，观测期间防止接收设备震动，更不得移动，要防止人员和其他物体碰动天线或阻挡信号。

4. 观测期间，不应在天线附近 50m 以内使用电台，也不应在 10 m 以内使用对讲机。

5. 天气太冷时，接收机应适当保暖；天气炎热时，应避免阳光直接照射接收机，以确保接收机正常工作。

6. 在一时段观测过程中，不应进行重新启动接收机、自测试、改变卫星截止高度角、改变数据采样间隔、改变天线位置、按动关闭文件和删除文件等功能键的操作。

评分标准

序号	项目与技术要求	配分	评分标准	实测记录	得分
1	了解 GPS 的组成及其相互关系	10	讲述 GPS 的组成及其相互关系不全面或不正确的全扣		
2	能合理选点与埋石	10	点位选择不当扣 5 分，埋石不合格扣 5 分		
3	能正确进行外业观测	30	天线安置不合适扣 10 分，开机观测不规范或不能正确管护接收机扣 10 分，观测记录不正确扣 10 分		
4	能进行成果检核与数据处理	30	不按要求检核外业观测成果扣 10 分，测量数据经处理后不符合要求的全扣		
5	会编写技术总结，上交资料齐全	20	技术总结的内容不全面或质量不高扣 10 分，上交资料不齐全扣 10 分		
合计得分					

思考与练习

简述 GPS 测量的实施步骤。

知识链接

中国北斗卫星导航系统

中国北斗卫星导航系统是我国正在实施的自主发展、独立运行的全球卫星导航系统，也是继美国全球定位系统（GPS）、俄罗斯格洛纳斯卫星导航系统（GLONASS）之后第三个成熟的卫星导航系统。2014 年 11 月 23 日，国际海事组织海上安全委员会审议通过了对北斗卫星导航系统认可的航行安全通函，这标志着北斗卫星导航系统正式成为全球无线电导航系统的组成部分，已取得面向海事应用的国际合法地位。

一、建设原则

北斗卫星导航系统注重质量、安全、应用、效益等方面的建设与发展，遵循以下建设

原则：

1. 开放性

北斗卫星导航系统的建设、发展和应用将对全世界开放，为全球用户提供高质量的免费服务，积极与世界各国开展广泛而深入的交流、合作，促进各卫星导航系统间的兼容与互操作，推动卫星导航技术与产业的发展。

2. 自主性

中国将自主建设和运行北斗卫星导航系统，北斗卫星导航系统可独立为全球用户提供服务。

3. 兼容性

在全球卫星导航系统国际委员会（ICG）和国际电联（ITU）框架下，使北斗卫星导航系统与世界各卫星导航系统实现兼容与互操作，使所有用户都能享受卫星导航发展的成果。

4. 渐进性

中国将积极稳妥地推进北斗卫星导航系统的建设与发展，不断完善服务质量，并实现各阶段的无缝衔接。

二、建设目标

北斗卫星导航系统按照“三步走”的发展规划实施，以 1994 年开始的试验系统（第一代系统）为第一步，目标是实现区域有源定位；从 2004 年开始发展的正式系统（第二代系统）又分为两个阶段，即第二步与第三步。2012 年 12 月 27 日，北斗系统空间信号接口控制文件正式版 1.0 公开发布，正式对亚太地区提供无源定位、导航、授时服务，此战略的前两步已经完成。按照发展规划，到 2020 年左右建成独立自主、开放兼容、技术先进、稳定可靠的覆盖全球的无源定位北斗卫星导航系统，形成完善的国家卫星导航应用产业支撑、推广和保障体系。

三、系统组成

北斗卫星导航系统由空间段、地面段和用户段三部分组成。

空间段包括 5 颗静止轨道卫星和 30 颗非静止轨道卫星。2016 年 3 月 30 日 4 时 11 分，我国在西昌卫星发射中心成功发射了第 22 颗北斗导航卫星。

地面段包括主控站、注入站和监测站等若干个地面站。主控站用于系统运行管理与控制等，主控站从监测站接收数据并进行处理，生成卫星导航电文和差分完好性信息，而后交由注入站执行信息的发送。注入站用于向卫星发送信号，对卫星进行控制管理，在接受主控站的调度后，将卫星导航电文和差分完好性信息向卫星发送。监测站用于接收卫星的信号，并发送给主控站，可实现对卫星的监测，以确定卫星轨道，并为时间同步提供观测资料。

用户段包括北斗用户终端及与其他卫星导航系统兼容的终端，接收机通过捕获并跟踪卫星的信号，根据数据按一定的方式进行定位计算，最终得到用户的经纬度、高度、速度、时间等信息。

四、系统功能

北斗卫星导航系统采用高强度加密设计，安全、可靠、稳定，可在全球范围内全天候、全天时为各类用户提供高精度定位、导航、授时服务，并具有双向短报文通信功能。目前，该系统已经初步具备区域导航、定位和授时能力，水平定位精度为 100 m（1 σ），设立标校站之后为 20 m（类似差分状态），时间同步精度为 20～100 ns。

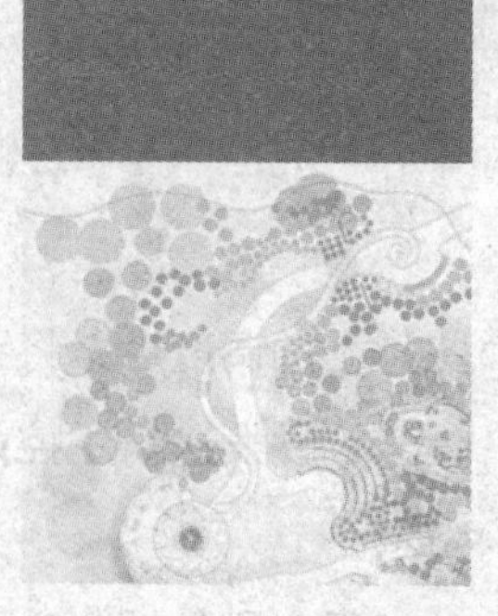

模块五

园林场地平整测量

园林工程施工现场往往高低起伏不平，欲将其按照园林规划的要求平整成水平面或具有一定坡度的地块，以便用作广场、操场、建筑或绿化用地等，其核心内容是使用水准仪测算地面上各有关点的高程。本模块以园林场地的平整测量为任务，涉及的主要内容包括水准仪的使用与检校、园林场地水准点的布设与水准点高程的测算、水准路线的形式与测量成果的整理、方格网法平整园林场地等。

课题一

园林场地水准点间高程的引测

任务一　两水准点间一个测站引测高程

任务目标

◇掌握水准测量原理

◇熟练操作 DS_3 水准仪，能正确读出水准尺的读数

◇掌握一个测站水准测量的方法步骤

任务提出

园林施工场地有时占地面积较大，并且现场往往无已知水准点或已知水准点数量不足，此时，必须以国家水准点为基础，加密水准点，实施高程引测。如图 5—1 所示，BM_A 为已知水准点，园林施工场地平整测量中，需要在 BM_A 附近地面上布设两个待测点 BM_1 和 BM_2，并测算出它们的地面高程。

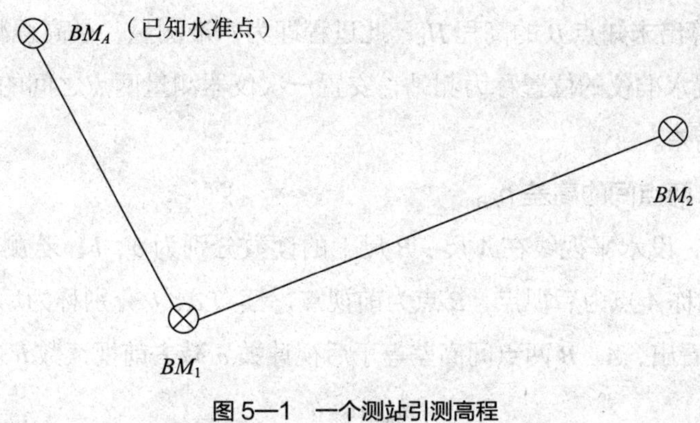

图 5—1　一个测站引测高程

任务分析

如图 5—1 所示，欲得到水准点 BM_1 和 BM_2 的高程，可首先利用水准仪提供的水平视线，配合水准尺分别测定 BM_A 和 BM_1 之间、BM_1 和 BM_2 之间的高差，然后再根据水准点 BM_A 的已知高程或假设高程，推算出 BM_1、BM_2 的地面高程。

相关知识

一、水准测量原理

如图 5—2 所示，地面上有 A、B 两点，A 点的高程 H_A 为已知，若要测量 B 点的高程 H_B，应先在 A、B 两点各竖立一根刻有长度刻划的水准尺，在 A、B 两点间安置一台能提供水平视线的水准仪，测量出 A、B 两点之间的高差 h_{AB}；然后根据所测高差 h_{AB} 和 A 点已知

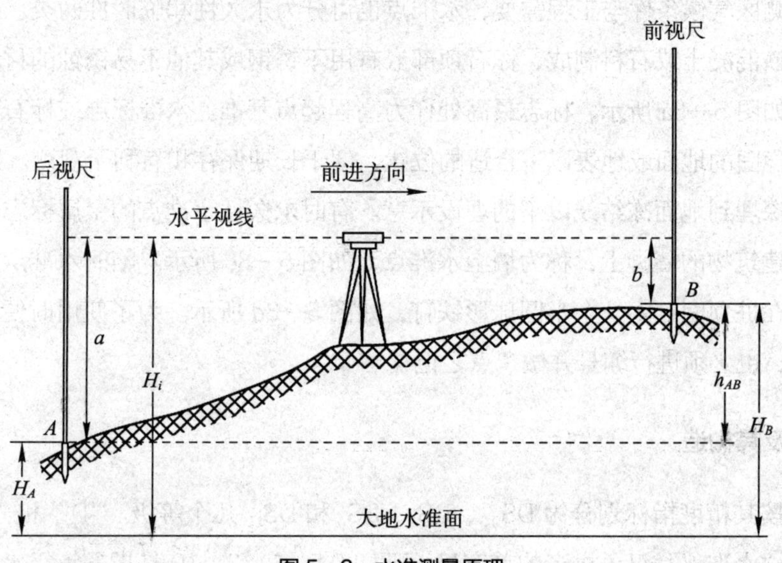

图 5—2　水准测量原理

高程 H_A，便可推算出未知点 B 的高程 H_B，此过程即为水准测量，是高程测量的重要方法。水准测量中，安置水准仪的位置称为测站，安置一次仪器测量两点之间的高差，称为一个测站测算两点间高差。

1. 测量 A、B 两点间的高差 h_{AB}

在图 5—2 中，设水平视线在 A 尺、B 尺上的读数分别为 a、b；若测量工作从 A 点向 B 点方向进行，则称 A 点为后视点，B 点为前视点，读数 a、b 分别称为后视读数和前视读数。由图 5—2 可看出，A、B 两点间高差等于后视读数 a 减去前视读数 b，即

$$h_{AB}=a-b \qquad 式（5—1）$$

当 B 点高于 A 点（即 $a>b$）时，高差为正；反之，高差为负。

2. 计算 B 点的高程 H_B

若 A 点高程已知，根据所测高差 h_{AB} 计算 B 点的高程，称为高差法。由图 5—2 可知

$$H_B=H_A+h_{AB}=H_A+（a-b） \qquad 式（5—2）$$

后视点高程 H_A 与后视读数 a 的代数和称为视线高程，用 H_i 表示；若根据视线高程计算 B 点的高程，则称为视线高程法。由图 5—2 可知

$$H_B=H_i-b=（H_A+a）-b \qquad 式（5—3）$$

在园林场地平整测量中，若需要安置一次仪器测出多个点的高程，用视线高程法计算比较简便。

二、水准点的类型

水准点指用水准测量方法测定的高程控制点，一般用 *BM* 表示。同导线点一样，按测量的等级、测区气候条件与工程需要，水准点也可分为永久性和临时性两类。永久性水准点一般用钢筋混凝土或石料制成，标石顶部嵌有用不锈钢或其他不易锈蚀的材料制成的半圆形标志，如图 5—3a 所示，标志最高处作为高程起点基准。水准标志或标石一般埋设于土质坚实、稳固的地面或地表以下合适的位置，便于长期保存和有利于观测。图 5—3b 所示为水准点深埋到地面冻结线以下的埋设示意。有时永久性水准点的金属标志也可直接镶嵌在永久性建筑物的墙脚上，称为墙上水准点，如图 5—3c 所示。临时水准点可用木桩打入地下，并在桩顶面钉入一个半圆球形铁钉，如图 5—3d 所示。为了使用时便于查找，水准点埋设后，也必须进行编号并做“点之记”。

三、水准仪及其构造

水准仪按其精度指标划分为 $DS_{0.5}$、DS_1、DS_3 和 DS_{10} 几个等级。“D”和“S”分别是“大地测量”“水准仪”汉语拼音的首字母，下标 0.5、1、3、10 是指各等级水准仪每千米

往返测高差中数的中误差，以“mm”计。$DS_{0.5}$ 和 DS_1 通常称为精密水准仪，用于国家一、二等水准测量及其他精密水准测量；而普通水准仪如 DS_3 和 DS_{10}，用于国家三、四等水准测量及一般工程水准测量。

DS_3 水准仪主要由望远镜、水准器、基座等几部分组成，如图 5—4 所示。

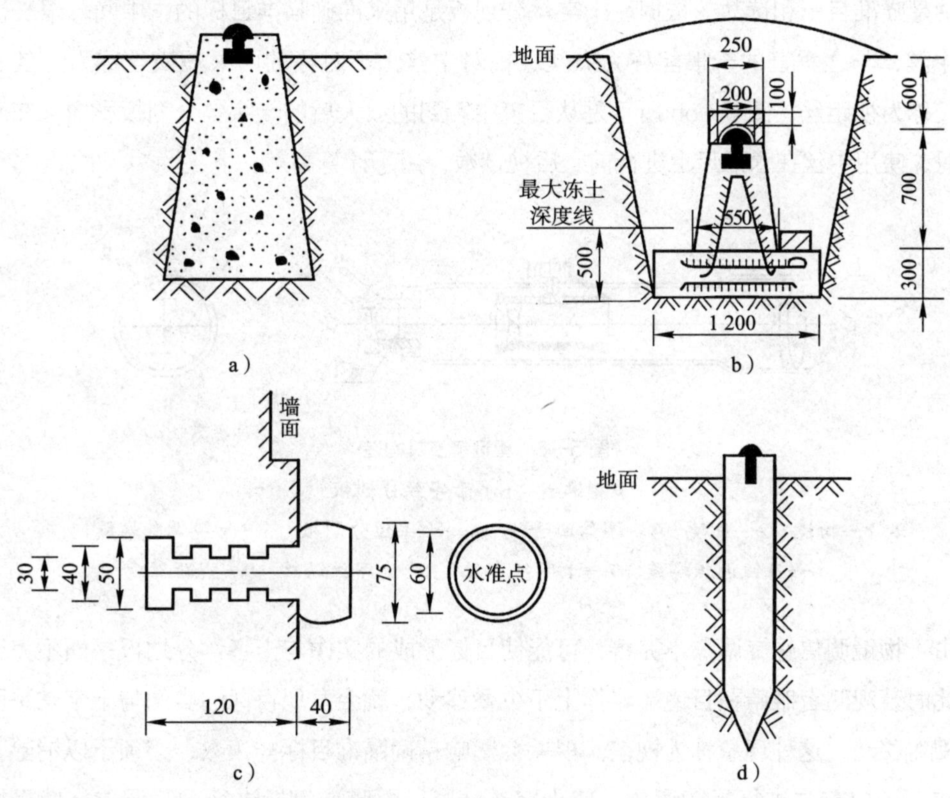

图 5—3　水准点及其埋设

a）地埋固定水准点　b）水准点深埋示意　c）墙上水准点　d）临时水准点

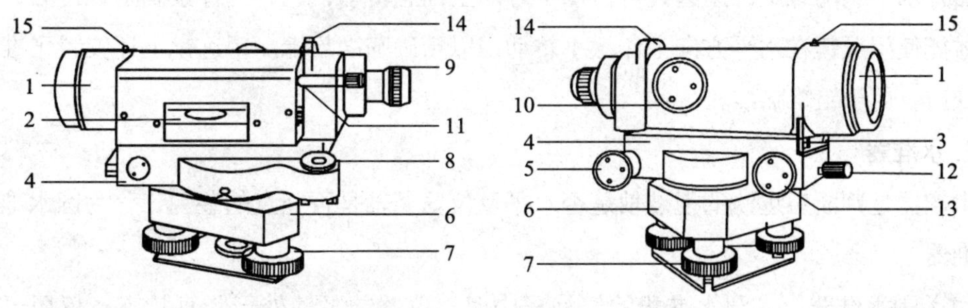

图 5—4　DS_3 水准仪

1—望远镜物镜　2—管水准器　3—簧片　4—支架　5—微倾螺旋　6—基座　7—脚螺旋　8—圆水准器　9—望远镜目镜及目镜调焦螺旋　10—物镜调焦螺旋　11—管水准气泡观察镜　12—水平制动螺旋　13—水平微动螺旋　14—瞄准缺口　15—准星

1. 望远镜

望远镜是用来精确瞄准远处水准尺和进行读数的主要部件，其构造如图 5—5a 所示。望远镜由物镜、调焦凹透镜、物镜调焦螺旋、十字丝分划板、目镜等组成。

物镜光心与十字丝交点的连线称为望远镜的视准轴，如图 5—5a 中的连线“$C—C$”，视准轴是瞄准目标和读数的依据。十字丝分划板是用来准确瞄准目标的，中间一根长横丝称为中丝，与之垂直的一根丝称为纵丝，相对中丝上下对称的两根短横丝称为上丝、下丝，又称为视距丝，图 5—5b 所示是从目镜中看到的放大后的十字丝分划板影像；在水准测量时，使用中丝在水准尺上进行前、后视读数，用于计算高差。

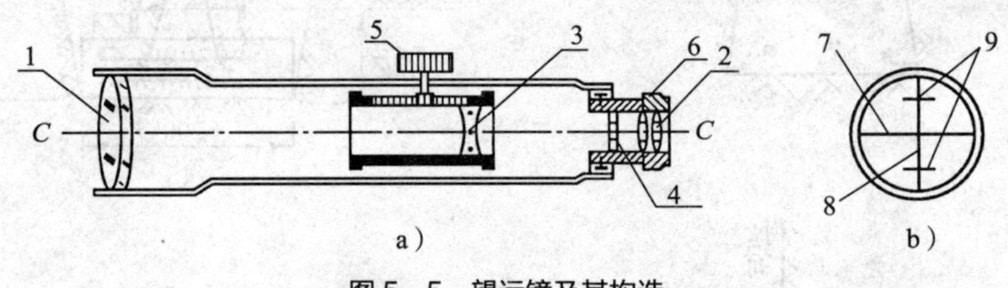

图 5—5　望远镜及其构造

a）望远镜　b）十字丝分划板

1—物镜　2—目镜　3—调焦凹透镜　4—十字丝分划板　5—物镜调焦螺旋　6—目镜调焦螺旋　7—十字丝中丝　8—十字丝纵丝　9—视距丝

由于物镜调焦螺旋调焦不完善，可能使目标形成的实像与十字丝分划板平面不完全重合，此时若观测者眼睛在目镜端略作上下少量移动，就会发现目标的实像与十字丝平面之间有相对移动，这种现象称为视差。视差会影响精确瞄准目标与读数，必须予以消除。消除视差时，应首先进行目镜调焦，使十字丝清晰；再瞄准目标进行物镜调焦，使目标清晰，直至眼睛在目镜端上、下少量移动时无相对移动为止。

松开水平制动螺旋，望远镜可在水平方向上任意转动，只有当拧紧制动螺旋后，微动螺旋才能使望远镜在水平方向上作微小转动，以精确瞄准目标。望远镜上还安置了准星与瞄准缺口，用于粗略瞄准。

2. 水准器

水准器是判断望远镜的视准轴是否水平及仪器竖轴是否竖直的装置，分为圆水准器和管水准器。

（1）圆水准器　当圆水准器的气泡居中时，仪器的竖轴处于竖直状态，仅用于粗略整平。

（2）管水准器　管水准器的水准管为内壁纵向磨成圆弧状、两端封闭且内装有酒精和乙醚混合液的玻璃管，装在望远镜旁边，旋转微倾螺旋可以使望远镜微微仰俯，水准管也

随之仰俯。水准管内因气泡较轻，故其始终处于管内最高处；当气泡居中时，望远镜的视准轴水平，此时便可为水准测量提供水平视线。

3. 基座

基座主要由托板、轴座和脚螺旋等组成。托板上装有圆水准器、微倾螺旋及水平制动螺旋、微动螺旋，托板用来支撑仪器的望远镜和水准器；转动三个脚螺旋可使圆水准器的气泡居中，从而粗略整平仪器；通过连接螺旋可将仪器与三脚架连接。

四、水准尺与尺垫

1. 水准尺

水准尺是水准测量的主要工具，常用的水准尺有塔尺和双面尺两种，多用玻璃钢或铝合金制成。

（1）塔尺　塔尺长度有 3 m、4 m、5 m 多种，由 3～4 段套接而成，可以伸缩，方便携带，但接头处易损坏，影响尺子的精度，一般用于普通水准测量和碎部测量。塔尺尺底为零，尺面上分划为黑白相间，每格宽度为 1 cm 或 0.5 cm，并自下而上注有分米和米的数字，数字有正字和倒字两种，分别与正镜水准仪和倒镜水准仪配合使用，如图 5—6a 所示。

（2）双面尺　双面尺又称黑红尺，多用于三、四等水准测量，长度一般为 3 m，两根

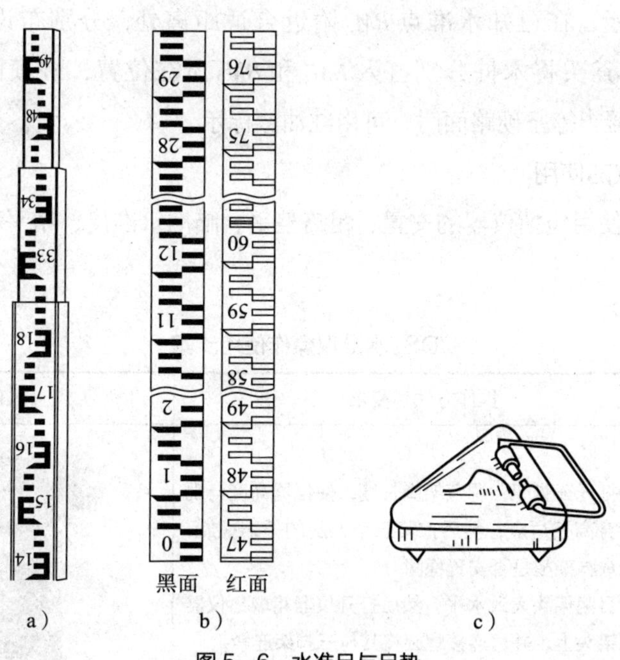

图 5—6　水准尺与尺垫

a）塔尺　b）双面尺　c）尺垫

尺子为一对。这种尺子两面均有分划，正面是黑白分划，称为主尺，也称黑尺面；反面是红白分划，称为副尺，也称红尺面。主尺的尺底均为 0 m，而副尺的尺底则分别为固定数值 4.687 m 和 4.787 m，此固定数值称为“红黑面常数差”，以校核水准测量中读数是否正确，如图 5—6b 所示。

2. 尺垫

如图 5—6c 所示，尺垫用生铁铸成，一般为三角形，下方有三个支脚，使用时将其踩入土中，使之稳固；尺垫中央有一突起的半球体，水准尺竖立于球顶最高点。在水准测量中，尺垫是在转点处放置水准尺用的，以防止水准尺下沉对测量高差产生影响。

任务实施

一、工具准备

4～5 人为一组，每组配备 DS_3 水准仪 1 台套，水准尺 2 根，木桩（长 25～30 cm，顶面 4～6 cm 见方）2 个，大、小铁钉各 2 个，斧头 1 把，计算器 1 台，记录板 1 块（含记录表格），毛笔 1 支，红油漆、铅笔等。

二、实施步骤

1. 布设水准点

如图 5—1 所示，在已知水准点 BM_A 附近合适距离处，分别布设待测水准点 BM_1、BM_2。布设时，用斧头将木桩分别打入 BM_1 和 BM_2 所在位置，桩顶面钉一小铁钉。若 BM_1、BM_2 处于混凝土等坚硬路面时，可用红油漆标示。

2. DS_3 水准仪的使用

DS_3 水准仪的使用包括仪器的安置、粗略整平、瞄准水准尺、精平和读数等操作步骤，详见表 5—1。

表 5—1　　DS_3 水准仪操作使用步骤

操作步骤	操作方法和要求	操作示意图
（1）安置仪器：将仪器与三脚架连接	①打开三脚架，调节架脚长度，使仪器高度与观测者身高相适应，然后拧紧三个架腿的伸缩螺旋，并检查脚架腿是否安置稳固 ②目测架头大致水平，然后打开仪器箱取出仪器放在架头上，并用连接螺旋将其与三脚架连紧	

续表

操作步骤	操作方法和要求	操作示意图
（2）粗略整平：通过调节基座上的三个脚螺旋使圆水准器的气泡居中，从而使仪器的竖轴大致竖直，达到视准轴粗略水平的目的	①如图 a 所示，转动望远镜使其视准轴与 1、2 两个脚螺旋的连线大致平行，用双手按箭头所指方向转动脚螺旋 1、2，使圆水准器的气泡移到两个脚螺旋连线方向的中间 ②转动脚螺旋 3，使圆水准器的气泡居中，即位于黑圆圈的中央，如图 b 所示。将视准轴转动到任意方向，若气泡不再居中，则需重复上述两步操作，直至气泡居中为止。在粗略整平的过程中，气泡移动的方向与左手拇指转动脚螺旋时的移动方向一致	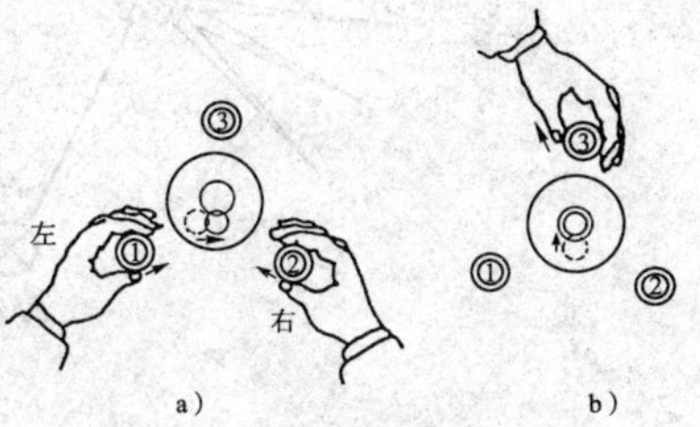 左 右 ① ② ③ a） b）
（3）瞄准水准尺：用望远镜中的十字丝对准水准尺	①目镜调焦。把望远镜对向明亮的背景，转动目镜调焦螺旋，使十字丝清晰 ②瞄准。松开制动螺旋，转动望远镜，用望远镜镜筒上方的缺口和准星瞄准水准尺；粗略进行物镜调焦，使得能够在望远镜内看到水准尺的影像；拧紧制动螺旋，转动水平微动螺旋，使十字丝的纵丝对准水准尺或靠近水准尺的一侧 ③消除视差。转动调焦螺旋进行仔细调焦，直至观测者眼睛靠近目镜上下微微移动时，十字丝交点不会在目标影像上相对移动为止	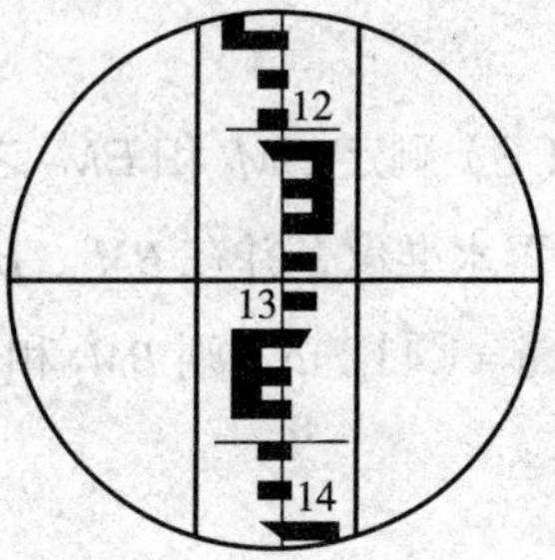 12 13 14
（4）精确整平与读数：读数前，转动微倾螺旋，使符合水准器气泡的两个半边影像符合，从而使视准轴精确水平；然后用十字丝中丝在水准尺上读数	①转动微倾螺旋，从气泡观察窗内看符合水准器的两端气泡半边影像是否对齐，若对齐，则说明管水准器气泡居中。在转动微倾螺旋时要缓慢而均匀，调节微倾螺旋转动的方向与左半边气泡影像移动方向一致，或可由外部观测气泡偏离的情况 ②仪器精平后，立即用十字丝的中丝在水准尺上读数。读数时应从小到大进行读数，直接读米、分米、厘米，估读到毫米 ③读数完毕后，应立即重新检查符合水准器气泡是否仍旧居中。如居中，则读数有效，否则应重新使符合气泡居中再读数	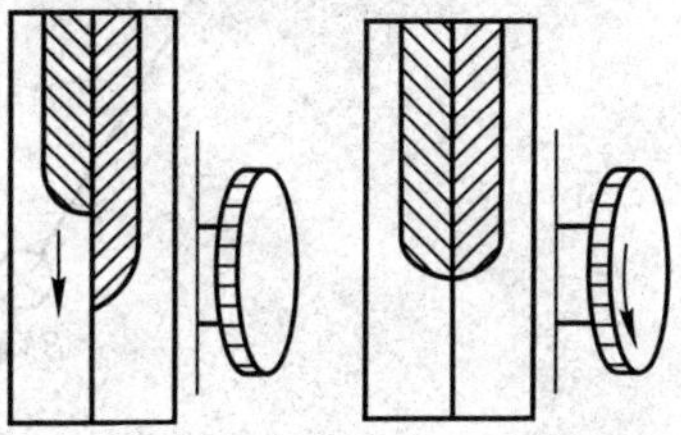

3. 高差观测和计算

（1）测定 BM_A 和 BM_1 之间的高差　如图 5—7 所示，将仪器安置在后视点 BM_A 和前视点 BM_1 之间，并分别在 BM_A 和 BM_1 处竖立水准尺，然后测量 BM_A 和 BM_1 之间的高差。

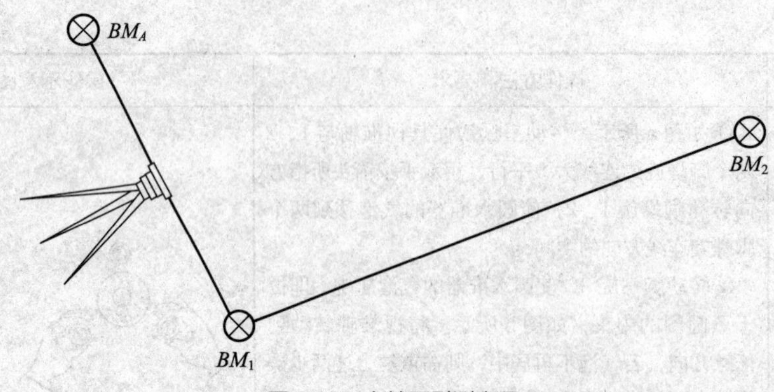

图 5—7 在地面引测高程

经过实测，若 BM_A 的后视读数 a_1=1.864 m，BM_1 的前视读数 b_1=1.236 m，则利用式（5—1）可计算出 BM_A、BM_1 之间的高差

$$h_1=a_1-b_1=1.864-1.236=0.628 \text{ m}$$

（2）测定 BM_1 和 BM_2 之间的高差　如图 5—8 所示，在后视点 BM_1、前视点 BM_2 之间安置水准仪，并在 BM_1、BM_2 处分别竖立水准尺。经观测，后视读数 a_2=1.785 m、前视读数 b_2=1.412 m，则 BM_1 和 BM_2 之间的高差为

$$h_2=a_2-b_2=1.785-1.412=0.373 \text{ m}$$

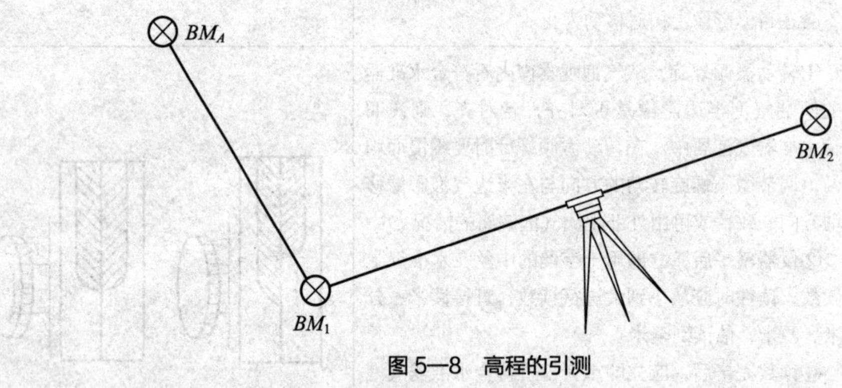

图 5—8 高程的引测

（3）计算 BM_1 点和 BM_2 点的高程　若已知 BM_A 的高程为 489.000 m，利用式（5—2），可计算出 BM_1、BM_2 的高程分别为

$$H_{BM1}=H_{BMA}+h_1=489.000+0.628=489.628 \text{ m}$$

$$H_{BM2}=H_{BM1}+h_2=489.628+0.373=490.001 \text{ m}$$

将以上观测记录与计算结果填入表 5—2。

表 5—2　　　　　　　　　　水准测量记录计算表

仪器号＿＿＿＿＿＿　班组＿＿＿＿＿＿　日期＿＿＿＿＿＿　天气＿＿＿＿＿＿

测站	点号	水准尺读数（m）		高差（m）		高程（m）	备注
		后视	前视	+	−		
Ⅰ	BM_A	1.864		0.628		489.000	已知高程
	BM_1		1.236			489.628	
Ⅱ	BM_1	1.785		0.373			
	BM_2		1.412			490.001	

观测者＿＿＿＿＿＿　记录者＿＿＿＿＿＿　计算者＿＿＿＿＿＿

三、操作注意事项

1. 仪器应尽量安置在距前视点和后视点等距离处，仪器放在三脚架上后，应立即旋紧连接螺旋；在操作过程中，旋转仪器各部位的螺旋均不能用力过猛，以免损坏仪器。

2. 观测前要弄清水准尺的分划和注记形式，水准尺应由专人扶持，保持竖直，尺面正对仪器。

3. 要注意消除视差，并使用十字丝的中丝在水准尺上按注字从小到大方向进行读数。

4. 读数前符合水准器气泡要严格居中，读数完毕后还应对其检查确认，若气泡偏离，则需重新调节气泡居中，重新读数。

评分标准

序号	项目与技术要求	配分	评分标准	实测记录	得分
1	熟悉 DS_3 水准仪的构造	10	讲述仪器构成部件、螺旋位置和功能不全面或不正确全扣		
2	掌握 DS_3 水准仪的使用方法	40	安置仪器不当扣 10 分，粗略整平不正确扣 10 分，瞄准水准尺不准确扣 10 分，精确整平不合格扣 10 分		
3	能正确进行水准尺的读数	20	不会进行水准尺读数或读数结果不正确全扣		
4	水准测量的全程要规范	10	水准仪操作不规范扣 5 分，水准尺立尺不直或立尺点位置不正确扣 5 分		
5	能运用公式进行高差计算	20	运用公式不正确或高差、高程计算错误全扣		
合计得分					

思考与练习

在 A、B 两点间进行一测站水准测量，若已知后视点 A 的高程为 489.454 m，后视读数为 1.446 m，前视读数为 1.129 m，那么，水准仪的视线高程和前视点 B 的高程各为多少？计算并绘图说明。

知识链接

电子水准仪简介

一、电子水准仪的构造

电子水准仪是在望远镜光路中增加了分光镜和光电探测器等部件，采用条码水准尺和图像处理电子系统，构成光、机、电及信息存储与处理一体化的水准测量系统。图 5—9a 所示为 SDL30M 电子水准仪，主要由望远镜、水准器、自动补偿系统、计算存储系统、显示窗、操作键和基座等组成。

电子水准仪的专用条码水准尺（标尺）多采用玻璃钢或因瓦合金钢材料制成，编码标尺的图像由宽窄不同和间隔不等的条码组成，如图 5—9b 所示。目前各厂家生产的标尺编码的条码图案不相同，不能互换使用。

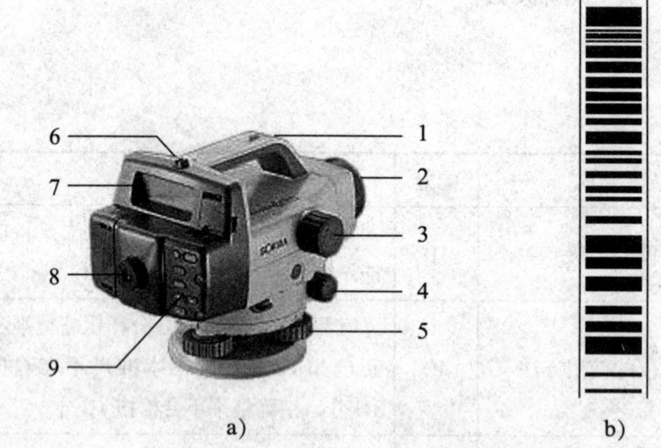

图 5—9　电子水准仪与编码标尺

a）SDL30M 电子水准仪　b）编码标尺

1—提手　2—物镜　3—调焦手轮　4—水平微动螺旋　5—脚螺旋

6—粗瞄器　7—显示窗　8—目镜　9—操作键

二、电子水准仪的测量原理

电子水准仪与传统水准仪的不同之处，主要在于 CCD 摄像及编码图像识别处理系统和相应的编码水准尺。其测量原理是标尺的条码像经望远镜、调焦镜、补偿器的光学零件和分光镜后，分成两路，一路成像在分划板上，供目视观测，另一路成像在CCD线阵上，用于进行光电转换。经光电转换、整形后再经过模数转换，输出数字信号被送到微处理器进行处理和存储，并与机器内已存储的条码信息进行比较，即可以获得标尺中丝读数和前视、后视距离等数据。

三、电子水准仪的基本操作与特点

1. 基本操作

（1）安置仪器　将三脚架调到适宜的高度，使架头大致水平，从仪器箱中取出电子水准仪，用连接螺旋将其固定连接在三脚架上。

（2）粗略整平　电子水准仪的粗略整平操作与普通水准仪相同，即通过调节基座上的三个脚螺旋使圆水准器的气泡居中。

（3）调焦与照准　电子水准仪的调焦与照准和普通水准仪的瞄准方法相同。

（4）选择操作模式　电子水准仪的操作模式分为高差测量模式和高程测量模式等。

（5）基本操作　在相应操作模式下，进行具体的测量工作，如标尺读数、高差或高程的计算等。

（6）数据的记录和存储　根据实际水准测量工作的需要，选择人工记录或自动记录。选择人工记录时，可直接从显示窗获取所需数据；当选择自动记录，即存储时，需要进行存储设置，实现数据的存储。

2. 电子水准仪的特点

（1）操作简便　操作键较少，结合自动读数功能，大大地简化了测量过程。

（2）自动读数　只需照准专用的条形码标尺，便可进行自动读数和测量。

（3）大显示屏　电子水准仪采用的大显示屏，使得信息的显示和阅读及菜单的使用都十分便利。

（4）作业效率高　只要照准标尺，按动测量键，电子水准仪便可自动读数，提高了测量速度和工作效率，减轻了工作强度。

（5）读数客观真实　不存在误读、误记等人为误差的影响。

（6）测量精度高　视线高和视距读数都采用大量条形码分划图像经处理后取平均值而得出，因此削弱了标尺分划误差的影响。

（7）自动记录、存储和输出　数据能被自动记录和存储，而且电子水准仪内存中记录的数据可以输出到与之相连的计算机或电子手簿内，实现了水准测量内外业一体化。

（8）超强的辅助功能　电子水准仪通常内装用户测量程序、视准差检测改正程序及水准网平差程序等，突破了传统的几何水准测量技术。

任务二　两水准点间多个测站引测高程

任务目标

◇掌握复合水准测量的方法

◇掌握测站校核的方法

◇能利用水准仪在多个测站情况下测定两点间的高差

任务提出

如图 5—10 所示，要求用 DS_3 水准仪测量出 A、B 两点之间的高差 h_{AB}，然后求算 B 点的高程，但 A、B 两个水准点之间距离较远或地面起伏较大，安置一次仪器无法直接测出 h_{AB}，那么，如何进行高差的观测和计算呢？

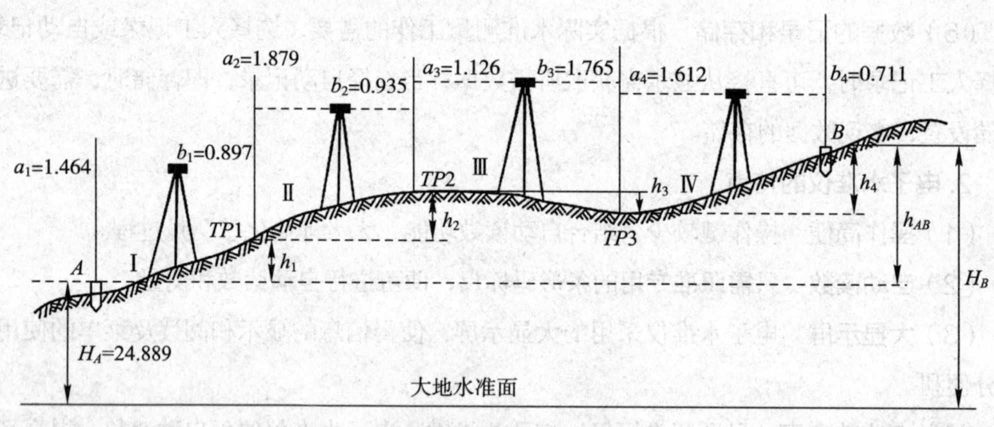

图 5—10　复合水准测量

任务分析

在图 5—10 中，安置一次仪器不能测量出 A、B 两点间高差的原因，主要是 DS_3 水准仪的视距有限，且水准尺的长度也多在 5 m 以下，所以，当 A、B 两个水准点间距离较远或地面起伏较大时，就必须在该两点之间设立若干个转点，分段测出水准点与相邻转点、转点与相邻转点之间的高差，然后计算出 A、B 两个水准点之间的高差并推算出 B 点的高程。

相关知识

一、复合水准测量

如图 5—10 所示，在园林场地上相距较远或高差较大的 *A*、*B* 两点间设立 3 个临时立尺点 *TP*1、*TP*2、*TP*3 用于传递高程，然后进行 Ⅰ、Ⅱ、Ⅲ、Ⅳ共 4 个测站的连续水准测量，得到 *A*、*B* 两点的高差 h_{AB}，并由 *A* 点的高程计算出 *B* 点的高程，此过程称为复合水准测量。在复合水准测量中，用于传递高程的临时立尺点称为转点，表示为 *TP*。

二、高差的测站校核

在水准测量中，为了检验测量的精度，及时发现和纠正错误，使误差控制在一定范围内，必须对测量结果进行校核。对每一测站的高差进行校核称为测站校核。

1. 双仪高法

双仪高法又称变动仪器高法，就是在一个测站上用不同的仪器高度，两次测出高差以相互进行比较。即在每一测站测得第一次高差后，升高或降低仪器高度 10 cm 以上，重新安置一次仪器，再次观测高差。当两次所测高差之差不大于限差值时，认为观测值符合精度要求，取其平均值作为该测站高差的结果；若超限，则应再改变仪器高度重测，直至符合要求。普通水准测量中，两次高差之差的限值要求不超过 ±6 mm。

2. 双面尺法

在同一测站上保持仪器高度不变，分别采用双面尺的红、黑两面两次测量计算高差，进行校核。采用双面尺法时，首先，读出后视黑面尺与前视黑面尺的读数，求得两点高差；其次，再读出前视红面尺与后视红面尺的读数，求得两点高差；最后求出黑面尺高差与红面尺高差的差值。普通水准测量要求误差不超过 ±6 mm。

红面尺与黑面尺读数所求得高差值理论上应相等，但因为配对双面尺的红面起点，一根是 4.687 m，另一根是 4.787 m，两者相差一个常数 0.1 m，则红面尺读数求得的高差结果应加上或减去 0.1 m。若 4.787 m 为后视尺，4.687 m 为前视尺，则红面尺读数求得的高差应减去 0.1 m，相反应加上 0.1 m，方能满足两次求得的高差值在理论上相等。

任务实施

一、工具准备

4～5 人为一组，每组配备 DS_3 水准仪 1 台套，水准尺 2 根，尺垫 2 个，木桩（长

25～30 cm，顶面 4～6 cm 见方）2 个，小铁钉 2 个，斧头 1 把，计算器 1 台，记录板 1 块（含记录表格），毛笔 1 支，红油漆、铅笔等。

二、实施步骤

1. 测量 A、B 两点之间的高差

（1）如图 5—10 所示，将两根水准尺分别竖立在 A 点及路线前进方向选定的临时立尺点（转点）TP1 上，在能同时看到 A、TP1 两点所立水准尺的读数，并且距离 A、TP1 两点大致等远之处安置水准仪，利用脚螺旋进行粗略整平。

（2）精确瞄准 A 点上的水准尺，消除视差；调节微倾螺旋，使符合水准器气泡两端的半边影像吻合，达到仪器的精确整平；用望远镜十字丝中丝读取水准尺上的读数 a_1=1.464 m，记入表 5—3 中 A 点的后视读数栏内。

（3）转动望远镜，精确瞄准转点 TP1 上的水准尺，消除视差后，利用微倾螺旋使仪器精平，用中丝读取水准尺上的读数 b_1=0.897 m，记入表 5—3 中 TP1 的前视读数栏内。

则 A 和 TP1 两点间的高差为：$h_1=a_1-b_1=1.464-0.897=0.567$ m，记入表 5—3 中高差栏内。

以上观测程序、计算方法与“两水准点间一个测站引测高程”相同，至此，第一测站的工作结束，可以搬站。为了保证测量的精度，有时需要采用“双仪高法”或“双面尺法”进行测站校核。

（4）搬站时，A 点处的立尺员持尺前进至选定的转点 TP2 处，并将尺子立在 TP2 上，作为第二测站的前视点；而转点 TP1 的位置不得移动，只是由第一测站的前视点变为第二测站的后视点；将仪器搬到 TP1、TP2 之间适当的位置设站，便可按照“两水准点间一个测站引测高程”的观测程序开始第二测站的工作。经实测，后视读数 a_2 为 1.879m，前视读数 b_2 为 0.935m，后视读数减去前视读数为 0.944 m，即为 TP1 和 TP2 两点间的高差，见表 5—3。

（5）如此继续向前施测、记录和计算，直至终点 B 为止，将各测站观测结果填入表 5—3 中。

2. 计算总高差和 B 点的高程

（1）计算 A、B 两点之间的高差　根据表 5—3 可得：

$$\begin{aligned}h_{AB}&=h_1+h_2+h_3+h_4\\&=0.567+0.944-0.639+0.901\\&=+1.773\text{m}\end{aligned}$$

假若在复合水准测量中共安置了 n 次水准仪，每安置一次仪器可测得一个高差 h_i，则

表 5—3　　复合水准测量手簿

仪器型号＿＿＿＿＿＿　日期＿＿＿＿＿＿　天气＿＿＿＿＿＿

测站	测点	水准尺读数（m）		高差（m）		高程（m）	备注
		后视	前视	+	−		
Ⅰ	A	1.464		0.567		24.889	已知高程
	$TP1$		0.897			25.456	
Ⅱ	$TP1$	1.879		0.944			
	$TP2$		0.935			26.400	
Ⅲ	$TP2$	1.126			0.639		
	$TP3$		1.765			25.761	
Ⅳ	$TP3$	1.612		0.901			
	B		0.711			26.662	
计算检核	Σ	6.081	4.308	2.412	0.639	H_B-H_A =+1.773	
	$\sum a-\sum b$=+1.773			$\sum h$=+1.773			

观测者＿＿＿＿＿＿　记录者＿＿＿＿＿＿

$$h_1=a_1-b_1$$

$$h_2=a_2-b_2$$

$$\cdots$$

$$h_n=a_n-b_n$$

将上述各式等号两端分别相加，可得 A、B 两点间的高差，即

$$h_{AB}=\sum h=\sum a-\sum b \qquad \text{式（5—4）}$$

这说明，A、B 两点的高差等于该两点间各段高差的代数和，也等于后视读数之和减去前视读数之和。

（2）计算 B 点的高程　根据式（5—2），B 点的高程为

$$H_B=H_A+h_{AB}$$

$$=24.889+1.773$$

$$=26.662\text{（m）}$$

3. 计算检核

经计算，$h_{AB}=\sum a-\sum b=+1.773$ m、$\sum h=+1.773$ m、$H_B-H_A=+1.773$ m，说明高差、高程的计算无误。

三、操作注意事项

1. 为了保证高程传递的正确性，要选择土质稳固坚硬的地方作为转点位置，当土质较松软时，需要安放尺垫；复合水准测量的每一测站作业看似简单重复，但其连续性和衔接性很强，在相邻测站的观测过程中，要保持转点稳定不动，不得出现转点位置的脱节。

2. 通过调节前后视距离，尽可能保持复合水准测量中的前视视距之和与后视视距之和相等。

3. 由专人记录的结果应得到观测者的认可，经检查无误后才可进行下一步观测。

4. 任何一个后视或前视读数有误，都会影响总高差的结果，因此，对观测记录手簿的高差和高程要进行计算检核。

评分标准

序号	项目与技术要求	配分	评分标准	实测记录	得分
1	能熟练操作 DS_3 水准仪，并能迅速、准确进行读数	20	仪器操作不规范或不熟练扣 10 分，水准尺读数不准确全扣		
2	能合理选择仪器安置位置和各转点的位置	30	仪器的前视、后视距离差异过大扣 10 分，转点的位置选择不合适扣 10 分，水准尺没有准确立于水准点或转点上全扣		
3	能规范填写测量记录表	30	不按要求填写观测数据扣 10 分，记录不整洁或有擦拭涂改现象扣 10 分，测量日期等表头填写不完整扣 10 分		
4	能正确计算观测成果	20	计算公式运用不当或计算结果不正确全扣		
合计得分					

思考与练习

根据表 5—4 所提供的数据，计算各测站间的高差和各目标点的高程，并进行检核。

表 5—4　　水准测量高差计算表

测站	目标	后视读数（m）	前视读数（m）	高差（m）	高程（m）	备注
1	BM_1	0.442			150.000	已知高程
	A		1.157			
2	A	1.638				
	B		0.600			
3	B	1.452				
	C		1.013			
4	C	0.952				
	D		1.324			
5	D	2.135				
	E		1.240			
6	E	0.455				
	BM_2		1.733			
Σ						

任务三　附合水准路线上各点高程的测算

任务目标

◇熟悉水准测量的精度要求

◇能布设适宜的附合水准路线，熟练测量路线中各点之间的高差

◇能按精度要求，对附合水准路线进行校核并计算各点的高程

任务提出

图 5—11 所示为园林场地上布设的一条附合水准路线，现已知起点 BM_A、终点 BM_B 的高程，因园林工程设计或施工的需要，要求测量出 1、2、3 三个加密水准点的高程，如何进行测算呢？

任务分析

附合水准路线的观测程序，实质上是多个水准点间的复合水准测量。至于校核计算，因为测站校核只能检查每一测站所测高差是否符合要求，计算检核只能确保计算无误，而对于一条水准路线来说，还不能证明它的总精度符合要求，有些误差在一个测站上反映得

并不明显，但随着测站数或距离的增加，观测中不可避免地存在误差积累，可能会使整体误差超限，因此，应对整个水准路线进行成果校核。

相关知识

一、附合水准路线及其特点

水准路线是指实施水准测量所经过的线路，根据测区的自然地理状况、测区已有水准点的实际情况和园林工程建设的具体要求，水准路线一般可布设成附合水准路线、闭合水准路线和支水准路线等形式，如图 5—11 所示。

如图 5—11a 所示，从一个已知高程的水准点 BM_A 开始进行水准测量，在经过 1、2、3 等若干个高程待测点后，附合到另一个已知高程的水准点 BM_B 上，这种水准路线称为附合水准路线。

在附合水准路线中，A、B 两点之间的高差 h_{AB} 是一个固定值，即 $h_{AB}=H_B-H_A$，假如观测过程中没有误差，则整条附合水准路线高差总和的理论值应该是终点（BM_B）的高程减去起点（BM_A）的高程，即 $\sum h_{理}=H_B-H_A$，但由于测量误差的存在，实测的高差总和 $\sum h_{测}$ 往往与理论值 $\sum h_{理}$ 不符，其差值称为高差闭合差，用 f_h 表示，即

$$f_h=\sum h_{测}-(H_B-H_A) \qquad 式（5—5）$$

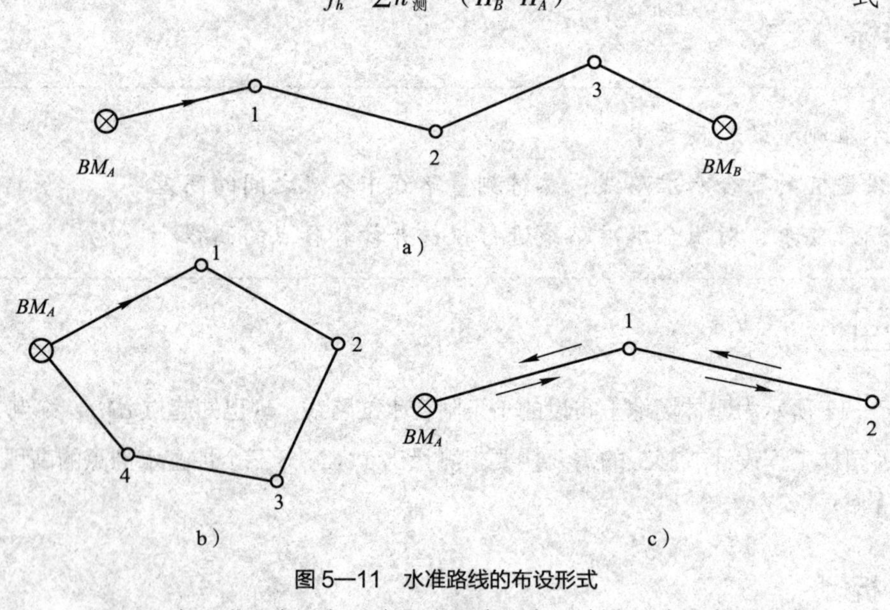

图 5—11　水准路线的布设形式

a）附合水准路线　b）闭合水准路线　c）支水准路线

二、水准路线的测量精度要求

在总结实践经验的基础上，规定了水准路线的测量精度，如果测量成果的误差不大于

容许误差，即认为精度符合要求，高差闭合差经平差后，测量成果可以使用，否则需要查明原因或进行重测。

容许高差闭合差的大小与水准测量的等级有关，在普通水准测量中，容许高差闭合差为

$$f_{h容}=\pm 40\sqrt{L}\text{（一般适合于平地测量）} \qquad 式（5—6）$$

或

$$f_{h容}=\pm 12\sqrt{n}\text{（一般适合于山地测量）} \qquad 式（5—7）$$

式中 $f_{h容}$——高差闭合差容许值，mm；

L——水准路线总长度，km；

n——水准路线总测站数。

任务实施

一、工具准备

4～5人一组，每组配备DS_3水准仪1台套，双面尺1对，尺垫2个，记录板1块（含记录表），计算器1台，测伞1把，斧头1把，毛笔1支，木桩、小铁钉、红油漆、铅笔等。

二、实施步骤

如图5—12所示，在园林场地上布设一条附合水准路线，已知水准点BM_A的高程为56.345 m、BM_B的高程为59.039 m。水准路线上两相邻水准点之间称为一个测段，其中n_1、n_2、n_3、n_4为各个测段的测站数，h_1、h_2、h_3、h_4为各测段的观测高差，具体测量步骤如下所述。

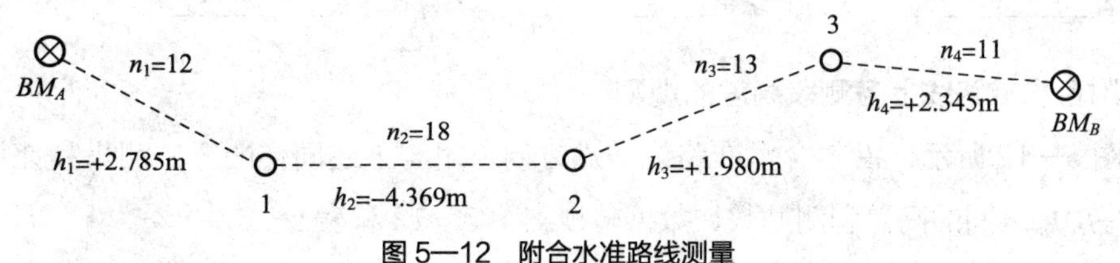

图5—12 附合水准路线测量

1. 一个测站的高差测量

（1）立水准尺 以BM_A作为后视，在测量路线的前进方向上选取第一个转点a作为前视点，将水准仪安置在距后视点、前视点大致等远处，在后视点、前视点上分别竖立水准尺，转点上应放置尺垫。

（2）观测读数　按照“安置仪器→粗略整平→瞄准后视尺→精确整平→读取十字丝中丝读数→瞄准前视尺→精确整平→读取十字丝中丝读数”的操作程序进行观测。为了提高观测精度，采用双面尺法进行测站校核，要求黑、红面尺高差不超过 ±6 mm，取其平均值为该测站高差。观测读数后，记入表 5—5 中，并计算高差。

2. 多个测站的高差测量

当第一个测站高差测量和计算无误后，后视立尺员向前转移至第二个转点 b，仪器迁至第二测站。此时，第一测站的前视点便成为第二测站的后视点，第一测站时的后视立尺员向前转移到的立尺位置变为前视点。按照第一测站相同的工作程序进行第二测站的作业，依次测量至图 5—12 中的 1 点位置，记录和计算该段的测站数 n_1、高差 h_1。结果见表 5—5。

表 5—5　　水准路线测量记录

仪器号＿＿＿＿＿＿　班组＿＿＿＿＿＿　日期＿＿＿＿＿＿　天气＿＿＿＿＿＿

测站	目标	后视读数（m）		前视读数（m）		高差（m）		
		黑面	红面	黑面	红面	黑面	红面	平均
1	BM_A	2.958	7.647			+2.154	+2.158	+2.156
	a			0.804	5.489			
2	a	2.368	7.056			+1.234	+1.236	+1.235
	b			1.134	5.820			
3								
…								
	1							
Σ	n_1=12 站，h_1=+2.785 m							

观测者＿＿＿＿＿＿　记录者＿＿＿＿＿＿　计算者＿＿＿＿＿＿

3. 附合水准路线上各测段高差的观测

如图 5—12 所示，沿附合水准路线前进方向，用与上述同样的方法测量和计算 1-2、2-3、3-BM_B 之间的高差和测站数，数据转抄到图 5—12 和表 5—6 中。

4. 附合水准路线成果的校核

在附合水准测量中，高差闭合差为 $f_h=\sum h_{测}-\sum h_{理}$，若 $|f_h|\leqslant|f_{h容}|$，便可以进行闭合差的调整和计算，否则应重测。在同一条水准路线上，可以认为观测条件是基本相同的，故在调整高差闭合差时，是将高差闭合差以相反的符号，按与测站数或距离成正比的原则分配于各段观测高差中，即

$$\text{某测段高差改正数}=-\left[\frac{\text{高差闲合差}}{\text{测站总数（或路线全长）}}\times\text{某测段测站数（或某测段距离）}\right] \qquad \text{式（5—8）}$$

在地面平坦的测区，高差闭合差应按路线的长度成正比地进行分配；而在山地，因为地形较复杂，水准测量时安置仪器的测站数较多，从而会使误差数值增加，因此，闭合差要按测站数成比例分配。将各测段的观测高差加上改正数，就得到改正后的高差；根据改正后的高差和起点高程，就可推算出布设的各个水准点的高程。计算步骤为：

（1）计算高差闭合差　首先分别计算出 $\sum h_{测}$=+2.741 m，$\sum h_{理}$=59.039-56.345=+2.694 m，再根据式（5—5）求出 f_h=+2.741-2.694=+0.047 m=+47 mm，将计算结果填入表 5—6 中。

（2）计算闭合差容许值　先计算出 $\sum n$=54，再根据式（5—7）求出 $f_{h容}=\pm 12\sqrt{n}=\pm 12\sqrt{54}\approx \pm 88$ mm，填入表 5—6 中的辅助计算中。

（3）高差闭合差的调整　因 47 mm<88 mm（即 $|f_h|<|f_{h容}|$），所以，可利用式（5—8）计算出每测段的高差改正数，见表 5—6；最后，合计所有的改正数，它的数值应与高差闭合差大小相等、符号相反。

（4）计算各待测点的高程　首先计算出各测段改正后的高差 h_i'= 测段观测高差 + 对应的测段高差改正数，然后由 BM_A 点的已知高程 H_A 和各测段改正后的高差分别计算各待测点高程。

例如，$H_1=H_A+h_1'$=56.345+2.775=59.120 m，见表 5—6；最后再计算出 BM_B 点的高程 H_B 以作校核。

表 5—6　　附合水准路线高差闭合差调整与高程计算表

仪器号＿＿＿＿＿　班组＿＿＿＿＿　日期＿＿＿＿＿　天气＿＿＿＿＿

点号	测站数	观测高差（m）	改正数（mm）	改正后高差（m）	高程（m）	备注
BM_A					56.345	已知高程
	12	+2.785	−10	+2.775		
1					59.120	
	18	−4.369	−16	−4.385		
2					54.735	
	13	+1.980	−11	+1.969		
3					56.704	
	11	+2.345	−10	+2.335		
BM_B					59.039	已知高程
$\sum$	54	+2.741	−47	+2.694		
辅助计算	$f_h=\sum h_{测}-\sum h_{理}=\sum h_{测}-(H_B-H_A)$=2.741−（59.039−56.345）=+47 mm $\sum n$=54，$f_{h容}=\pm 12\sqrt{n}=\pm 12\sqrt{54}\approx \pm 88$ mm 因 $|f_h|<|f_{h容}|$，所以符合精度要求					

观测者＿＿＿＿＿　记录者＿＿＿＿＿　计算者＿＿＿＿＿

三、操作注意事项

1. 在高程已知点和待测点上不能放置尺垫，只能放在转点处，应将水准尺立在尺垫半球的顶点上。

2. 各测站读完后视读数未读前视读数时，不能随便移动仪器，各转点在读完前视读数而未读下一个测站的后视读数时，尺垫也不能移动。

3. 测量时应尽量避开不良天气时间段，每个测站的观测数据应当现场进行计算，经检核合格后，方可搬站。

4. 仪器搬站后，上一个测站的前视尺将变为下一个测站的后视尺，此时该立尺点的位置不得移动。

评分标准

序号	项目与技术要求	配分	评分标准	实测记录	得分
1	能熟练操作 DS_3 水准仪，并能迅速、准确地进行读数	20	仪器操作不规范或不熟练扣 10 分，水准尺读数不准确全扣		
2	能合理选择仪器安置位置和各转点的位置	20	仪器的前视、后视距离差异过大或转点的位置选择不合适扣 10 分，水准尺没有准确立于水准点或转点上全扣		
3	能规范填写测量记录表	20	不按要求填写观测数据或测量日期等表头填写不完整扣 10 分，记录不整洁或有擦拭涂改现象扣 10 分		
4	能正确计算附合水准路线观测成果	40	计算公式运用不当或计算结果不正确全扣		
合计得分					

思考与练习

图 5—13 所示为一条附合水准路线。BM_A、BM_B 为两个已知水准点，高程分别为 H_A=53.837 m，H_B=59.216 m，各测段所测高差和距离均注于图上，容许高差闭合差见式（5—6），求 1、2、3 点的高程。

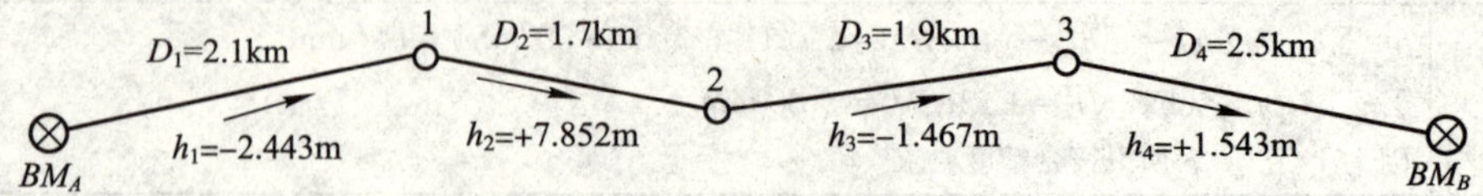

图 5—13 附合水准路线观测成果

任务四　闭合水准路线与支水准路线上各点高程的测算

任务目标

◇能布设闭合水准路线与支水准路线，并熟练测量路线中各点之间的高差

◇能按精度要求，对闭合水准路线和支水准路线进行校核，并计算各点的高程

任务提出

当园林场地仅有一个已知（或假定）高程的水准点时，往往将水准路线布设成闭合水准路线或支水准路线，那么，如何根据起点的高程测算其他待测水准点的高程呢?

任务分析

从水准路线的布设形式看，闭合水准路线的起点与终点为同一点，它是附合水准路线的特例，而在支水准路线测量时，为了检验校核，必须对各段高差进行往测和返测，这实际上也构成了一条闭合水准路线。所以，闭合水准路线、支水准路线的内外业工作与附合水准路线相似。

相关知识

一、闭合水准路线

如图 5—11b 所示，从已知高程的水准点 BM_A 开始进行水准测量，在经过 1、2、3、4 四个高程待测点后，又闭合到该已知高程的水准点 BM_A 上，这种路线称为闭合水准路线。因闭合水准路线的起点与终点为同一点，所以，$\sum h_{理}=0$；因各种测量误差的存在，高差闭合差一般不等于零，其数值为

$$f_h=\sum h_{测}-\sum h_{理}=\sum h_{测}-0=\sum h_{测} \qquad 式（5—9）$$

闭合水准路线的野外测量程序和内业计算方法与附合水准路线基本相同。

二、支水准路线

如图 5—11c 所示，从已知高程的水准点 BM_A 开始进行水准测量，在经过 1、2 两个高程待测点后，既不附合到另一个已知高程的水准点上，也不闭合到 BM_A 上，这种路线称为支水准路线。

在实施支水准路线测量时，为了进行校核，需要在同一条路线上对各段高差进行往测和返测，形成闭合水准路线。因此，其往测高差总和$\sum h_{往}$与返测高差总和$\sum h_{返}$在理论上应该大小相等、符号相反，即两者的代数和理论上应等于零，但由于测量中存在误差，该代数和一般不等于零，高差闭合差为

$$f_h = \sum h_{往} + \sum h_{返} \quad 式（5—10）$$

支水准路线高差闭合差的容许值仍按式（5—6）或式（5—7）计算，但式中"L"为支水准路线往、返总长度的千米数，"n"为往、返总测站数。

当 $|f_h| \leqslant |f_{h容}|$ 时，则分段取往测、返测高差绝对值的平均数，符号则以往测高差为准，以此作为该测段改正后的高差，然后再从起点沿往测方向推算其他各待测点的高程。

任务实施

一、工具准备

4～5人为一组，每组配备DS_3水准仪1台套，双面尺1对，尺垫2个，测伞1把，斧头1把，计算器1台，记录板1块（含记录表格），毛笔1支，木桩、小铁钉、红油漆、铅笔等。

二、实施步骤

1. 闭合水准路线上各点高程的测算

（1）外业测量　闭合水准路线是附合水准路线的特殊情况，其外业测量方法与附合水准路线相同。图5—14所示为一闭合水准路线，已知起点BM_A的高程为600.382 m，其外业观测数据已标注于该图上。

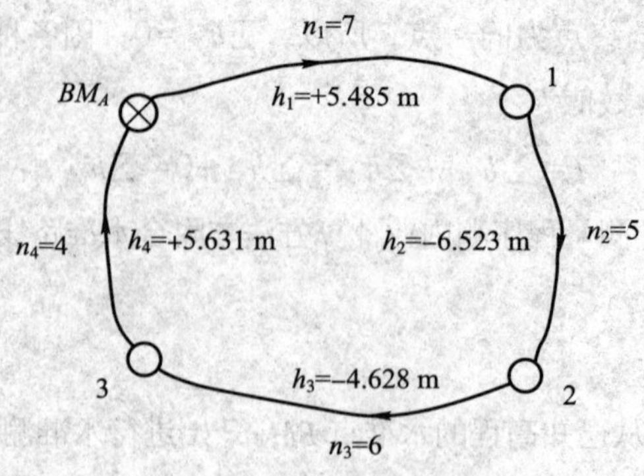

图5—14　闭合水准路线测量

（2）内业计算　除高差闭合差按式（5—9）进行计算外，闭合水准路线测量的内业计算方法步骤也与附合水准路线相同。首先将起点 BM_A 的已知高程和图 5—14 中的外业测量数据（点号、各测段测站数、高差观测值）分别填入表 5—7 中的相应栏，便可算得 1、2、3 点的高程，具体见表 5—7。

表 5—7　　　　闭合水准路线高差闭合差调整与高程计算表

仪器号________　班组________　日期________　天气________

点号	测站数	观测高差（m）	改正数（mm）	改正后高差（m）	高程（m）	备注
BM_A					600.382	已知高程
	7	+5.485	+11	+5.496		
1					605.878	
	5	−6.523	+8	−6.515		
2					599.363	
	6	−4.628	+10	−4.618		
3					594.745	
	4	+5.631	+6	+5.637		
BM_A					600.382	计算检核
Σ	22	−0.035	+35	0		
辅助计算	$f_h=\sum h_{测}=-0.035$ m=−35 mm，$\sum n=22$，$f_{h容}=\pm12\sqrt{n}=\pm12\sqrt{22}\approx\pm56$ mm，因 $\|f_h\|<\|f_{h容}\|$，所以符合精度要求					

观测者________　记录者________　计算者________

2. 支水准路线上各点高程的测算

如图 5—15 所示，经过支水准路线外业测量，现将各测段的往测、返测高差和测站数标注于该图上，若已知起点 BM_A 的高程为 149.869 m，就可得到 1、2、3 点的高程，其计算结果见表 5—8。

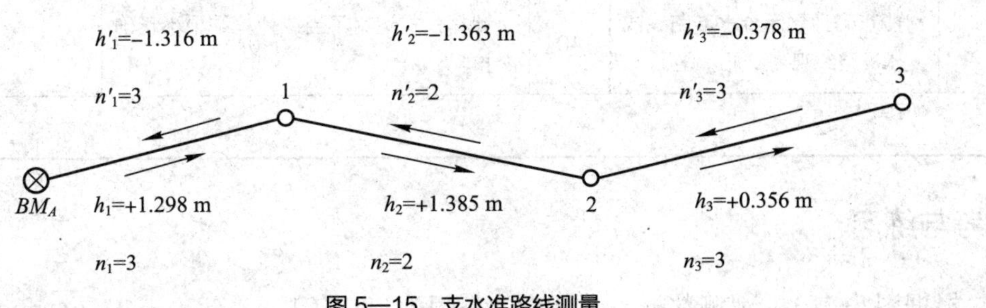

图 5—15　支水准路线测量

表 5—8　　　　　　　　　支水准路线高程计算表

点号	往测测站数	返测测站数	往测高差（m）	返测高差（m）	改正后高差（m）	高程（m）	备注
BM_A	3	3	+1.298	−1.316	+1.307	149.869	已知高程
1	2	2	+1.385	−1.363	+1.374	151.176	
2	3	3	+0.356	−0.378	+0.367	152.550	
3						152.917	
Σ	16		+3.039	−3.057			
辅助计算	$f_h=\lvert\sum h_{往}\rvert-\lvert\sum h_{返}\rvert=3.039-3.057=-0.018$ m$=-18$ mm， $f_{h容}=\pm12\sqrt{n}=\pm12\sqrt{16}=\pm48$ mm， 因 $\lvert f_h\rvert<\lvert f_{h容}\rvert$，所以符合精度要求						

评分标准

序号	项目与技术要求	配分	评分标准	实测记录	得分
1	能熟练操作 DS_3 水准仪，并能迅速、准确地进行读数	20	仪器操作不规范或不熟练扣 10 分，水准尺读数不准确全扣		
2	能合理选择仪器安置位置和各转点的位置	20	仪器的前、后视距离差异过大或转点的位置选择不合适扣 10 分，水准尺没有准确立于水准点或转点上全扣		
3	能规范填写测量记录表	20	不按要求填写观测数据或测量日期等表头填写不完整扣 10 分，记录不整洁或有擦拭涂改现象扣 10 分		
4	能正确计算闭合水准路线或支水准路线观测成果	40	计算公式运用不当或计算结果不正确全扣		
合计得分					

思考与练习

根据图 5—16 的观测数据，当 BM_A 的高程为 350.401 m、$f_{h容}=\pm40\sqrt{L}$ mm 时，试计算该闭合路线中 1、2、3、4 点的高程。

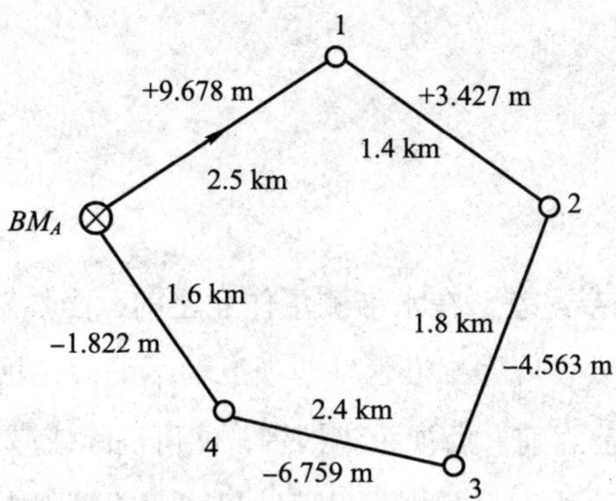

图 5—16　闭合水准路线观测数据

课题二

DS_3 水准仪的检验与校正

任务目标

◇熟悉 DS_3 水准仪主要轴线之间应满足的几何条件

◇能对 DS_3 水准仪进行检验与校正

任务提出

由于长期使用或搬运过程中受到震动等影响，DS_3 水准仪各轴线之间的几何关系会发生变化，为了保证水准测量的精度，需要对仪器进行检验与校正。那么，需要校验哪些项目？如何操作呢？

任务分析

除外界环境条件和人为操作因素外，影响水准测量观测精度的最主要原因是水准仪的性能。由测量误差知识可知，仪器误差属于系统误差的范畴，它具有累积性和一定的发生规律。因此，只要熟悉 DS_3 水准仪的工作原理，以及仪器各部件的功能和各轴线之间应满足的几何关系，就可以采取适当的检验与校正措施来减小或消除仪器误差。

相关知识

一、水准测量的误差分析

1. 仪器误差

（1）仪器检校后的残余误差　在水准测量作业之前，虽然对 DS_3 水准仪进行了检校，但仍会残存少量误差，主要表现为水准管轴与视准轴不平行，且这种误差的影响与距离成正比。因此，观测时只要注意前、后视距离相等，便可消除或减弱此项误差的影响。

（2）水准尺误差　由于水准尺刻划不准确、尺子弯曲等因素，都会影响水准测量的精度。此外，有些水准尺的底部被磨损，存在零点误差，可通过在一测段中设置偶数测站的方法予以消除。

2. 观测误差

（1）管水准器气泡居中误差　DS_3 水准仪是通过水准管的精平使视准轴水平后进行读数的。如果管水准器气泡没有精确居中，会引起视准轴倾斜，从而产生误差，因此，在每次读数前均应使管水准器气泡居中。当采用符合水准器时，气泡居中精度可提高一倍。

（2）读数误差　在水准尺上估读毫米数的误差与人眼的分辨能力、望远镜的放大倍率及视线长度等有关，且视距越大，读数误差越大。因此，在水准测量中，应仔细消除视差，避免视距过大。

（3）水准尺倾斜误差　水准尺左右倾斜时，可通过十字丝纵丝发现并给予纠正。若水准尺前后倾斜，都将使读数增大，而且视线越高，水准尺倾斜所引起的误差越大，因此，立尺员应尽量使水准尺竖直。

3. 外界环境影响所带来的误差

（1）大气折光的影响　由于地面大气密度不均匀，视线通过不同密度的大气时会产生折射，使得水准仪本应水平的视线成为一条曲线，对测量高差产生影响。测量时，可采用前视、后视距离相等的方法，消除或减弱此影响。

（2）温度和风力的影响　温度的变化不仅引起大气折光的变化，而且当烈日照射水准管时，由于受热不匀，气泡会向温度高的方向移动，因此，测量时要撑伞遮阳，从而减弱温度对观测精度的影响。另外，大风可使水准尺竖立不稳，水准仪难以置平，此时应尽可能停止测量。

二、DS_3 水准仪应满足的几何条件

如图 5—17 所示，DS_3 水准仪的 4 条主要轴线是视准轴 CC，水准管轴 LL，圆水准器轴 $L'L'$ 和仪器竖轴 VV。DS_3 水准仪在构造上应满足圆水准器轴平行于仪器竖轴（$L'L' /\!/ VV$）、

十字丝的中丝垂直于仪器竖轴 VV、视准轴平行于水准管轴（$CC \parallel LL$）等条件。

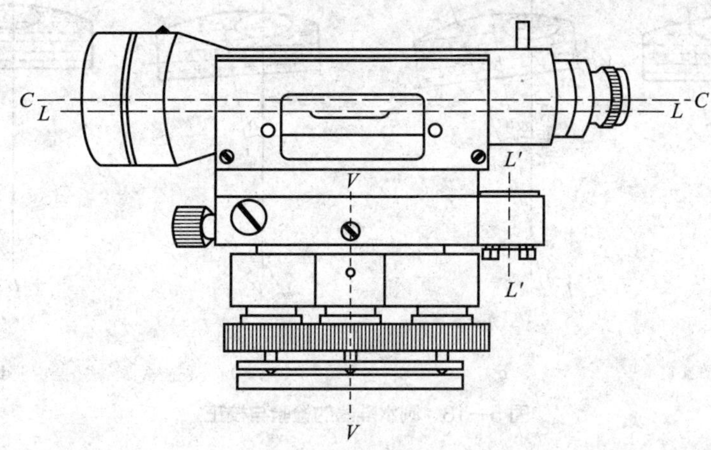

图 5—17　DS_3 水准仪的主要轴线

任务实施

一、工具准备

4～5 人为一组，每组配备 DS_3 水准仪 1 台套，水准尺 2 根，尺垫 2 个，钢尺 1 副，校正工具 1 套，计算器 1 台，记录板 1 块（含记录表格），铅笔、小刀等。

二、实施步骤

DS_3 水准仪安置后，应首先检查三脚架是否稳固，各脚伸缩和固定是否灵活自如，仪器上的制动和微动螺旋、微倾螺旋、调焦螺旋、脚螺旋转动是否灵活有效，望远镜的十字丝、物像是否清晰等，然后对仪器的主要轴线关系进行检验与校正。

1. 圆水准器的检验与校正

如果圆水准器轴平行于仪器竖轴，那么，当圆水准器气泡居中时，仪器的竖轴处于铅垂方向，这样仪器转到任何位置，圆水准器气泡都应居中。

（1）检验方法　用脚螺旋使圆水准器气泡居中，如图 5—18a 所示，然后将望远镜在水平方向上绕仪器竖轴旋转 180°，若气泡不居中，表明圆水准器轴不平行于仪器竖轴，而离开零点弧长所对应的圆心角为 2α，如图 5—18b 所示。

（2）校正方法　先转动脚螺旋使气泡向中央位置移动其偏离量的一半，如图 5—18c 所示；然后，松开圆水准器背面的固定螺钉，如图 5—19 所示，用校正针拨动圆水准器的 3 个校正螺钉，使气泡移动到如图 5—18d 所示的完全居中位置。此项校正需反复进行 2～3 次，直到望远镜旋转到任何位置圆水准器气泡都居中为止。

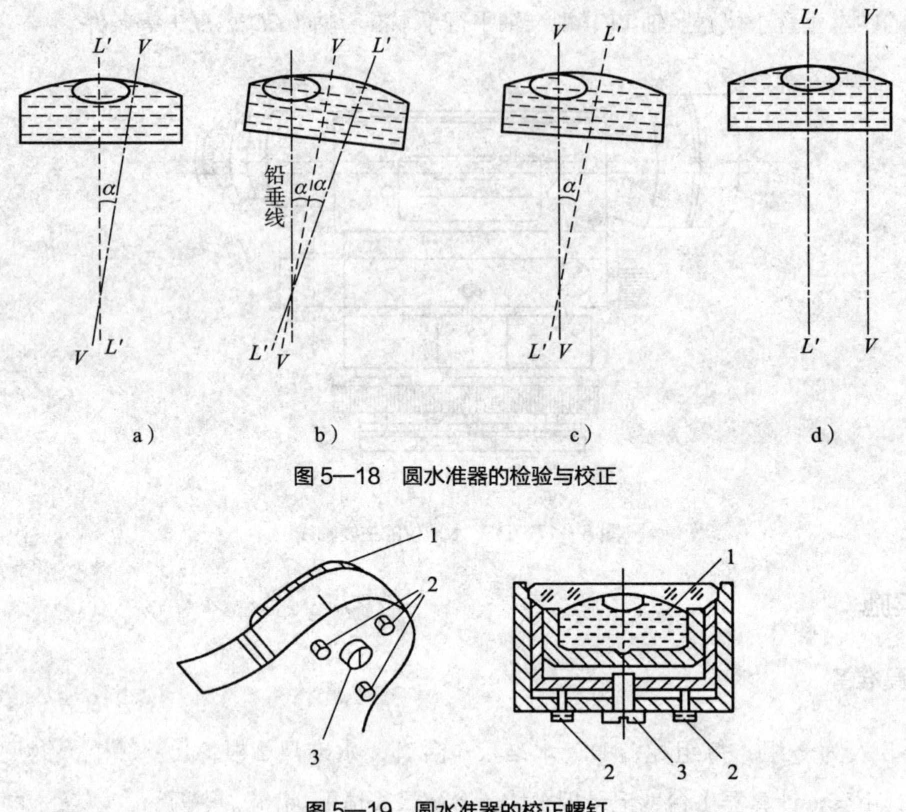

图 5—18　圆水准器的检验与校正

图 5—19　圆水准器的校正螺钉

1—圆水准器　2—校正螺钉　3—固定螺钉

2. 十字丝中丝的检验与校正

当仪器整平后，十字丝中丝垂直于仪器竖轴，即当竖轴竖直时十字丝中丝应处于水平，此时，用中丝的任何部位在水准尺上都可读出相同的数值。

（1）检验方法　在仪器整平后，用十字丝中丝的一端瞄准墙上一固定点 **P**，如图 5—20a 所示；转动水平微动螺旋，如果 *P* 点沿着中丝移动，如图 5—20b 所示，说明条件满足；若 *P* 点偏离了中丝，如图 5—20c 所示，说明条件不满足，需要校正。

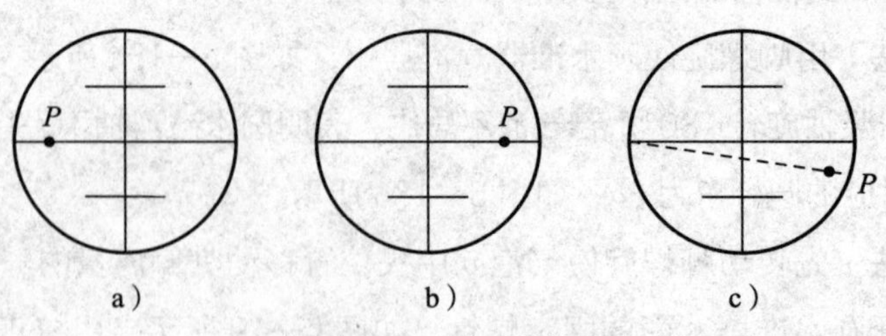

图 5—20　十字丝的检验

（2）校正方法　由于十字丝装置的形式不同，校正方法也不尽相同。如图 5—21 所示的形式，应先松开目镜筒固定螺钉，卸下目镜上的十字丝分划板护罩，并松开十字丝分划板上的 4 个压环螺钉，然后按中丝倾斜的反方向微微转动十字丝环，使图 5—20 中 P 点的运动轨迹始终沿着中丝，最后再旋紧压环螺钉即可。此项检校需要反复进行 2～3 次，直到满足条件为止。

十字丝中丝垂直于仪器的竖轴对水准仪来说是一项次要条件，如果误差不是特别明显，一般不必进行校正，观测时只要利用中丝的中间部分进行读数，就可减小这项误差的影响。

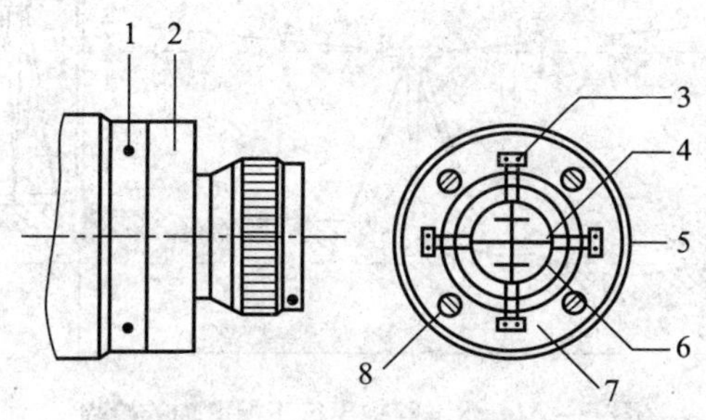

图 5—21　十字丝校正装置

1—目镜筒固定螺钉　2—十字丝分划板护罩　3—十字丝校正螺钉　4—十字丝分划板　5—望远镜筒　6—分划板座　7—压环　8—压环螺钉

3. 水准管轴的检验与校正

如果视准轴与水准管轴平行，当水准管气泡居中时，水准管轴水平，望远镜视准轴也处于水平位置。水准仪具备这一条件后，不管安置在什么地方，测定地面上两个固定点之间的高差必然相等。假若水准仪不满足此条件，即使水准管气泡居中，望远镜的视准轴不是向上倾斜就是向下倾斜，读数就会有误差，且水准尺距离仪器越远，读数误差就越大。

（1）检验方法　如图 5—22 所示，在平坦地面上选择相距为 80 m 左右的 A、B 两点，各打一木桩，并在这两点上各自竖立一水准尺。将水准仪安置在离 A、B 两点等距离的 C 点，精平仪器后，分别读取 A、B 两点水准尺的读数并记为 a_1 和 b_1，则 $h_{AB}=a_1-b_1$。若水准管轴不平行于视准轴，两者在竖直面内形成的夹角称为 i 角，由此所引起的误差称为 i 角误差，因 $S_1=S_2$，此时由 i 角所引起的读数误差必然均为 x，那么，所得 h_{AB} 则是正确高差。这说明，无论水准管轴与视准轴是否水平，只要将仪器安置在距两水准尺等距离处，测得的高差将不受 i 角的影响。

将水准仪搬到紧靠 B 点的外侧安置，精平仪器后，分别读取 A、B 两点水准尺的读数并记为 a_2 和 b_2，如图 5—22 所示。由于仪器距离 B 点很近，可认为读数 b_2 不受 i 角的影响，根据读数 b_2 和已测得的正确高差 h_{AB}，可计算出 A 点水准尺上视线水平时的应有读数 a_2'，即 $a_2'=b_2+h_{AB}$。然后，将实际的读数 a_2 与 a_2' 相比较，若 $a_2=a_2'$，说明视准轴平行于水

准管轴；否则，说明条件不满足，即存在 i 角，$i\approx\frac{|a_2-a_2'|}{D_{AB}}\rho=\frac{|\Delta h|}{D_{AB}}\rho$（式中，$D_{AB}$ 为 A、B 两点间的距离，ρ=206 265″）。对于 DS_3 水准仪，当 i>20″ 时，才需要校正 i 角。

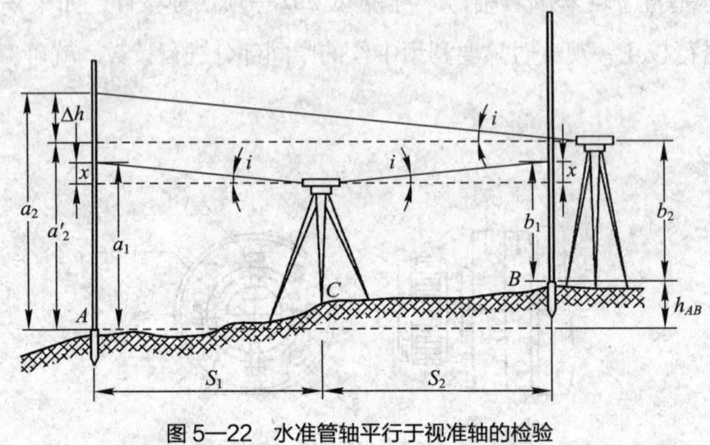

图 5—22　水准管轴平行于视准轴的检验

（2）校正步骤　保持水准仪在图 5—22 中紧靠 B 点的外侧不动，转动微倾螺旋，使 A 点水准尺的读数由 a_2 调为 a_2'，则此时视准轴水平，但水准管气泡不再居中。如图 5—23 所示，拨动水准管一端的上下两个校正螺钉，先松后紧，使水准管气泡居中。此项检校需要反复进行 2～3 次，直到满足条件为止。

实际上，无论检校几次，视准轴和水准管轴都不可能达到严格平行，因此，水准测量时应力求前视、后视距离相等，以消除该项误差。

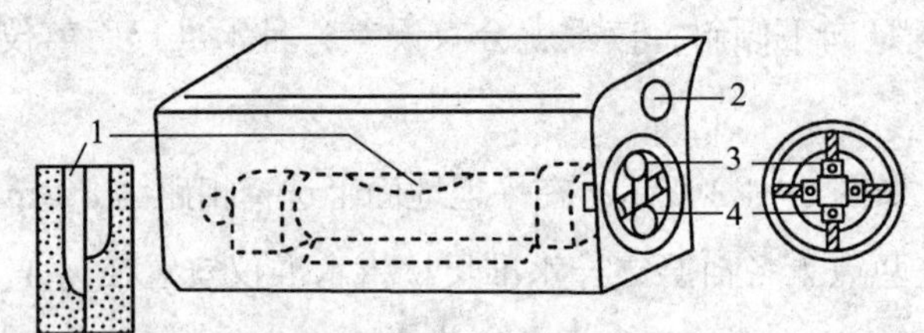

图 5—23　水准管的校正

1—气泡　2—气泡观察镜　3—上校正螺钉　4—下校正螺钉

三、操作注意事项

1. 水准仪检验与校正的步骤应按顺序进行，不得颠倒；每项工作需要反复进行数次，才能达到满意的结果。

2. 各项检验工作可由学生自己完成，但校正工作应在教师或专业人员的指导下进行；拨动校正螺钉时，要先松后紧，松紧适当；校正完毕后，校正螺钉应处于稍紧状态。

评分标准

序号	项目与技术要求	配分	评分标准	实测记录	得分
1	能熟练操作 DS_3 水准仪，并能迅速、准确地进行读数	10	仪器操作不规范或不熟练扣 5 分，水准尺读数不准确全扣		
2	会检验与校正圆水准器	30	检验方法不正确扣 10 分，不会使用校正工具扣 10 分，校正后仪器仍达不到精度要求扣 10 分		
3	会检验与校正十字丝	30	检验方法不正确扣 10 分，不会使用校正工具扣 10 分，校正后仪器仍达不到精度要求扣 10 分		
4	会检验与校正水准管轴	30	检验方法不正确扣 10 分，不会使用校正工具扣 10 分，校正后仪器仍达不到精度要求扣 10 分		
合计得分					

思考与练习

已知 *A*、*B* 两水准点的高程分别为 227.389 m 和 227.278 m，两者之间的距离为 100 m；现将 DS_3 水准仪安置在 *A* 点附近 3 m 左右处，测得 *A* 尺上的读数 a=1.966 m，*B* 尺上的读数 b=1.840 m。问这台水准仪的水准管轴是否平行于视准轴？若不平行，当水准管的气泡居中时，视准轴是向上倾斜，还是向下倾斜？如何校正？

课题三

方格网法平整园林场地

任务目标

◇按要求在地面布设方格网，测量各方格网点的高程，并合理确定设计高程

◇掌握场地平整测量中各种数据的计算步骤，并能进行土方平衡验算

任务提出

园林工程施工中，常常要将一块高低不平的场地平整成水平面或具有一定坡度的倾斜面，以作为绿地、广场、建筑场地等使用，那么，在考虑填、挖土方平衡的基本原则下，

如何进行平整呢?

任务分析

园林场地平整测量通常采用方格网法，其核心内容为水准测量，具体可通过布设方格网、测算各方格点的地面高程、计算地面平均高程、确定设计高程、计算各方格点的填挖高、计算填挖土方量、验算土方平衡及在地面上确定开挖边界线等步骤予以实施。

相关知识

一、布设平整场地的方格网

1. 布设基线

如图 5—24 所示，按照实地情况，在待平整场地西南角的外侧 A 点钉立一个木桩，并安置光学经纬仪于 A 点，沿着地块边缘方向配合标杆进行直线定线；从 A 点开始，按定线方向用钢尺量距，在合理确定 A_1 点的位置后，每隔 20 m 钉一根木桩，依次编号为 A_1、A_2、A_3、A_4，得到基线 A_1A_4。

2. 布设垂直于基线的直线

在 A_1 点安置光学经纬仪，以 A_4 为起始方向，将照准部逆时针旋转 90°，即将光学经纬仪照准部旋转到与基线 A_1A_4 垂直的位置再进行直线定线，并沿着视线方向每隔 20 m 钉立一根木桩，编号分别为 B_1、C_1、D_1、E_1，如图 5—24 所示。

3. 布设平行于基线的直线

将光学经纬仪分别安置在 B_1、C_1、D_1、E_1 点，均以 A_1 为起始方向，并将照准部逆时针旋转 90°，然后在各自视线方向上每隔 20 m 钉立一根木桩，得 B_2、B_3、B_4、C_2、…、E_4 等点，便组成了方格网。

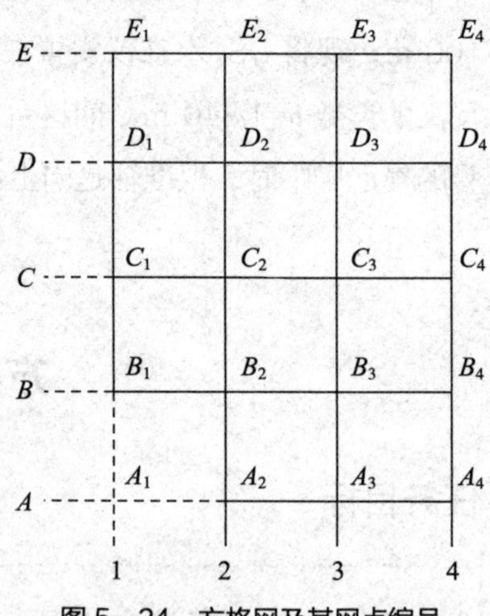

图 5—24　方格网及其网点编号

为了便于观测，应对照各方格点的位置在现场绘出草图，并将方格网横向按阿拉伯数字从左向右、纵向按英文字母自下而上进行编号。在方格网中，四周只有 1 个方格的方格点称为角点，如图 5—24 中的 B_1、E_1、E_4、A_4、A_2 点所示；四周有 2 个方格的方格点称为边点，如图 5—24 中 E_2、E_3、D_1、C_1、A_3、B_4、C_4、D_4 点所示；四周有 3 个方格的方格点称为拐点，如图 5—24 中 B_2 点所示；四周有 4 个方格的方格点称为中点，如图 5—24 中 D_2、D_3、C_2、C_3、B_3 点所示。

除以上方法外，在园林场地平整测量中，有时也可用距离交会法布设方格网。

二、测量各方格点的地面高程

1. 测量转点的高程

如图 5—25 所示，为防止施工时受到破坏，同时方便高程观测，在接近待平整场地的外侧选择转点 TP_1；将水准仪安置在已知水准点 BM_1（无已知水准点时，该点高程可假定）和 TP_1 之间的测站Ⅰ上，以 BM_1 为后视点，以 TP_1 为前视点，利用双仪高法两次测出 BM_1 和 TP_1 之间的高差，若两次高差之差不超过 ±6 mm，则取其平均值作为两点之间高差的结果，然后计算出 TP_1 点的高程。

2. 测算各个方格点的高程

如图 5—25 所示，在待平整场地的中间设置测站Ⅱ，以 TP_1 为后视点，以方格点 A_2 为前视点，利用视线高程法测出两者之间的高差（水准尺读数至厘米即可），并计算出方格点 A_2 处的地面高程。

同理，以 TP_1 为后视点，分别以方格点 A_3、A_4、B_1、…、E_4 等点为前视点，测算出各个方格点的地面高程。

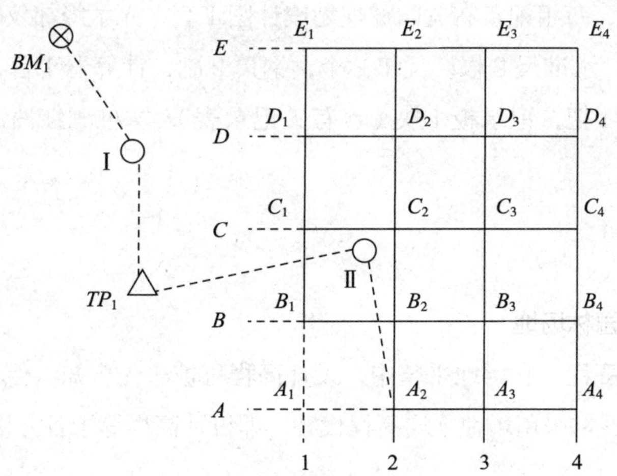

图 5—25 视线高程法测量各方格点的高程

⊗水准点 ○测站位置 △转点位置

如图 5—26 所示，方格网点上所标注的数据为测量后各方格点的地面高程，为了后续的举例计算方便，所标高程数值较小，单位为 m。

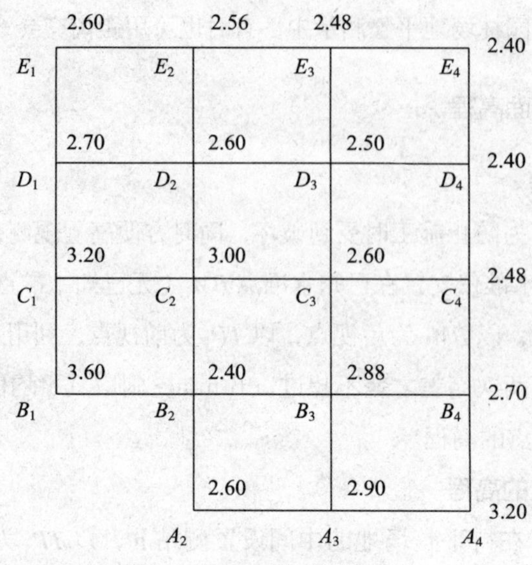

图 5—26 各方格点地面高程

任务实施

一、工具准备

4～5 人为一组，每组配备有关园林规划设计图 1 套，光学经纬仪 1 台套，标杆 2 根，DS_3 水准仪 1 台套，水准尺 2 根，尺垫 2 个，钢尺 2 副，计算器 1 台，三棱比例尺 1 把，三角板 1 副，斧头 1 把，记录板 1 块（含有关记录表），木桩、红油漆、白石灰、毛笔、铅笔、橡皮等。

二、实施步骤

1. 平整成水平园林场地

（1）计算设计高程 在场地平整中，设计高程可被事先告知，但考虑到整个工程填、挖土方量的平衡，通常采用场地平均高程代替，即设计高程等于各方格平均高程的算术平均值。

因每一个方格的平均高程等于其 4 个方格点高程相加再除以 4，根据图 5—26 所示数据，方格 $E_1E_2D_2D_1$ 的平均高程为

$$H_{平}=\frac{2.60+2.56+2.60+2.70}{4}\approx 2.62\ \text{m}$$

经分析，角点的高程在计算设计高程中只用一次，边点的高程在计算中用两次，拐点的高程用三次，中点的高程用四次。据此，待平整场地的地面设计高程 $H_{设}$ 为

$$H_{设}=\frac{\sum H_{角}+2\sum H_{边}+3\sum H_{拐}+4\sum H_{中}}{4n}$$ 式（5—11）

式中　$\sum H_{角}$、$\sum H_{边}$、$\sum H_{拐}$、$\sum H_{中}$——各角点、各边点、各拐点、各中点的高程累计之和；

n——方格总数。

在图 5—26 中共有 11 个方格，通过代入式（5—11）计算，可得该场地的设计高程，即

$$H_{设}=\frac{1}{4\times 11}\times[(2.60+2.40+3.20+2.60+3.60)+2\times(2.56+2.48+2.40+2.48+2.70+2.90+3.20+2.70)+3\times 2.40+4\times(2.60+2.50+3.00+2.60+2.88)]=2.70\ \text{m}$$

然后，将该计算结果标注在图 5—27 中各方格点地面高程的下方。

（2）计算各方格桩点的填（挖）高　各方格桩点填（挖）高等于该点的设计高程减去其地面高程，即

$$h_{填(挖)}=H_{设}-H_{地}$$ 式（5—12）

当计算结果为“+”号时为填高，“-”号则为挖深。

根据图 5—27 中各方格点的地面高程和计算出的设计高程，由式（5—12）可计算出各方格点的填高或挖深大小，并将计算结果标注在相应的方格点旁边，详见图 5—27 中小括号内的数据。

（3）计算土方量　挖、填土方工程量要分别计算，不得正负抵消，其土方量可按式（5—13）计算。

$$\left.\begin{aligned}V_{挖}&=\frac{A}{4}(\sum h_{角挖}+2\sum h_{边挖}+3\sum h_{拐挖}+4\sum h_{中挖})\\V_{填}&=\frac{A}{4}(\sum h_{角填}+2\sum h_{边填}+3\sum h_{拐填}+4\sum h_{中填})\end{aligned}\right\}$$ 式（5—13）

式中　A——方格网中一个方格的面积；

$\sum h_{角挖}$、$\sum h_{边挖}$、$\sum h_{拐挖}$、$\sum h_{中挖}$——各角点、各边点、各拐点、各中点的挖深累计之和；

$\sum h_{角填}$、$\sum h_{边填}$、$\sum h_{拐填}$、$\sum h_{中填}$——各角点、各边点、各拐点、各中点的填高累计之和。

如图 5—27 所示，已知各方格边长为 20m，根据各方格点的填高或挖深大小，由式（5—13）可计算出需平整场地的挖、填土方工程量，即

$$V_{挖}=\frac{A}{4}\left(\sum h_{角挖}+2\sum h_{边挖}+3\sum h_{拐挖}+4\sum h_{中挖}\right)$$

$$=\frac{400}{4}\times[(0.50+0.90)+2\times(0.50+0.20)+4\times(0.30+0.18)]$$

$$=472\ \mathrm{m}^3$$

$$V_{填}=\frac{A}{4}\left(\sum h_{角填}+2\sum h_{边填}+3\sum h_{拐填}+4\sum h_{中填}\right)$$

$$=\frac{400}{4}\times[(0.10+0.30+0.10)+2\times(0.14+0.22+0.30+0.22)+3\times 0.30+4\times(0.10+0.20+0.10)]$$

$$=476\ \mathrm{m}^3$$

由计算结果得知，填、挖的土方量相当，说明填、挖基本平衡。

（4）**确定开挖边界线**　开挖边界线是由各方格边上填（挖）高为零的各点连接而成的线路，又称零位线，如图 5—27 中的虚线。开挖边界线位于地面高程与设计高程相等之处，在该线路上撒上白石灰以便于施工。开挖边界线一般由内插计算而得，有时也可用目估法来确定。

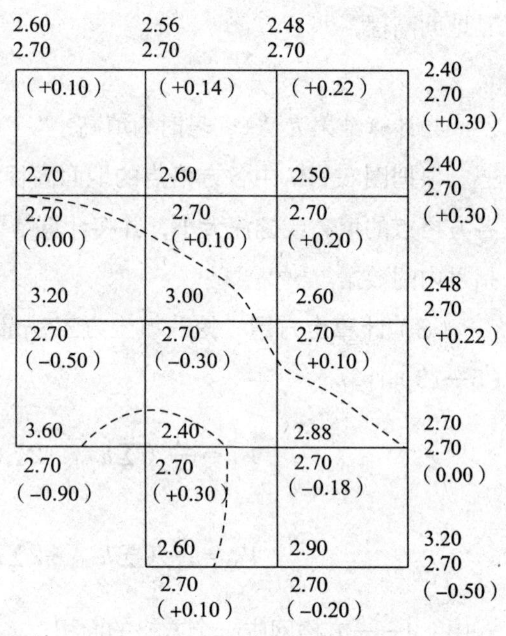

图 5—27　平整成水平场地

2. 平整成具有一定坡度的园林场地

为了节省土方工程或因场地排水等需要，在填挖土方平衡的原则下，有时需将场地按地形现状整成一个或几个有一定坡度的斜面。横向坡度一般为零，如有坡度以不超过纵坡（水流方向）的 1/2 为宜；纵、横坡度一般不宜超过 1/200，否则会造成水土流失。现仍以图 5—26 所示的地面为例进行土地平整。

（1）**计算平均高程**　经式（5—11）计算，图 5—26 中各方格点的平均高程为 2.70 m。

（2）**纵、横坡度的设计**　设纵坡为 0.2%，横坡为 0.1%，则得纵向每 20 m 坡降值为 20×0.2%=0.04 m，横向每 20 m 坡降值为 20×0.1%=0.02 m。

（3）**计算各桩点的设计高程、填（挖）高**　首先选择零点，其位置一般选在地块中央的桩点上，如图 5—28 中的 d 点，并以地面的平均高程为零点的设计高程。根据纵、横向坡降值计算各桩点的设计高程，然后计算各桩点的填（挖）高，计算结果见图 5—28 中的标注。

（4）**计算土方量、土方平衡验算** 挖、填土方量的计算方法与平整成水平场地相同，但在平整成具有一定坡度的场地时，如果"零点"位置选择不当，将影响土方的平衡。当挖方量与填方量相差较多，并超过挖、填土方量平均数的 10% 时，需重新调整设计高程，直至挖、填土方量基本平衡为止。调整后的设计高程为

$$调整后的设计高程 = 首次采用的设计高程 + \frac{挖方量 + 填方量}{平整场地的面积} \quad 式（5—14）$$

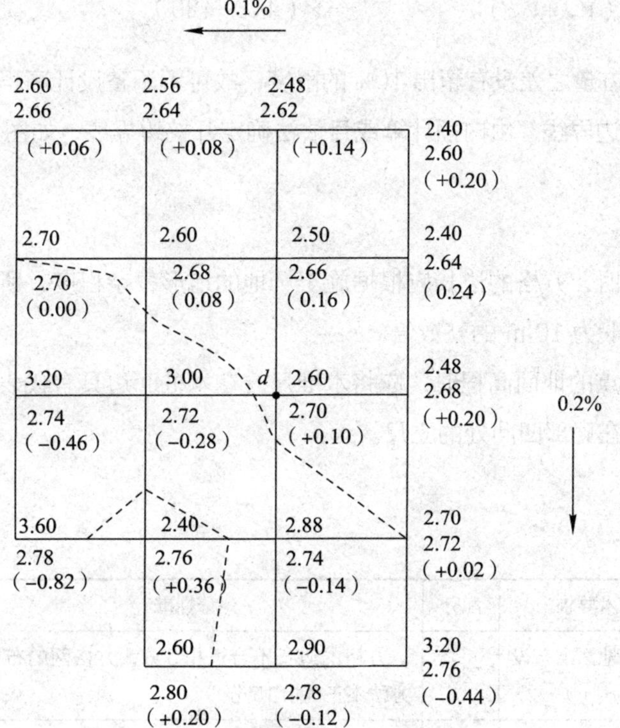

图 5—28 平整成具有坡度的场地

如图 5—28 所示，已知各方格边长为 20 m，根据各方格点的填高或挖深大小，由式（5—13）可计算出需平整场地的挖、填土方工程量，即

$$V_{挖} = \frac{A}{4}（\sum h_{角挖} + 2\sum h_{边挖} + 3\sum h_{拐挖} + 4\sum h_{中挖}）$$

$$= \frac{400}{4} \times [（0.44+0.82）+2\times（0.12+0.46）+4\times（0.28+0.14）]$$

$$=410\ \mathrm{m}^3$$

$$V_{填}=\frac{A}{4}(\sum h_{角填}+2\sum h_{边填}+3\sum h_{拐填}+4\sum h_{中填})$$

$$=\frac{400}{4}\times[(0.06+0.20+0.20)+2\times(0.08+0.14+0.24+0.20+0.02)+$$

$$3\times0.36+4\times(0.08+0.16+0.10)]$$

$$=426\ m^3$$

经挖、填土方平衡验算得

$$\frac{|V_{挖}-V_{填}|}{\frac{1}{2}(V_{挖}+V_{填})}\times100\%=\frac{|410-426|}{\frac{1}{2}\times(410+426)}\times100\%=3.83\%$$

因挖方量与填方量之差没有超出 10% 的限度，故可不调整设计高程。

（5）确定开挖边界线　由内插计算或目估法确定开挖边界线，如图 5—28 中的虚线。

三、操作注意事项

1. 布设方格网时，方格的边长应根据施工场地的地形复杂程度、所要求的计算精度等因素灵活选取，一般为 10 m 的整数倍。

2. 测量各方格点的地面高程时，应将水准尺立在木桩旁边具有代表性的地面上，特别要注意桩位恰好落在局部凹凸处的立尺。

评分标准

序号	项目与技术要求	配分	评分标准	实测记录	得分
1	能按要求在地面上布设方格网	20	方格的边长不合适扣 5 分，方格网的布设方法不正确扣 15 分		
2	能熟练测量各方格点的地面高程	30	仪器、工具操作不规范或不熟练扣 10 分，测量结果不符合要求全扣		
3	能正确计算或确定设计高程	10	设计高程确定不当或计算错误全扣		
4	能正确计算填（挖）高和土方量	30	填（挖）高计算错误扣 10 分，土方量计算错误扣 10 分，土方平衡验算错误扣 10 分		
5	能在地面上合理确定开挖边界线	10	开挖边界线确定不当全扣		
合计得分					

思考与练习

如图 5—29 所示，在某施工场地上布设 20 m×20 m 的方格网，方格点上分别钉设木桩 1、2、3、…、15，各方格点地面高程的数据已标注于相应的木桩上（单位：m）；现将该场地按图中坡降方向平整成纵向坡度为 -0.4%、横向坡度为 -0.2% 的倾斜地面，试根据所给数据完成如下任务：

（1）确定“零点”位置，并计算各方格点的设计高程；

（2）计算挖、填土方量，并分析是否需要调整设计高程；

（3）在图上绘出开挖边界线。

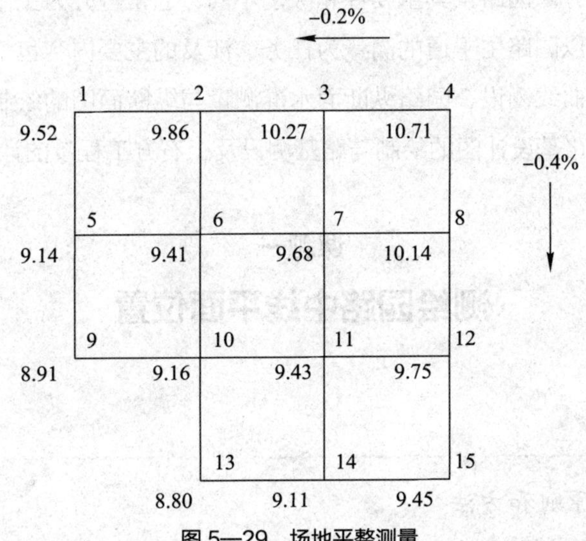

图 5—29　场地平整测量

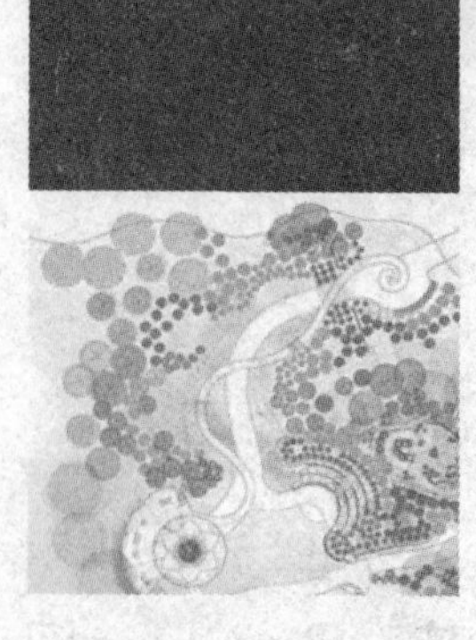

模块六

园林道路工程测量

园林道路简称园路，主要用于交通联络、组织空间、引导游览，其本身也是园林风景中非常重要的组成部分。园路按其重要性和级别不同，通常可分为主干道、次干道、游步道和小径等。本模块以园路主干道的测量为任务，涉及的主要内容包括园路选线、转角测量、里程桩设置、圆曲线测设、园路纵断面水准测量与纵断面图的绘制、园路横断面测量与横断面图的绘制、路基设计图的绘制与路基测设及土石方工程量的计算等。

课题一

测绘园路中线平面位置

任务目标

◇熟悉园路选线的原则和方法

◇掌握测算转角和确定角分线方向的方法

◇学会圆曲线测设元素和中线上各里程桩桩号的计算方法

◇掌握圆曲线上三主点测设和加桩点测设的方法

◇绘制园路中线平面位置图

任务提出

根据园路的设计功能和实地情况，将图 6—1 中所选取的线路，用仪器工具在地面加以标定，然后进行中线测量，并绘制出园路中线平面位置图。

任务分析

测绘园路中线就是将所选园路中心线的起点、交点、终点及折线间连接曲线的平面位置，通过测角、量距和计算，在实地使用有编号的木桩加以钉设，并根据中线测量的成果，按一定的比例尺绘制成图样资料；为此，需要进行实地标定线路、测量转角、在地面测设圆曲线的主点和加桩点、设置里程桩等工作。园路中线测量中，一般先观测各个交点桩处的右角大小，利用右角计算出转角并确定分角线方向后，再由转角的大小和选择的曲线半径，计算圆曲线的测设元素，最终实施圆曲线的主点和加桩点测设，进而得到园路中线的实地及图面位置。

相关知识

一、园林道路选线

园林道路选线是指确定道路中心线位置、走向等的工作，道路中线由直线段和曲线段组成。选线时，一般先在规划图上根据实地踏查情况进行设计，然后再到现场加以标定。选线要本着美观、舒适、方便、节约、科学的基本原则，充分考虑环境因素、地形因素及各方面的技术经济条件，同时能够联络较多景点，以满足游人游园、公园造景、植物保护等需要。具体操作时还应做到因景制宜、因势造景，充分处理好与其他园林工程如园桥、广场、建筑、水景等的关系，避免破坏已有的园林景观，尽量不占或少占景观用地，最大限度地减少土方工程量。

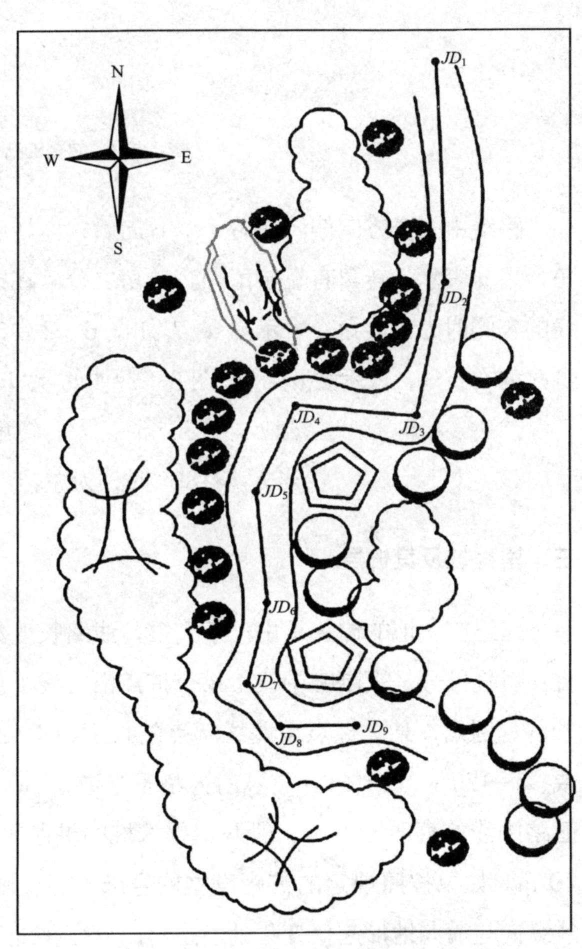

图 6—1　园路图上选线

如图 6—1 所示，因受实地状况和道路设计功能等的影响，致使园路前进的方向经常会有转弯、迂回。园路在所选线路上改变前进方向时，前视、后视线的转折点称为交点，用 *JD* 表示，在地面上标定交点位置的木桩称为交点桩。有时，两个交点位置较远或互不通视，这时还应在两交点间适当位置增设转点，表示为 ***ZD***，转点处需钉设转点桩。

二、路线右角与转角

园路交点处前、后视线的夹角有左角与右角之分，当夹角在路线前进方向的右侧时为右角，表示为$\beta_{右}$；当夹角在前进方向左侧时为左角，表示为$\beta_{左}$。在进行园林道路中线测量时，通常观测路线的右角，如图 6—2 中β_2、β_3、β_4。

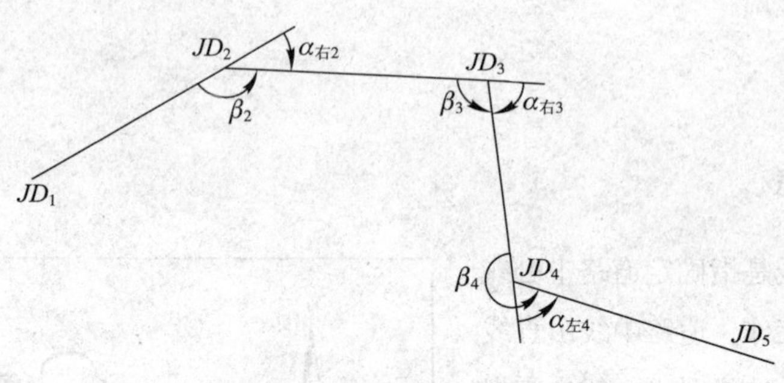

图 6—2　园路的右角与转角

路线由一个方向偏转向另一个方向后，偏转后的方向与原来方向延长线的夹角称为转角，用α表示，转角有左转角和右转角之分。在园路交点处，前视导线位于后视导线延长线的左侧时为左转角，表示为$\alpha_{左}$，如图 6—2 中的$\alpha_{左4}$；前视导线在后视导线的延长线右侧时为右转角，表示为$\alpha_{右}$，如图 6—2 中$\alpha_{右2}$、$\alpha_{右3}$。由图 6—2 可得出

$$当\ \beta_{右}<180°\ 时，为右转角，\alpha_{右}=180°-\beta_{右} \qquad 式（6—1）$$

$$当\ \beta_{右}>180°\ 时，为左转角，\alpha_{左}=\beta_{右}-180° \qquad 式（6—2）$$

三、里程桩及其桩号

园路在实地的位置是由一系列书写线路长度数据的木桩来表明的，这些木桩称为里程桩；里程桩号是指园路中线上某个桩点沿中线（包括直线段和曲线段）方向到路线起点的长度。例如，某个桩点至路线起点的长度为 1.429 km，则该里程桩的桩号为“K1+429”或“1+429”，其中，“+”号前为整千米数，“+”号后为不足一千米数的米数。里程桩在园路中线的直线段上，一般两相邻木桩的桩距平原地区为 30 m 或 50 m，丘陵山地可取 20 m。如果按照规定的桩距设立桩号仍不能反映出地形、地质等方面的变化，则应在中线纵向与横向地形起伏变化处、土石成分变化处、人工构造物处、桥梁位置等处另外加钉一些木桩，称为加桩。在园路中线曲线段上，除了圆曲线三个主点桩外，也应根据转弯半径、圆曲线长度和地形情况适当加桩。

四、圆曲线及其半径

为了行车安全，当园路所选路线在交点处由一个方向转到另一个方向时，应以适当半径的平滑曲线将两个线段连接起来，这种曲线称为圆曲线，也称水平曲线。园路转弯急缓程度取决于圆曲线的半径大小，所用圆曲线半径小，路线转弯急，反之，路线转弯平缓。除了风景名胜区的旅游主干道之外，园林道路上的所有车辆行驶速度都较慢，所以，一般园路的圆曲线半径可以设计得比较小。中线测量时，如果相邻两个圆曲线的半径取值太大，它们的切线将较长，可能会造成两个圆曲线的交叉或重叠；当圆曲线的内侧或外侧有建筑物时，为避免道路落在障碍物上，圆曲线的半径也会受到限制。表 6—1 列出了园路可采用的圆曲线半径范围，在设计时可作为参考。

表 6—1　　圆曲线半径参考值

半径大小 / 园路类型	园路内侧圆曲线半径（m）		
	一般情况	最小值	备注
主干道	≥10.0	8.0	园路中线圆曲线半径应是内侧半径值加上半个路宽大小
次干道	6.0～30.0	5.0	

五、圆曲线主点与测设元素

1. 测设元素计算

如图 6—3 所示，圆曲线通常用路线交点桩 JD、转角 α、半径 R、起点 ZY（直圆点）、中点 QZ（曲中）、终点 YZ（圆直点）、切线长 T、曲线长 L、外距 E（JD 至 QZ 的距离）、切曲差 D 等参数表示形状和大小，并将起点 ZY、中点 QZ 和终点 YZ 称为三主点，把 T、L、E、D 和 R、α 称为圆曲线测设元素。

在测设元素中，转角 α 是间接实测的，半径 R 是根据技术指标要求和圆曲线所处的地形情况确定的，而其他测设元素则是计算所得。其计算公式如下：

$$T=R\tan\frac{\alpha}{2} \qquad \text{式（6—3）}$$

$$L=\frac{\pi R\alpha}{180^\circ} \qquad \text{式（6—4）}$$

$$E=R\left(\sec\frac{\alpha}{2}-1\right) \qquad \text{式（6—5）}$$

$$D=2T-L \qquad \text{式（6—6）}$$

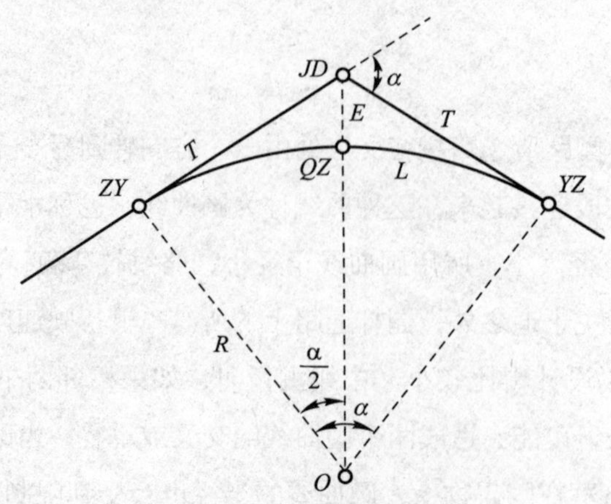

图 6—3 园路的圆曲线

2. 主点里程计算

在园林道路实地测量时，三主点的里程是根据交点桩里程和测设元素推算出来的，由图 6—3 可知

$$\left.\begin{aligned}&ZY\text{ 里程}=JD\text{ 里程}-T\\&YZ\text{ 里程}=ZY\text{ 里程}+L\\&QZ\text{ 里程}=YZ\text{ 里程}-\frac{L}{2}\\&JD\text{ 里程}=QZ\text{ 里程}+\frac{D}{2}\text{（检核）}\end{aligned}\right\}\quad\text{式（6—7）}$$

六、圆曲线加桩点坐标计算

当圆曲线较长或地形起伏较大时，为了准确地把圆曲线标定在实地，三主点测设完成后，还必须采用切线支距法在曲线主点间加桩，也称为圆曲线的详细测设。切线支距法多用于平坦开阔地区，使用工具简单，测点的点位误差不累积。该法以圆曲线起点 ZY 或终点 YZ 为原点，以切线为 x 轴，以过原点的半径为 y 轴，根据直角坐标测设曲线上各加桩点 P_i（x_i，y_i），如图 6—4 所示。

设 l_i 为待测点至原点间的弧长，φ_i 为 l_i 所对的圆心角，R 为半径，则待定点 P_i 的坐标按式（6—8）计算

$$\left.\begin{aligned}&x_i=R\sin\varphi_i\\&y_i=R(1-\cos\varphi_i)\end{aligned}\right\}\quad\text{式（6—8）}$$

式中 $\varphi_i=\dfrac{l_i}{R}\,\dfrac{180^\circ}{\pi}$，$i$=1，2，3…

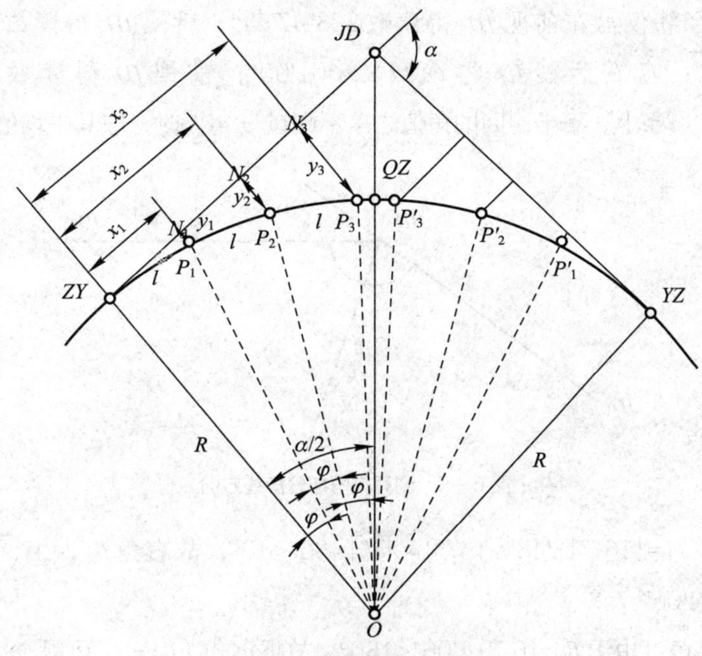

图 6—4　圆曲线加桩点的坐标

任务实施

一、工具准备

4～5 人为一组，每组配备光学经纬仪 1 台，罗盘仪 1 台，标杆 3 根，钢尺 1 副，木桩（5 cm×5 cm×30 cm）和小铁钉若干，斧头 1 把，红油漆 1 小桶，毛笔 1 支，园路规划设计图 1 张，记录板 1 块（含相关记录表格），计算器 1 台，绘图纸 1 张，三棱比例尺 1 把，圆规 1 个，三角板 1 副，量角器 1 个，绘图铅笔、橡皮等。

二、实施步骤

1. 实地标定线路

根据图 6—1 所示的园路具体位置和路线走向，结合选线原则和线路所处的地形地质条件、园路的造景功能和承担的主要任务等，综合考虑园路的平、纵、横问题，由图上交点与明显地物点的距离及角度关系，利用罗盘仪、光学经纬仪、钢尺等仪器工具，将线路的交点 JD_1、JD_2、JD_3…在实地逐点钉设木桩加以标定，并于现场进行复核、修正，便可得到园路的地面位置。

2. 测量转角

（1）测算右角　如图 6—5 所示，欲得到 JD_2 处的转角 $\alpha_{右2}$，就需要将光学经纬仪安置在交点桩 JD_2 上，并分别在 JD_1、JD_3 处竖立标杆，用测回法观测右角 β_2 的大小。经过实测，光学经纬仪盘左前视 JD_3 得读数 238°47′54″，后视 JD_1 得读数 46°01′42″，则 $\beta_{2上}$=167°13′48″；盘右后视 JD_1 得读数 226°01′00″，前视 JD_3 得读数 58°46′36″，则 $\beta_{2下}$=167°14′24″。当上、下半测回的角值之差不超过 ±40″ 时，取其平均值作为右角 β_2。

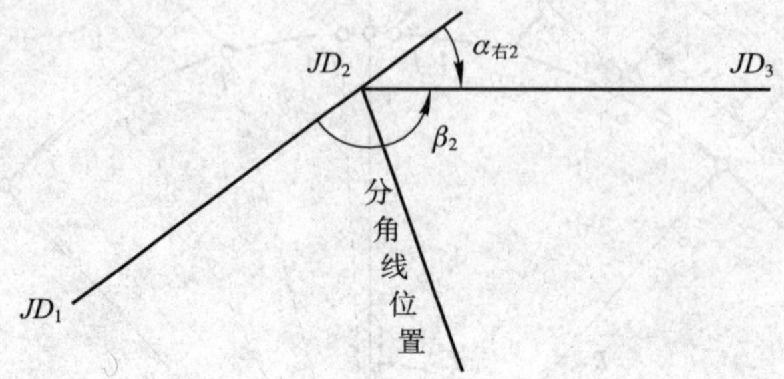

图 6—5　测算转角与分角线方向

因 $|\beta_{2上}-\beta_{2下}|$=|167°13′48″−167°14′24″|=36″<40″，故右角 β_2 为上、下半测回角值的平均值 167°14′06″。

（2）计算转角　由于 β_2=167°14′06″<180°，故根据式（6—1）可得

$$\alpha_{右2}=180°-\beta_2=180°-167°14'06''=12°45'54''$$

将以上测算右角、计算转角的过程及结果填入表 6—2 中。

3. 确定分角线方向

根据圆曲线测设的需要，还应在交点处标出前、后两视线间小于 180° 夹角的分角线方向。如图 6—5 所示，由于测量右角结束时，光学经纬仪处于盘右状态，现已知盘右后视 JD_1 时的度盘读数 a_2=226°01′00″、盘右前视 JD_3 时的度盘读数 b_2=58°46′36″，则分角线方向的盘右度盘读数 c_2 应为

$$c_2=\frac{a_2+b_2}{2}=\frac{226°01'00''+58°46'36''}{2}=142°23'48''$$

在盘右时转动光学经纬仪照准部，使水平度盘读数为 c_2=142°23′48″，此时望远镜视线方向即为分角线的方向。若望远镜视线方向在前、后两视线间大于 180° 夹角的分角线方向，则需要倒转望远镜。找到分角线的方向后，应在该方向线上钉设一个木桩，以供测设圆曲线“中点”时使用。

4. 计算圆曲线测设元素

假若交点桩 JD_2 处圆曲线的半径 R_2=295 m，那么，由转角 $\alpha_{右2}$=12°45′54″，用式（6—3）至式（6—6），就可计算出圆曲线的各测设元素值，并将计算结果填入表 6—2。

$$T_2=295\times\tan\frac{12°45'54''}{2}=32.998\ \text{m}$$

$$L_2=295\times 12°45'54''\times\frac{\pi}{180°}=65.723\ \text{m}$$

$$E_2=295\times\left(\frac{1}{\cos 6°22'57''}-1\right)=1.840\ \text{m}$$

$$D_2=65.996-65.723=0.273\ \text{m}$$

5. 在地面测设圆曲线的三主点

如图 6—6 所示，在测算完转角而光学经纬仪仍处于交点桩 JD_2 上时，根据圆曲线测设元素值，首先，后视交点桩 JD_1，沿此方向量取切线长度 32.998 m，钉一个木桩即得到圆曲线起点 ZY_2 的位置；其次，前视交点桩 JD_3，沿该方向量取切线长度 32.998 m，钉一个木桩即为圆曲线终点 YZ_2 的位置；最后，沿内夹角平分线方向量取外距长度 1.840 m，钉立木桩则为圆曲线中点 QZ_2 的位置。

6. 计算里程桩号

（1）计算交点桩 JD_2 的桩号　如图 6—6 所示，路线起点 JD_1 的里程桩号为“0+000”，从 JD_1 开始，在 JD_1、JD_2 两交点桩之间直线定线，然后以不低于 1/2000 的精度进行钢尺量距。经实测，JD_1-JD_2 的距离为 68.225 m，则 JD_2 的里程桩号是“0+068.225”。

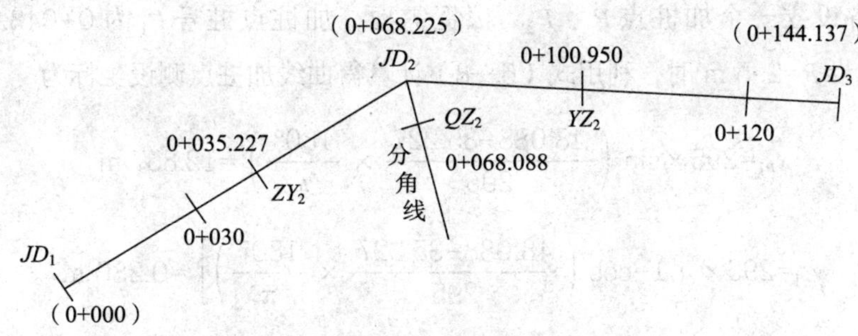

图 6—6　里程桩与桩号

（2）计算圆曲线三主点的桩号　如图 6—6 所示，根据 JD_2 的里程桩号，结合圆曲线测设元素，利用式（6—7）计算圆曲线上起点、中点和终点位置里程桩的桩号，并将计算过程与结果填入表 6—2。

JD_2 里程	0+068.225
− T_2	32.998
ZY_2 里程	0+035.227
+ L_2	65.723
YZ_2 里程	0+100.950
− $L_2/2$	32.862
QZ_2 里程	0+068.088
+ $D_2/2$	0.137
JD_2 里程	0+068.225（检核）

（3）计算交点桩 JD_3 的桩号　经实地观测，JD_2-JD_3 距离为 76.185 m，且已知 T_2=32.998 m、YZ_2 里程为 0+100.950，则 JD_3 的里程桩号是“0+100.950+（76.185-32.998）=0+144.137”，如图 6—6 所示。在园路中线的直线段，一般还需每隔 30 m 钉设一个里程桩并编号，如图 6—6 中的“0+030”、“0+120”。

7. 在地面测设圆曲线的加桩点

（1）计算测设数据　圆曲线加桩点的平面直角坐标可运用切线支距法计算。由于圆曲线的曲线长度 L_2 不太长，故只在曲线的起点 ZY_2 与中点 QZ_2 之间，中点 QZ_2 与终点 YZ_2 之间各设立一个加桩点 P_1、P_2。根据需要，加桩点桩号 P_1 为 0+048.088、P_2 为 0+088.088，当 R=295 m 时，利用式（6—8）计算得曲线加桩点测设坐标为

$$x_{P1}=295\times\sin\left(\frac{48.088-35.227}{295}\times\frac{180°}{\pi}\right)=12.857\ \text{m}$$

$$y_{P1}=295\times\left[1-\cos\left(\frac{48.088-35.227}{295}\times\frac{180°}{\pi}\right)\right]=0.280\ \text{m}$$

同理，
$$x_{P2}=295\times\sin\left(\frac{88.088-35.227}{295}\times\frac{180°}{\pi}\right)=52.579\ \text{m}$$

$$y_{P2}=295\times\left[1-\cos\left(\frac{88.088-35.227}{295}\times\frac{180°}{\pi}\right)\right]=4.723\ \text{m}$$

将计算结果填入表 6—2 中。

表 6—2　　中线测量记录（JD_2）

JD_2 0+068.225			
角度观测			$c_2=\frac{a_2+b_2}{2}$ $=\frac{226°01'00"+58°46'36"}{2}$ $=142°23'48"$
盘左	后视	46°01′42″	
	前视	238°47′54″	JD_1–JD_2 边磁方位角：178 °30′
	右角（β）	167°13′48″	JD_1–JD_2 实测距离：68.225 m
盘右	后视	226°01′00″	JD_2–JD_3 实测距离：76.185 m
	前视	58°46′36″	JD_3 里程桩号为：0+100.950+（76.185−32.998）=0+144.137
	右角（β）	167°14′24″	示意图： JD_2 ZY_2 YZ_2 JD_1 JD_3 P_1 QZ_2 P_2 R_2
β 平均值		167°14′06″	
转角（α）	左		
	右	12°45′54″	
R_2=295 m　$\frac{L_2}{2}$=32.862 m T_2=32.998 m　D_2=0.273 m L_2=65.723 m　E_2=1.840 m			

点号	里程桩号	切线支距		桩号计算手稿
		x（m）	y（m）	
ZY_2	0+035.227			JD_2-T_2 0+068.225−32.998=0+035.227
P_1	0+048.088	12.857	0.280	
				ZY_2+L_2 0+035.227+65.723=0+100.950
QZ_2	0+068.088			
P_2	0+088.088	52.579	4.723	$YZ_2-L_2/2$ 0+100.950−32.862=0+68.088
YZ_2	0+100.950			$QZ_2+D_2/2$ 0+068.088+0.137=0+068.225
JD_3	0+144.137			
直线段桩与圆曲线起点和终点桩	0+000 0+030 0+035.227 0+100.950	附记： 在园路中线上，JD_1 至 JD_2 间 有长 35.227 m 的直线段		JD_2 0+068.225 （检核）

（2）测设加桩点　参照图 6—4，从圆曲线起点 ZY_2 开始，用钢尺沿切线方向量取长度 x_1=12.857 m，得到 N_1 点，用测钎作标记；在 N_1 点处用十字架作垂线，然后向曲线方向量出 y_1=0.280 m，即可定出加桩点 P_1 的地面位置，打入木桩并标明里程号。同理，可以确定出加桩点 P_2 的位置。为了减少量距，具体测设时，可从圆曲线的起点和终点分别向中点测设加桩点。

（3）检校加桩点的位置　检校时，量取圆曲线中点至其最近一个加桩点的水平距离，当该段实量长度与这两个桩号之差的差值小于曲线长一半的 1/500 时，即认为符合精度要求，否则应查明原因予以重新测设。

同理，可将图 6—1 中 JD_3、JD_4、JD_5、JD_6、JD_7、JD_8 各个交点的右角、转角、分角线方向、圆曲线测设元素、里程桩号等有关数据测算出来，实测结果分别见表 6—3 至表 6—8。

表 6—3　　**中线测量记录（JD_3）**

<table>
<tr><td colspan="4" rowspan="2">JD_3 0+144.137</td><td rowspan="2">点号</td><td rowspan="2">里程桩号</td><td colspan="2">切线支距</td><td rowspan="2">桩号计算手稿</td></tr>
<tr><td>x（m）</td><td>y（m）</td></tr>
<tr><td colspan="3">角度观测</td><td rowspan="2">$c_3=\frac{a_3+b_3}{2}-180°$
=21°27′39″</td><td>ZY_3</td><td>0+120.882</td><td></td><td></td><td rowspan="2">JD_3-T_3
0+144.137−23.255=
0+120.882</td></tr>
<tr><td rowspan="3">盘左</td><td>后视</td><td>248°32′12″</td><td></td><td></td><td></td><td></td></tr>
<tr><td>前视</td><td>154°24′00″</td><td>JD_3 至 JD_4 实测距离：
58.850 m</td><td>QZ_3</td><td>0+139.613</td><td></td><td></td><td>ZY_3+L_3
0+120.882+37.463=
0+158.345</td></tr>
<tr><td>右角（β）</td><td>94°08′12″</td><td>JD_4 里程桩号为：
0+158.345+（58.850−23.255）=0+193.940</td><td></td><td></td><td></td><td></td><td rowspan="2">$YZ_3-L_3/2$
0+158.345−18.732=
0+139.613</td></tr>
<tr><td rowspan="3">盘右</td><td>后视</td><td>68°32′00″</td><td></td><td></td><td></td><td></td><td></td></tr>
<tr><td>前视</td><td>334°23′18″</td><td></td><td>YZ_3</td><td>0+158.345</td><td></td><td></td><td rowspan="2">$QZ_3+D_3/2$
0+139.613+4.524=
0+144.137</td></tr>
<tr><td>右角（β）</td><td>94°08′42″</td><td rowspan="5">示意图：
JD_3，T_3，T_3，ZY_3，QZ_3，YZ_3，R_3，JD_2，JD_4</td><td>JD_4</td><td>0+193.940</td><td></td><td></td></tr>
<tr><td colspan="2">β 平均值</td><td>94°08′27″</td><td rowspan="4">直线段桩与圆曲线起点和终点桩</td><td>0+100.950
0+120</td><td colspan="2" rowspan="4">附记：
在园路中线上，JD_2 至 JD_3 间有长 19.932 m 的直线段</td><td rowspan="4">JD_3
0+144.137
（检核）</td></tr>
<tr><td rowspan="2">转角（α）</td><td>左</td><td></td><td rowspan="3">0+120.882
0+158.345</td></tr>
<tr><td>右</td><td>85°51′33″</td></tr>
<tr><td colspan="3">R_3=25 m　$\frac{L_3}{2}$=18.732 m
T_3=23.255 m　D_3=9.047 m
L_3=37.463 m　E_3=9.144 m</td></tr>
</table>

表 6—4　　　　中线测量记录（JD_4）

JD_4 0+193.940				点号	里程桩号	切线支距 x（m）	切线支距 y（m）	桩号计算手稿
角度观测				ZY_4	0+173.586			JD_4-T_4 0+193.940−20.354=0+173.586
盘左	后视	9°23′00″	$c_4=\frac{a_4+b_4}{2}$ =243°22′42″					
盘左	前视	117°21′00″	JD_4 至 JD_5 实测距离：51.855 m	QZ_4	0+191.186			ZY_4+L_4 0+173.586+35.200=0+208.786
盘左	右角（β）	252°02′00″	JD_5 里程桩号为：0+208.786+（51.855−20.354）=0+240.287					$YZ_4-L_4/2$ 0+208.786−17.600=0+191.186
盘右	后视	189°23′24″						
盘右	前视	297°22′00″		YZ_4	0+208.786			$QZ_4+D_4/2$ 0+191.186+2.754=0+193.940
盘右	右角（β）	252°01′24″	示意图：（R_4，JD_5，JD_3，YZ_4，QZ_4，ZY_4，JD_4） 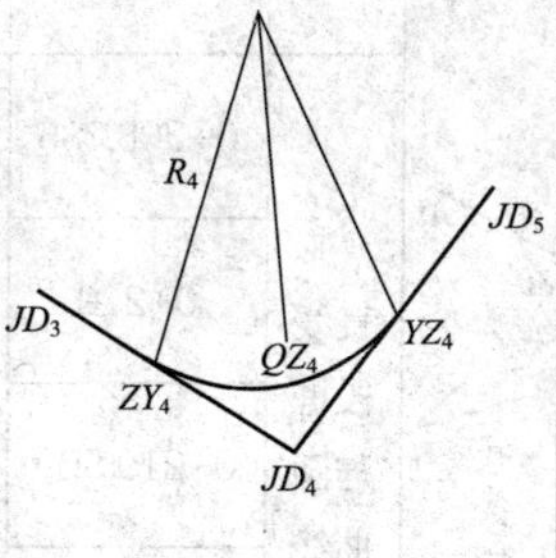	JD_5	0+240.287			
β 平均值		252°01′42″		直线段桩与圆曲线起点和终点桩	0+158.345	附记：在园路中线上，JD_3 至 JD_4 间有 15.241 m 长的直线段		JD_4 0+193.940（检核）
转角（α）	左	72°01′42″			0+173.586			
转角（α）	右				0+208.786			
R_4=28 m　$\frac{L_4}{2}$=17.600 m T_4=20.354 m　D_4=5.508 m L_4=35.200 m　E_4=6.616 m								

表 6—5　　中线测量记录（JD_5）

JD_5 0+240.287				点号	里程桩号	切线支距 x（m）	切线支距 y（m）	桩号计算手稿
角度观测				ZY_5	0+219.509			JD_5-T_5 0+240.287−20.778=0+219.509
盘左	后视	281°26′48″	$c_5=\frac{a_5+b_5}{2}$ =177°13′42″					
盘左	前视	73°00′12″	JD_5 至 JD_6 实测距离：62.965 m	QZ_5	0+239.859			ZY_5+L_5 0+219.509+40.700=0+260.209
盘左	右角（β）	208°26′36″						$YZ_5-L_5/2$ 0+260.209−20.350=0+239.859
盘右	后视	101°26′42″	JD_6 里程桩号为：0+260.209+（62.965−20.778）=0+302.396					
盘右	前视	253°00′42″		YZ_5	0+260.209			$QZ_5+D_5/2$ 0+239.859+0.428=0+240.287
盘右	右角（β）	208°26′00″	示意图：	JD_6	0+302.396			
β 平均值		208°26′18″		直线段桩与圆曲线起点和终点桩	0+208.786	附记：在园路中线上，JD_4 至 JD_5 间有长 10.723 m 的直线段		JD_5 0+240.287（检核）
转角（α）	左	28°26′18″			0+210			
转角（α）	右				0+219.509			
R_5=82 m　$\frac{L_5}{2}$=20.350m T_5=20.778 m　D_5=0.856m L_5=40.700m　E_5=2.592m					0+260.209			

表 6—6　　**中线测量记录（JD_6）**

JD_6 0+302.396				点号	里程桩号	切线支距 x（m）	切线支距 y（m）	桩号计算手稿
角度观测				ZY_6	0+284.510			JD_6-T_6 0+302.396−17.886=0+284.510
盘左	后视	51°05′00″	$c_6=\frac{a_6+b_6}{2}$ =149°37′54″					
盘左	前视	248°10′42″	JD_6 至 JD_7 实测距离：46.060 m	QZ_6	0+302.263			ZY_6+L_6 0+284.510+35.507=0+320.017
盘左	右角（β）	162°54′18″	JD_7 里程桩号为：0+320.017+（46.060−17.886）=0+348.191					$YZ_6-L_6/2$ 0+320.017−17.754=0+302.263
盘右	后视	231°05′00″						
盘右	前视	68°10′48″		YZ_6	0+320.017			$QZ_6+D_6/2$ 0+302.263+0.133=0+302.396
盘右	右角（β）	162°54′12″	示意图：	JD_7	0+348.191			
β 平均值		162°54′15″		直线段桩与圆曲线起点和终点桩	0+260.209	附记：在园路中线上，JD_5 至 JD_6 间有长 24.301 m 的直线段		JD_6 0+302.396（检核）
转角（α）	左				0+270			
转角（α）	右	17°05′45″			0+284.510			
R_6=119 m　$\frac{L_6}{2}$=17.754 m　T_6=17.886 m　D_6=0.265 m　L_6=35.507 m　E_6=1.337 m					0+320.017			

表 6—7 中线测量记录（JD_7）

JD_7 0+348.191			
角度观测			$c_7=\dfrac{a_7+b_7}{2}-180°$ =14°14′39″
盘左	后视	126°14′00″	
盘左	前视	262°15′00″	JD_7 至 JD_8 实测距离：29.100 m
盘左	右角（β）	223°59′00″	JD_8 里程桩号为：0+356.559+（29.100−9.289）=0+376.370
盘右	后视	306°14′18″	
盘右	前视	82°15′00″	
盘右	右角（β）	223°59′18″	示意图：
β 平均值		223°59′09″	
转角（α）	左	43°59′09″	
转角（α）	右		
R_7=23 m　$\dfrac{L_7}{2}$=8.829m T_7=9.289 m　D_7=0.921 m L_7=17.657 m　E_7=1.805 m			

点号	里程桩号	切线支距 x（m）	切线支距 y（m）	桩号计算手稿
ZY_7	0+338.902			JD_7-T_7 0+348.191−9.289=0+338.902
QZ_7	0+347.730			ZY_7+L_7 0+338.902+17.657=0+356.559
				$YZ_7-L_7/2$ 0+356.559−8.829=0+347.730
YZ_7	0+356.559			$QZ_7+D_7/2$ 0+347.730+0.461=0+348.191
JD_8	0+376.370			
直线段桩与圆曲线起点和终点桩	0+320.017 0+330 0+338.902 0+356.559	附记： 在园路中线上，JD_6 至 JD_7 间有长 18.885 m 的直线段		JD_7 0+348.191 （检核）

表 6—8　　　　中线测量记录（JD_8）

JD_8 0+376.370			
角度观测			
盘左	后视	230°56′06″	$c_8=\frac{a_8+b_8}{2}$ =111°52′03″
盘左	前视	352°47′54″	JD_8 至 JD_9 实测距离： 37.865 m
盘左	右角（β）	238°08′12″	JD_9 里程桩号为： 0+384.169+（37.865−9.449）=0+412.585
盘右	后视	50°55′54″	
盘右	前视	172°48′12″	
盘右	右角（β）	238°07′42″	示意图： 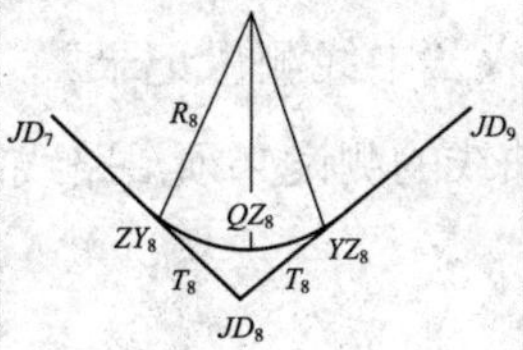 JD_7 R_8 JD_9 QZ_8 ZY_8 YZ_8 T_8 T_8 JD_8
β 平均值		238°07′57″	
转角（α）	左	58°07′57″	
转角（α）	右		
R_8=17 m　$\frac{L_8}{2}$=8.624 m T_8=9.449 m　D_8=1.650 m L_8=17.248 m　E_8=2.449 m			

点号	里程桩号	切线支距 x（m）	切线支距 y（m）	桩号计算手稿
ZY_8	0+366.921			JD_8-T_8 0+376.370−9.449= 0+366.921
				ZY_8+L_8 0+366.921+17.248= 0+384.169
QZ_8	0+375.545			$YZ_8-L_8/2$ 0+384.169−8.624= 0+375.545
YZ_8	0+384.169			$QZ_8+D_8/2$ 0+375.545+0.825= 0+376.370
JD_9	0+412.585			
直线段桩与圆曲线起点和终点桩	0+356.559 0+360 0+366.921 0+384.169 0+390 0+412.585	附记： 在园路中线上，JD_7 至 JD_8 间有长 10.362 m 的直线段；JD_8 至 JD_9 间有长 28.416 m 的直线段		JD_8 0+376.370 （检核）

8. 绘制园路中线平面位置图

（1）分析园路中线组成　为了能直观地反映所测园路的长度、各里程桩的位置、直线段和曲线段的情况等，以便进行园路工程设计与施工，需要将中线测量的有关数据转化成图样资料。从图 6—1 和表 6—2 至表 6—8 可看出：该园路中线总长度为 412.585 m，在 JD_2–JD_8 7 个交点上有 3 个右转角、4 个左转角，各交点上均存在不同半径的圆曲线；在各个圆曲线的起点（ZY）、中点（QZ）和终点（YZ）上都钉设有已编写桩号的里程桩，并在交点 JD_2 处的圆曲线上设立了 P_1、P_2 两个加桩；在线路上相邻两圆曲线间存在长度不等的直线，直线段上整 30 m 倍数处也钉设有里程桩。

（2）绘制中线平面位置图

1）绘制园路交点位置。根据实地路线长度和所给图纸的大小，选择合适的比例尺，通常采用 1∶1 000。如图 6—7 所示，首先考虑整个园路中线位置应在图纸的中央，然后，根据 JD_1–JD_2 边的磁方位角、各个交点之间的距离、转角或右角大小等，从起点 JD_1 开始，在图纸上按比例确定包括 JD_1、JD_9 在内的各个交点。

2）绘制圆曲线位置。在 JD_2–JD_8 7 个有圆曲线的各交点上，根据圆曲线的半径、切线长、外距长、曲线长等测设元素值，绘制出各自的圆曲线，同时确定出三主点、加桩点的位置；在园路中线的直线段上，还应标出整 30 m 倍数的里程桩位置。

3）图面检查整饰。标注、核对各有关数据，并标明北方向及绘图比例尺等，然后整饰至内容齐全、线条清晰、注记正确。

三、操作注意事项

1. 实地选线时，相邻交点桩之间应尽量通视，各交点桩的桩顶中心要钉入小铁钉，以标明点位；木桩侧面用红油漆写上编号，字面朝向路线起点。

2. 在实际中线测量工作中，转角测量结束后，便立即进行圆曲线三主点、加桩点的测设和里程桩、加桩的设置，待各项工作均完成后，仪器方可迁站。

3. 每个交点桩上的测算数据应分别记入“中线测量记录”，所有数据必须经过检验校核，不符合要求的数据一律不予采用；圆曲线的测设必须沿路线前进方向依次进行。

评分标准

序号	项目与技术要求	配分	评分标准	实测记录	得分
1	能合理选择和确定道路中线	10	确定的线路不符合选线原则扣 5 分，现地设置的交点桩、转点桩位置不准确扣 5 分		
2	能正确测算转角	20	测算右角错误或计算转角错误扣 10 分，分角线方向确定错误扣 10 分		
3	会正确测设圆曲线的三主点	20	圆曲线的半径选择不当或三主点的测设元素计算错误扣 10 分，地面测设位置错误扣 10 分		
4	会正确测设圆曲线的加桩点	20	圆曲线加桩点测设数据计算错误扣 10 分，地面测设位置错误扣 10 分		
5	会正确设置里程桩	20	里程桩的位置设置错误扣 10 分，里程桩号计算错误扣 10 分		
6	能绘制园路中线平面位置图	10	曲线与直线连接不平滑或图面不整洁扣 5 分，图上各种数据注记有错误扣 5 分		
合计得分					

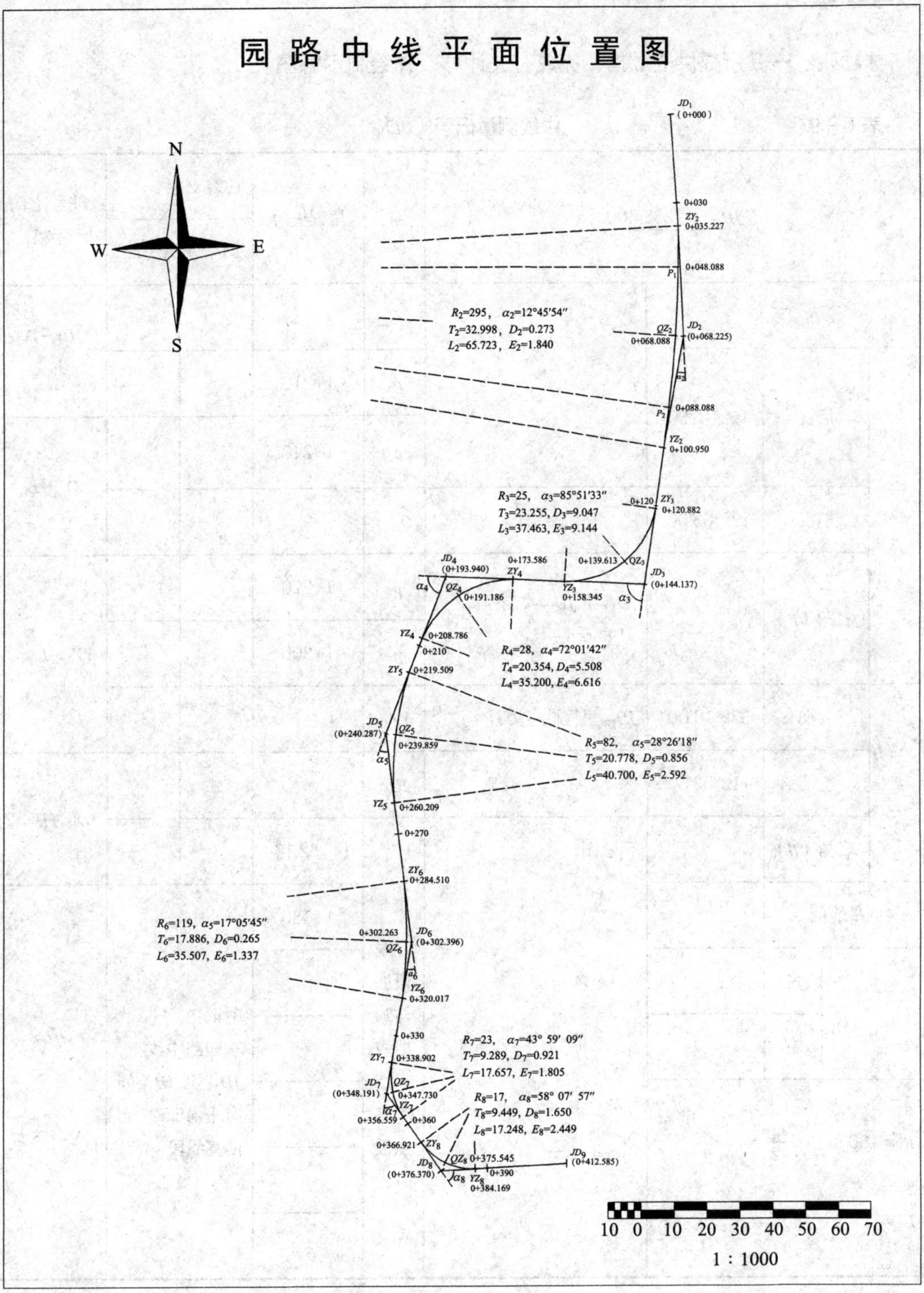

园 路 中 线 平 面 位 置 图

N
W
E
S

JD_1 (0+000)
0+030
ZY_2 0+035.227
P_1 0+048.088
R_2=295， α_2=12°45′54″
T_2=32.998， D_2=0.273
L_2=65.723， E_2=1.840
QZ_2 0+068.088
JD_2 (0+068.225)
α_2
P_2 0+088.088
YZ_2 0+100.950
R_3=25， α_3=85°51′33″
T_3=23.255, D_3=9.047
L_3=37.463, E_3=9.144
0+120 ZY_3 0+120.882
0+139.613 QZ_3
JD_3 (0+144.137)
α_3
YZ_3 0+158.345
0+173.586 ZY_4
JD_4 (0+193.940)
α_4
QZ_4 0+191.186
YZ_4 0+208.786
0+210
R_4=28， α_4=72°01′42″
T_4=20.354, D_4=5.508
L_4=35.200, E_4=6.616
ZY_5 0+219.509
JD_5 (0+240.287)
QZ_5 0+239.859
α_5
R_5=82， α_5=28°26′18″
T_5=20.778, D_5=0.856
L_5=40.700, E_5=2.592
YZ_5 0+260.209
0+270
ZY_6 0+284.510
R_6=119， α_5=17°05′45″
T_6=17.886, D_6=0.265
L_6=35.507, E_6=1.337
0+302.263
JD_6 (0+302.396)
QZ_6
α_6
YZ_6 0+320.017
0+330
ZY_7 0+338.902
R_7=23， α_7=43° 59′ 09″
T_7=9.289, D_7=0.921
L_7=17.657, E_7=1.805
JD_7 (0+348.191)
QZ_7 0+347.730
α_7 YZ_7
0+356.559 0+360
R_8=17， α_8=58° 07′ 57″
T_8=9.449, D_8=1.650
L_8=17.248, E_8=2.449
0+366.921 ZY_8
JD_8 (0+376.370)
QZ_8 0+375.545
0+390
α_8 YZ_8 0+384.169
JD_9 (0+412.585)

10 0 10 20 30 40 50 60 70
1：1000

图 6—7 园路中线平面位置

思考与练习

根据表 6—9 所提供的数据，完成有关计算，并绘制示意图。

表 6—9 中线测量记录（JD_{12}）

<table>
<tr><td colspan="4" rowspan="2">JD_{12} 1+252.600</td><td rowspan="2">点号</td><td rowspan="2">里程桩号</td><td colspan="2">切线支距</td><td rowspan="2">桩号计算手稿</td></tr>
<tr><td>x（m）</td><td>y（m）</td></tr>
<tr><td colspan="3">角度观测</td><td rowspan="3">c=</td><td>ZY_{12}</td><td></td><td></td><td></td><td rowspan="2">$JD_{12}-T_{12}$</td></tr>
<tr><td rowspan="3">盘左</td><td rowspan="2">后视</td><td rowspan="2">152°15′30″</td><td>p_1</td><td>1+210</td><td></td><td></td></tr>
<tr><td>p_2</td><td>1+240</td><td></td><td></td><td rowspan="2">$ZY_{12}+L_{12}$</td></tr>
<tr><td>前视</td><td>292°03′00″</td><td></td><td>QZ_{12}</td><td></td><td></td><td></td></tr>
<tr><td colspan="2" rowspan="2">右角（β）</td><td rowspan="2"></td><td rowspan="2">JD_{12} 至 JD_{13} 实测距离：
91.855 m</td><td>p_3</td><td>1+270</td><td></td><td></td><td rowspan="3">$YZ_{12}-L_{12}/2$</td></tr>
<tr><td>p_4</td><td>1+300</td><td></td><td></td></tr>
<tr><td rowspan="3">盘右</td><td>后视</td><td>332°16′00″</td><td rowspan="2">JD_{13} 里程桩号为：</td><td>YZ_{12}</td><td></td><td></td><td></td></tr>
<tr><td>前视</td><td>112°03′30″</td><td>JD_{13}</td><td></td><td></td><td></td><td rowspan="2">$QZ_{12}+D_{12}/2$</td></tr>
<tr><td>右角（β）</td><td></td><td rowspan="7">示意图：</td><td rowspan="7">直线段桩与圆曲线起点和终点桩</td><td>1+152.168</td><td></td><td></td></tr>
<tr><td colspan="2">β平均值</td><td></td><td>1+180</td><td colspan="2" rowspan="6">附记：
在园路中线上，JD_{11} 至 JD_{12} 间有长 45.527 m 的直线段</td><td rowspan="6">JD_{12}

（校核）</td></tr>
<tr><td rowspan="2">转角（α）</td><td>左</td><td></td><td></td></tr>
<tr><td>右</td><td></td><td></td></tr>
<tr><td colspan="3" rowspan="3">R_{12}=150 m　　$\frac{L_{12}}{2}$=
T_{12}=　　D_{12}=
L_{12}=　　E_{12}=</td><td></td></tr>
<tr><td></td></tr>
<tr><td></td></tr>
</table>

课题二
测绘园路中线纵断面图

任务一　园路纵断面水准测量

任务目标

◇掌握园路基平测量的方法

◇掌握园路中平测量的方法

任务提出

图 6—7 所示为园路中线平面位置图，它反映了园路在平面上直线段与曲线段的连接关系、各中线桩的点位与里程、路线长度与走向等信息；为了掌握园路中线在纵向上高低起伏的情况，必须测算出园路中线上每个中桩点的地面高程，即进行园路纵断面水准测量。

任务分析

为了便于施测并保证测量精度，将园路纵断面水准测量分为基平和中平两个步骤。测量时，首先在中线两侧沿园路走向按一定距离设置水准点，建立线路高程控制；然后，根据基平测出的水准点高程，从一水准点开始，分段逐个测量中线上所有中桩点的地面高程，最后再附合到前一个水准点上，并对测算结果进行检验校核。

相关知识

一、基平测量

1. 设置水准点

（1）水准点位置的选择　根据需要和园路沿线情况，永久性水准点设立在固定的标石或建筑物上，临时性水准点则可设立在树木伐桩上或钉设木桩。为避免道路施工时水准点被破坏且方便寻找，要求水准点远离中线 20～30 m。选定的水准点要进行编号，如 BM_1、BM_2 等，同时要做好点之记。

（2）水准点密度的确定　根据地形条件和工程需要，一般每隔 0.5～1.0 km 设置一个水准点，在重要工程地段如桥涵、高填深挖和工程集中地段，还应适当增设水准点数量。

2. 水准点高程测量

基平测量即利用水准仪实地观测所布设水准点高程的工作。待测水准点高程的观测应从国家水准点开始，进行附合水准路线测量或闭合水准路线测量，而园路通常采用假定高程系统，测量时，一般用一台水准仪在相邻两个水准点间往、返各测量一次，即支水准路线测量，若两次所测高差误差不大于 $\pm 12\sqrt{n}$ mm 或 $\pm 40\sqrt{L}$ mm 时，则取其平均值作为两水准点之间的高差。

二、中平测量

园路中线上的里程桩简称中桩，测量中桩高程称为中平或中桩抄平，中平测量就是利用水准仪观测每个中桩点的地面高程。中平测量时，应从园路起点附近的已知水准点 BM_1 开始，按中线测量所提供的桩号依次逐点观测，当测量至前一个水准点 BM_2 附近时，一定要与其进行校核；若高差闭合差在 $\pm 50\sqrt{L}$ mm 或 $\pm 12\sqrt{n}$ mm 范围内，即符合精度要求，所测中桩高程无须平差，但在进行下一测段的中平测量时，必须从 BM_2 开始起测，且 BM_2 高程采用基平测量出的结果；若高差闭合差超限，则需要重测。

为了提高测量速度，在每个测站上常常会设置一些转点（中桩有时也可作为转点），在两个转点或水准点与转点间被观测的中桩称为中间点。在每一个测站观测时，应先观测出两个转点的前、后视读数，再观测中间点的视线读数。中桩高程计算采用视线高程法，计算公式为

$$\left.\begin{aligned} H_i &= H_{后} + a \\ H_{转} &= H_i - b \\ H_{中} &= H_i - m \end{aligned}\right\} \qquad 式（6—9）$$

式中 H_i——视线高程，m；

$H_{后}$——后视点高程，m；

$H_{转}$——转点高程，m；

$H_{中}$——中间点高程，m；

a——后视读数，m；

b——前视读数，m；

m——中间视读数，m。

任务实施

一、工具准备

4~5人为一组，每组配备水准仪1台，水准尺2根，尺垫2个，红油漆1小桶，计算器1台，记录板1块（含水准测量记录表），毛笔1支，木桩若干、铅笔等。

二、实施步骤

1. 设置水准点并引测高程

在园路的路线起点、中点和终点附近分别设置水准点BM_1、BM_2和BM_3，另假设BM_1高程为400.000 m，如图6—8所示（只画出了一部分路程）。经过基平测量的实施，求得BM_2和BM_3的高程各为394.580 m、389.615 m，并将结果填入表6—10。

2. 中桩高程测量

（1）中平观测　如图6—8所示，安置水准仪于测站“1”，以已知高程水准点BM_1为后视点，以所选的转点TP_1为前视点，并以园路中线上里程桩为中间点，测出第一个测站上各中桩的高程。经实测，后视BM_1读数为0.079 m；前视转点（中桩0+048.088）得前视读数为2.844 m；观测中间点0+000、0+030、0+035.227，读数分别为0.059 m、1.937 m、2.121 m；将各读数记录于表6—10相应位置。

同理，将水准仪搬至测站“2”，后视转点（中桩0+048.088），读数为0.265 m；在水准点BM_2立尺并作前视点，读数为2.922 m；依次观测中间点0+068.088、0+088.088、0+100.950、0+120，读数分别为1.523 m、2.536 m、2.699 m、2.905 m；将各读数也记录于表6—10相应栏中。

如此经过多次迁站，直至将整个园路的中平数据均观测出来。

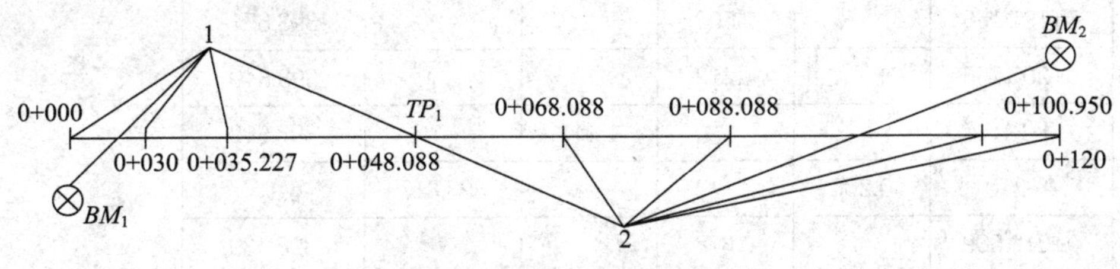

图6—8　园路纵断面水准测量

（2）计算各中桩的高程　由BM_1已知高程，根据式（6—9）可得：

第1测站的视线高程为400.000+0.079=400.079 m；

转点0+048.088的高程为400.079−2.844 =397.235 m；

中间点0+000的高程为400.079−0.059 =400.020 m；

中间点 0+030 的高程为 400.079−1.937=398.142 m；

中间点 0+035.227 的高程为 400.079−2.121=397.958 m。

具体计算详见表 6—10。

表 6—10　　中平测量记录计算表

测站	桩号	水准尺读数（m）			视线高程（m）	地面高程（m）	备注
		后视	中间视	前视			
1	BM_1	0.079			400.079	400.000	水准点 BM_1 已知高程 400.000 m
	0+000		0.059			400.020	
	0+030		1.937			398.142	
	0+035.227		2.121			397.958	
	0+048.088			2.844		397.235	
2	0+048.088	0.265			397.500		
	0+068.088		1.523			395.977	
	0+088.088		2.536			394.964	
	0+100.950		2.699			394.801	
	0+120		2.905			394.595	
	BM_2'			2.922		394.578	
	BM_2					394.580	水准点 BM_2 已知高程 394.580 m
3	BM_2	0.473			395.053		
	0+120.882		0.463			394.590	
	0+139.613		0.379			394.674	
	0+158.345		1.593			393.460	
	0+173.586		1.523			393.530	
	0+191.186		1.502			393.551	
	0+208.786		1.213			393.840	
	0+210			1.441		393.612	
4	0+210	0.205			393.817		
	0+219.509		0.378			393.439	
	0+239.859		1.120			392.697	
	0+260.209		1.799			392.018	
	0+270		1.827			391.990	
	0+284.510		2.632			391.185	
	0+302.263			2.647		391.170	

续表

测站	桩号	水准尺读数（m）			视线高程（m）	地面高程（m）	备注
		后视	中间视	前视			
5	0+302.263	0.634			391.804		
	0+320.017		1.024			390.780	
	0+330		1.270			390.534	
	0+338.902		1.329			390.475	
	0+347.730		1.696			390.108	
	0+356.559		1.718			390.086	
	0+360		1.804			390.000	
	0+366.921		1.804			390.000	
	0+375.545		1.874			389.930	
	0+384.169		2.014			389.790	
	0+390		2.044			389.760	
	0+412.585		2.024			389.780	
	BM_3'			2.174		389.630	水准点 BM_3 已知高程 389.615 m
	BM_3					389.615	
校核计算	① BM_1—BM_2 之间的校核 $\Delta h_{12测}$ =（0.079+0.265）-（2.844+2.922）=0.344-5.766=-5.422 m； $\Delta h_{12理}$ =394.580-400.000=-5.420 m；$f_{h12测}$ =-5.422-（-5.420）=-0.002 m； $f_{h12容}=\pm 12\sqrt{2}$ mm= ± 0.017 m；因 $\lvert f_{h12测}\rvert < \lvert f_{h12容}\rvert$，故本段测量成果符合精度要求，无须平差 ② BM_2—BM_3 之间的校核 $\Delta h_{23测}$ =（0.473+0.205+0.634）-（1.441+2.647+2.174）=1.312-6.262=-4.950 m； $\Delta h_{23理}$ =389.615-394.580=-4.965 m；$f_{h23测}$ =-4.950-（-4.965）=0.015 m； $f_{h23容}=\pm 12\sqrt{3}$ mm= ± 0.021 m；因 $\lvert f_{h23测}\rvert < \lvert f_{h23容}\rvert$，故本段测量成果符合精度要求，无须平差							

三、操作注意事项

1. 路线上中桩较多，中平测量时要防止重测和漏测。

2. 水准尺应紧靠里程桩立于地面上，而不能立在桩顶；在水准点和中桩处均不得放置尺垫。

3. 中平测量应分段进行校核，否则，成果不得被采用；在进行每一测段的中平测量时，都必须从基平后的已知水准点开始起测。

评分标准

序号	项目与技术要求	配分	评分标准	实测记录	得分
1	能进行基平测量	40	水准点位置或数量选择不合适扣 10 分，测量误差超限扣 30 分		
2	能进行中平测量	40	转点位置或数量选择不合适扣 10 分，无校核或测量误差超限扣 30 分		
3	会正确观测与计算	20	仪器工具操作不熟练或记录不规范扣 10 分，计算结果有误扣 10 分		
合计得分					

思考与练习

根据表 6—11 中所提供的数据，计算各中桩点的地面高程。

表 6—11　　　　**中平测量记录计算表**

测站	桩号	水准尺读数（m）			视线高程（m）	地面高程（m）	备注
		后视	中间视	前视			
1	BM_A	1.864				144.760	水准点 BM_A 已知高程为 144.760 m
	0+000			1.414			
2	0+000	1.546					
	0+025		0.760				
	0+061.5		1.060				
	0+100			1.852			
3	0+100	1.474					
	0+141.2		2.260				
	0+180		1.790				
	0+200			1.779			
4	0+200	1.354					
	0+260.1		1.000				
	0+300			1.779			
5	0+300	1.485					
	0+380.9		1.340				
	0+400			1.742			

续表

测站	桩号	水准尺读数（m）			视线高程（m）	地面高程（m）	备注
		后视	中间视	前视			
6	0+400	1.472					
	0+500			1.905			
7	0+500	1.568					
	0+600			1.834			
8	0+600	1.476					
	0+658		1.370				
	0+700			1.574			
9	0+700	1.827					
	0+728		1.600				
	0+800			1.341			
10	0+800	1.713					
	0+849		1.700				
	0+900			1.205			
11	0+900	1.431					
	1+000			1.819			
12	1+000	1.546					
	BM'_B			1.345			水准点 BM_B 已知高程 143.948 m
	BM_B					143.948	
校核计算	$\Delta h_{测}=$ $\Delta h_{理}=$ $f_{h测}=$ $f_{h容}=\pm 12\sqrt{n}=$						

任务二　园路纵断面图的绘制

任务目标

◇熟悉纵断面图绘制时相关数据、符号的标注方法，正确绘制园路的纵断面图

◇掌握园路纵向设计与竖曲线设计的方法

◇掌握纵向设计与竖曲线设计中有关数据的计算与标注方法

任务提出

根据图 6—7、表 6—10 所提供的数据，绘制园路纵断面图，并合理进行园路纵向设计和竖曲线设计，然后计算出各中桩的地面填高或挖深大小。

任务分析

欲得到园路的纵断面图，首先应以合适的纵、横比例尺建立平面直角坐标系，并按中平测量测出的地面高程和对应的里程桩号展绘坐标点，然后将所展绘的各点用折线连接起来。为了交通安全、方便，还需要对绘制出的地面线进行纵向设计，由此，各中桩也就产生了填高或挖深问题。而在相邻两纵坡设计线之间设置竖曲线，则应保证不同纵坡间的行车平顺。

相关知识

一、园路纵断面图

园路纵断面是指沿路线中线方向的垂直切面，纵断面图则是根据路线各中桩的地面高程和对应的里程桩号绘制而成的纵向图样资料。园路纵断面图能反映园路中线的地面起伏情况，供路线纵向设计和计算各中桩的填高、挖深之用，并为土石方工程量预算和施工提供基础数据。

在园路纵断面图中，绘制有对应各段地面线的资料表，主要包括：园路中线平面示意图栏、桩号栏、地面高程栏、设计高程栏、坡度和坡长栏、填高和挖深栏等。在坡度和坡长栏中，斜线表示两点间设计坡度的升降方向，用“/”表示上坡，“\”表示下坡，“—”表示水平；在斜线或平线上方标坡度，下方注明两点间的水平距离即坡长。在中线平面示意图栏中，用凸或凹的折线表示路线转弯方向，其中凸起表示“线路右转弯”、凹下为“线路左转弯”。

二、园路纵向设计

园路中线一般在纵向上高低起伏频繁且无规律，不利于通行，因此，要对中线的地面线按坡度要求分段取直，即进行纵向设计。

1. 标注“控制点”与“经济点”

“控制点”是指直接影响设计纵坡高程的点，如路线上的起点、终点、桥涵、沿河路线的洪水位置、线路交叉点及其他因素限制线路必须通过的高程控制点、地质不良地段的最小填土高度处和最大挖深处，都可作为高程受控的依据，在纵断面图上应予以标出。另外，路基填、挖方平衡的高程点称为“经济点”，也要在纵断面图上用一定的符号标注出来，以便于设计纵坡时参考。

2. 试定坡度线

在既要以“控制点”为依据，又要满足多数“经济点”的前提下，将设计坡度线在这些点位之间进行穿插与裁弯取直，试定出若干个纵坡线，然后将它们进行综合分析和比较，最终确定出不但符合技术标准，而且能满足各控制点的要求，园路总体填、挖土石方量也较平衡的设计线作为试定坡度线。

3. 调整试坡线，计算纵向坡度

对照技术标准，检查试定坡度线与实地标定线路时所遇到的问题是否一致，设计线的坡度、坡长等方面是否符合要求，然后及时进行调整。经调整、核对无误后，就可逐段把设计线的坡度数、变坡点的桩号和高程确定下来。变坡点一般设在里程为 10 m 倍数的整桩号上，其高程可预先定出，也可由坡度、坡长计算出来。设计的纵向坡度用百分值表示，当结果为“+”时表示上坡，“-”则为下坡。计算公式为

$$i=\frac{h}{D}\times 100\% \qquad \text{式（6—10）}$$

式中 h——设计坡段的起点与终点高程之差，m；

D——设计坡段的水平距离，m。

在园林道路工程中，为保证行车安全，设计纵向坡度时，一般 i 值不超过 8%，坡长不得小于 100 m。由设计的纵向坡度，就可计算出设计线上任一中桩点的设计高程为

$$H_{设}=H_{始}+iD' \qquad \text{式（6—11）}$$

式中 $H_{始}$——设计坡段的起始高程，m；

i——设计坡度；

D'——设计坡段上某桩点至该坡段起点间的水平距离，m。

三、园路竖曲线

为保证交通安全、方便，在园路中线纵向设计线的变坡点前后适当范围内，需要采用平滑的竖直曲线把相邻两个不同坡度的设计线连接起来，称为竖曲线设计。如图 6—9 所示，园路的纵向坡度线有上坡（i_1、i_3）和下坡（i_2）之分，当相邻两纵坡的坡度代数差大于零时，即 $\Delta i=i_1-i_2>0$，为凸曲线；当 $\Delta i=i_2-i_3<0$ 时，为凹曲线。通常当 $|\Delta i|\geqslant 2\%$ 时，园路应设置竖曲线，其半径的取值见表 6—12。

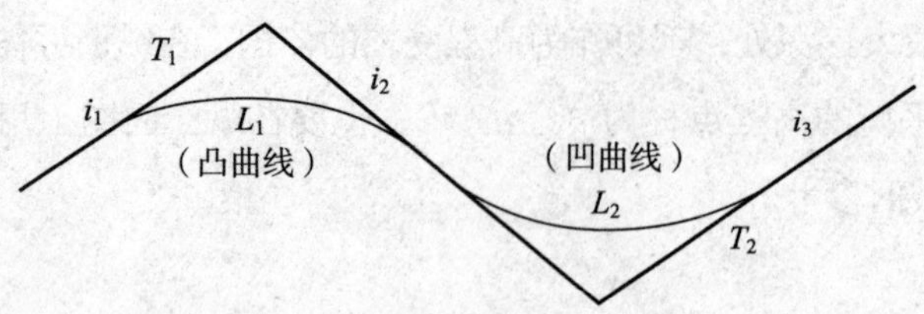

图 6—9 凸曲线与凹曲线

表 6—12 园路竖曲线参考半径 m

竖曲线类型＼园路类型	主干道	次干道
凸曲线	200～400	100～200
凹曲线	100～200	70～100

1. 竖曲线的测设元素

园路的竖曲线半径一般取值较大，因此，竖曲线的曲线长、切线长、外距可用式（6—12）计算

$$\left.\begin{aligned} L &\approx 2T \\ T &\approx \frac{|i_1-i_2|}{2}R \\ E &\approx \frac{T^2}{2R} \end{aligned}\right\} \qquad \text{式（6—12）}$$

2. 竖曲线上设计高程改正值的计算

在竖曲线范围内包含若干个中桩，各中桩在切线上的设计高程与在竖曲线上的设计高程不等，必须将切线上的设计高程加以改正，用“y”表示。如图 6—10 所示，设计竖曲线后中桩的设计高程 = 切线上的设计高程 ±y，其中，凹曲线时取“+”，凸曲线时取“−”；改正值 y 的计算公式为

$$y \approx \frac{x^2}{2R} \qquad \text{式（6—13）}$$

式中 x——竖曲线上任一点对应桩号与竖曲线起点（或终点）桩号之差。

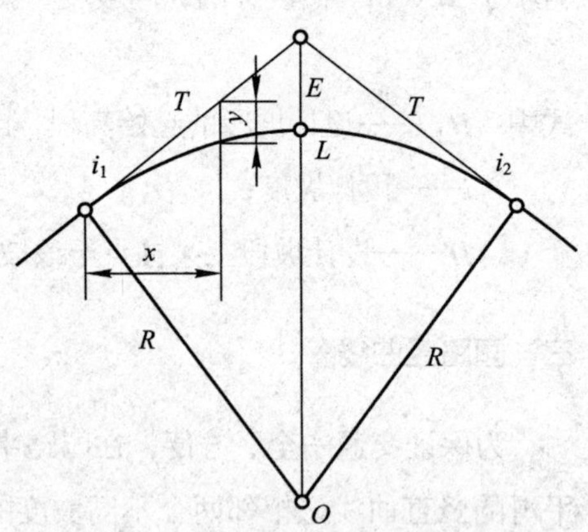

图 6—10 竖曲线测设元素与高程改正

任务实施

一、工具准备

4～5 人为一组，每人配备园路中平测量数据 1 套（见表 6—10），绘图纸 1 张，三角板 1 副，三棱比例尺 1 把，计算器 1 台，绘图铅笔、橡皮等。

二、实施步骤

1. 绘制平面直角坐标系

绘制平面坐标时，应将整个绘图纸分为上、下两部分，上半部分用于绘制路线纵断面图，下半部分则用于绘制有关表格，以便填写主要项目的数据，如图 6—11 所示。

具体绘制平面直角坐标系时，是以中桩的里程为横坐标，以对应的高程为纵坐标，且纵坐标所注记的最低、最高数字区间稍大于高程的波动范围。由于路线的横向长度与纵向高度变化相比差距较大，为了凸显园路中线的地面起伏情况，坐标系的纵轴比例尺通常比横轴比例尺大 10 倍。取横向比例尺为 1：2 000，则纵向比例尺为 1：200。

2. 填写中桩桩号

在图 6—11 “桩号” 栏中，依 1：2 000 的横向比例尺，按照中线桩号由小到大的顺序，分别标明各中桩的位置并注记桩号，如 0+000、0+030、0+035.227、0+048.088 等。

3. 填写地面高程

在图 6—11 “地面高程” 栏中，根据表 6—10 的中平测量结果，分别填写各中桩的地面高程，并要求所填数据与桩号栏内的相应桩号对齐。

4. 绘制线路平面示意图

在图 6—11 “线路平面” 栏内，根据桩号和横轴比例尺绘出中线的直线部分和曲线部分。圆曲线用凸或凹的折线表示，其中凸、凹长度由圆曲线起点和终点的桩号来确定，在凸起或凹下处还应注明交点号、转角大小、圆曲线半径及其他有关测设元素。

5. 绘制线路纵断面图

如图 6—11 所示，在绘图纸的上半部分，以每一个 “桩号” 为横坐标，以其对应的 “地面高程” 为纵坐标进行展点，然后将各坐标点用折线连接起来，便可得到园路纵断面方向的地面线即纵断面图。若路线的高低起伏变化过大或线路过长，可以分段绘图。

6. 绘制纵向设计线

经过试定坡度线、调整试坡线后，该园路纵向设计线可被确定为三段：第一段设计线的起点桩号为 0+000，设计高程定为 395.000 m，终点的桩号为 0+210，设计高程为 391.500 m；第二段设计线的起点即第一段的终点，终点的桩号为 0+330，设计高

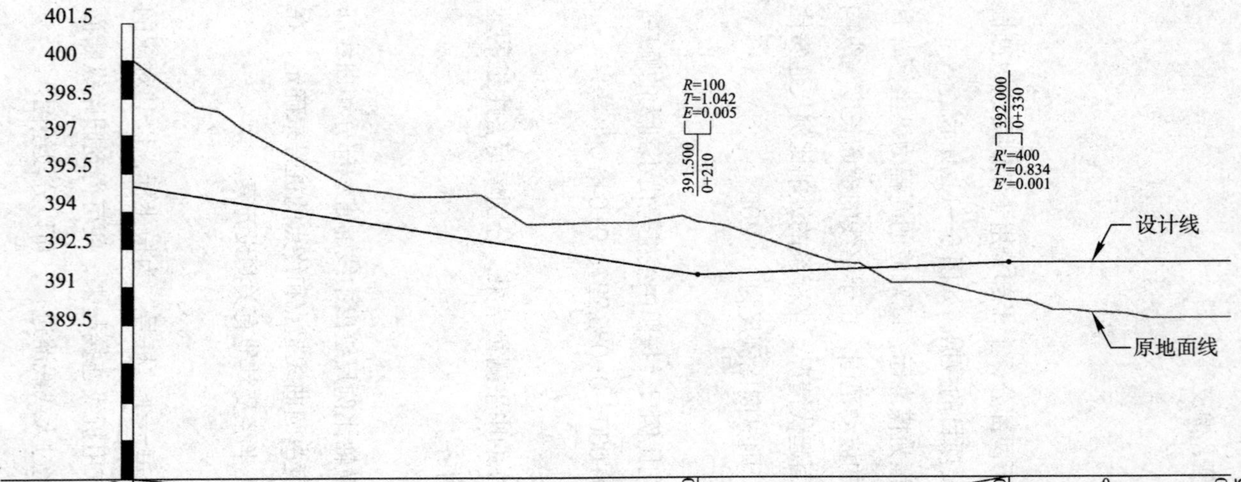

坡度（%）	坡长（m）	变坡点
1.667	210	395.000（0）→ 391.500（210）
0.417	120	391.500（210）→ 392.000（330）
0	82.585	392.000（330）→ 392.000（412.585）

线路平面	桩号	地面高程	设计高程	填高	挖深
JD_1	0+000	400.020	395.000		5.020
	0+030	398.142	394.500		3.642
ZY_2	0+035.227	397.958	394.413		3.545
P_1	0+048.088	397.235	394.198		3.037
JD_2 QZ_2	0+068.088	395.977	393.865		2.112
P_2	0+088.088	394.964	393.532		1.432
YZ_2	0+100.950	394.801	393.317		1.484
	0+120	394.595	393.000		1.595
ZY_3	0+120.882	394.590	392.985		1.605
JD_3 QZ_3	0+139.613	394.674	392.673		2.001
YZ_3	0+158.345	393.460	392.360		1.100
ZY_4	0+173.586	393.530	392.106		1.424
JD_4 QZ_4	0+191.186	393.551	391.813		1.738
YZ_4	0+208.786	393.840	391.520		2.320
	0+210	393.612	391.505		2.107
ZY_5	0+219.509	393.439	391.540		1.899
JD_5 QZ_5	0+239.859	392.697	391.625		1.072
YZ_5	0+260.209	392.018	391.709		0.309
	0+270	391.990	391.750		0.240
ZY_6	0+284.510	391.185	391.811	0.626	
JD_6 QZ_6	0+302.263	391.170	391.885	0.715	
YZ_6	0+320.017	390.780	391.959	1.179	
	0+330	390.534	391.999	1.465	
ZY_7	0+338.902	390.475	392.000	1.525	
JD_7 QZ_7	0+347.730	390.108	392.000	1.892	
YZ_7	0+356.559	390.086	392.000	1.914	
	0+360	390.000	392.000	2.000	
ZY_8	0+366.921	390.000	392.000	2.000	
JD_8 QZ_8	0+375.545	389.930	392.000	2.070	
YZ_8	0+384.169	389.790	392.000	2.210	
	0+390	389.760	392.000	2.240	
JD_9	0+412.585	389.780	392.000	2.220	

线路平面曲线要素：

- $R_2=395$，$\alpha_2=12°45'54''$，$T_2=32.998$，$L_2=65.723$
- $R_3=25$，$\alpha_3=85°51'33''$，$T_3=23.256$，$L_3=37.463$
- $R_4=28$，$\alpha_4=72°01'42''$，$T_4=20.354$，$L_4=35.200$
- $R_5=82$，$\alpha_5=28°26'18''$，$T_5=20.778$，$L_5=40.700$
- $R_6=119$，$\alpha_6=17°05'45''$，$T_6=17.886$，$L_6=35.507$
- $R_7=23$，$\alpha_7=43°59'09''$，$T_7=9.289$，$L_7=17.657$
- $R_8=17$，$\alpha_8=58°07'57''$，$T_8=9.449$，$L_8=17.248$

图 6—11　园路纵断面图与纵向设计图

程为 392.000 m；第三段的起点即第二段的终点，终点在末桩 0+412.585，设计高程为 392.000 m。将各段设计线的起点、终点位置进行展绘，然后再用折线逐点予以连接，便得到园路纵向设计线，如图 6—11 所示。

7. 绘制坡度 / 坡长栏，计算设计坡度和坡长

根据各段纵向设计线的起点与终点桩号及设计高程，可计算出相应的坡长和设计坡度。如图 6—11 所示，园路的第一段设计线起始桩号为 0+000，设计高程为 395.000 m，终点的桩号为 0+210，设计高程为 391.500 m，则该坡段的长度为（0+210）-（0+000）=210 m。

由式（6—10），可得该段设计线的设计坡度为

$$i=\frac{h}{D}\times 100\%=\frac{391.500-395.000}{210}\times 100\%=-1.667\%$$

同理，可计算出第二段设计线的坡长为 120 m，设计坡度为 +0.417%；第三段的坡长为 82.585 m，设计坡度为 0。

将以上结果一并填绘到图 6—11 中的“坡度 / 坡长”栏。

8. 计算中桩的设计高程

在图 6—11 中，已知桩号 0+000 的设计高程为 395.000 m，0+000 桩至 0+210 桩的设计坡度 i=-1.667%，则由式（6—11），可得 0+030 桩的设计高程为

$$H_{0+030}=H_{始}+iD'=395.000+(-1.667\%)\times[(0+030)-(0+000)]=394.500\text{ m}$$

同理，可计算出其他中桩的设计高程，并将结果填入图 6—11 的“设计高程”栏。

9. 计算设计竖曲线时的有关数据

如图 6—11 所示，园路第一段设计线和第二段设计线的坡度分别为“-1.667%”和“+0.417%”，根据表 6—12 选取竖曲线半径 R=100 m，则其设计竖曲线时的有关数据为：

（1）计算竖曲线测设元素　由式（6—12）得

$$T\approx\frac{|i_1-i_2|}{2}R=\frac{|-1.667\%-0.417\%|}{2}\times 100=1.042\text{ m}$$

$$L\approx 2T=2\times 1.042=2.084\text{ m}$$

$$E\approx\frac{T^2}{2R}=\frac{1.042^2}{2\times 100}=0.005\text{ m}$$

将 R 及 T、E 的计算结果标注于图 6—11。

（2）计算竖曲线起点、终点桩号

竖曲线起点桩号：　　0+（210-1.042）=0+208.958

竖曲线终点桩号：　　0+（210+1.042）=0+211.042

（3）计算改正数 y 和设计竖曲线后的设计高程　因该竖曲线的长度较小，所包含的中

桩仅有桩号 0+210，故只需对 0+210 上的设计高程进行改正即可。由式（6—13）得

$$y\approx\frac{x^2}{2R}=\frac{(210-208.958)^2}{2\times100}=0.005\ \mathrm{m}$$

在图 6—11 中，桩号 0+210 上的竖曲线为凹形，故调整后的设计高程为 391.500+0.005=391.505 m，将该数值替换桩号 0+210 的原“设计高程”数值。

同理，可计算出其他竖曲线的有关设计数据。

10. 计算各中桩的填高与挖深

各中桩的填、挖数量为“设计高程减去地面高程”，计算结果若是“+”为填高，“-”则为挖深。例如，图 6—11 中，0+000 桩的地面高程为 400.020 m，设计高程为 395.000 m，则该桩的挖深数为 5.020 m。

同理，可计算出其他中桩的挖深或填高数，结果填入图 6—11“挖深”或“填高”栏。

三、操作注意事项

1. 纵向设计直接关系到园路的质量和造价，因此，应根据有关技术标准和路线客观条件，综合考虑每一设计坡段的起点与终点高程、坡段长度与坡度等问题，力求使纵坡均匀平顺，尽量照顾填挖土石方量的平衡。

2. 为保证行车安全，园路纵向设计时，变坡点不宜设置在圆曲线内。

评分标准

序号	项目与技术要求	配分	评分标准	实测记录	得分
1	能按要求绘制平面直角坐标系	10	横向比例尺与纵向比例尺选择不合适扣 5 分，绘图时布局不当扣 5 分		
2	会正确填写中桩号和地面高程	10	所填桩号、高程有误扣 5 分，桩号与各自高程不一一对应扣 5 分		
3	能绘制平面示意图和纵断面图	20	示意图的凹、凸方向及有关标注错误扣 5 分，纵断面线绘制错误扣 15 分		
4	会合理进行纵向设计	20	坡度、坡长设计不当扣 10 分，变坡点处于圆曲线之内扣 10 分		
5	能正确计算设计高程与填挖量	20	设计高程计算有误扣 10 分，各桩的挖深、填高计算有误扣 10 分		
6	能设计竖曲线并对有关设计高程进行改正	20	竖曲线的半径选取不当或测设元素计算有误扣 10 分，对竖曲线内有关桩号的设计高程改正有误扣 10 分		
合计得分					

思考与练习

已知某园路第一个圆曲线的 ZY_1=0+130.5、QZ_1=0+141.1、YZ_1=0+151.7，R_1=40、T_1=10.86、L_1=21.20，$\alpha_{左1}$=30°22′；第二个圆曲线的 ZY_2=0+234.0、QZ_2=0+252.8、YZ_2=0+271.6，R_2=125、T_2=18.94、L_2=37.60，$\alpha_{左2}$=17°14′。根据图 6—12 所给的数据，完成如下任务（长度单位为 m）：

1. 选择合适的比例尺，绘制园路纵断面图。
2. 在纵坡不大于 6% 时，合理进行纵向设计。
3. 根据具体情况设计竖曲线，并对有关桩号的设计高程进行改正调整。
4. 完成图 6—12 中有关数据、符号的标注。

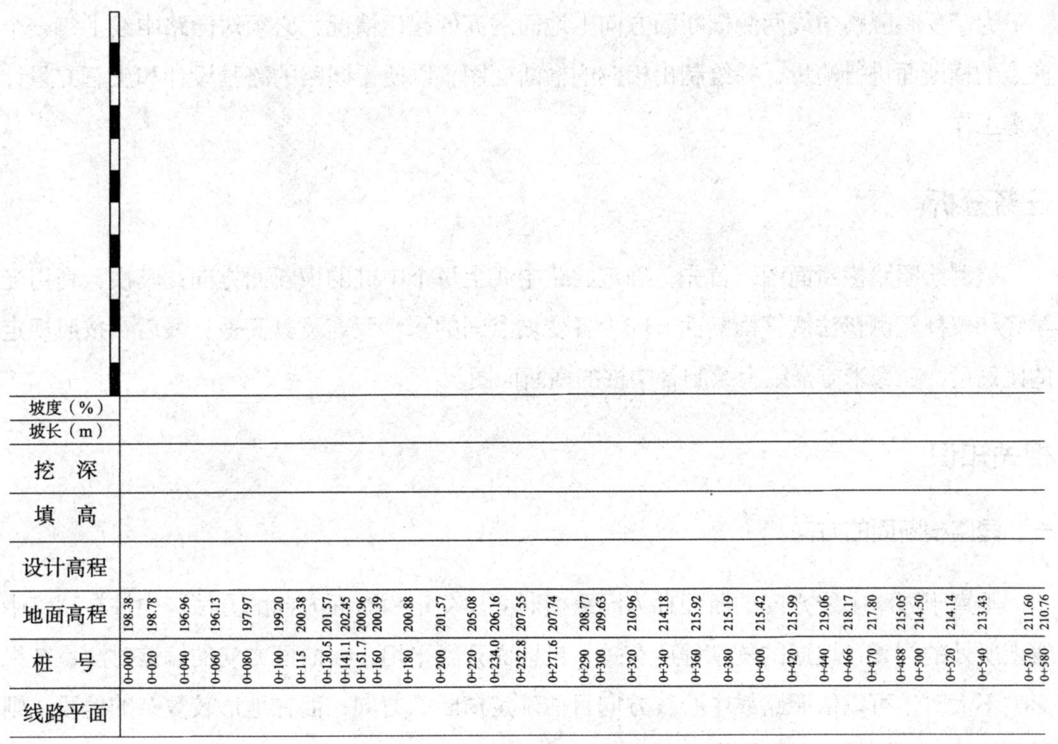

图 6—12 绘纵断面图与纵向设计图

课题三

测绘园路中线横断面图

任务目标

◇熟悉测定园路横断面方向的方法

◇掌握园路横断面测量的方法与数据记录格式

◇能绘制出园路中线横断面图

任务提出

为了反映园路中线两侧横断面方向上地面的高低起伏情况，必须对园路中线上每一个桩点的横断面进行测量，并绘制出相应的横断面图，以便于园路的路基设计和土石方量计算等工作。

任务分析

欲测绘园路横断面图，首先，确定园路中线上每个中桩的横断面方向；其次，利用光学经纬仪视距测量法测算横断面方向上各变坡点间的水平距离及其高差；最后，按照规定的比例尺，在毫米方格纸上绘制各中桩的横断面图。

相关知识

一、园路横断面的方向

垂直于园路中线方向的断面称为园路横断面。测定横断面方向的方法与中桩在园路中线上所处的位置、地形的复杂程度有关，当地面开阔平坦，横断面方向的偏差对测量结果影响不大时，可以依照路线中心线方向目估确定横断面方向；而在地形较复杂的地段，则需要借助十字架或光学经纬仪来测定。

1. 直线段横断面方向的测定

如图 6—13 所示，将十字架安置于中线 0+000 桩号上，使其中一组方向钉瞄准线路前进方向 0+030 桩，则另一组方向钉的指向即为横断面方向。

当用光学经纬仪测定横断面方向时，可先安置仪器于中桩 0+000 上，盘左瞄准前视中线桩 0+030，然后将照准部向中线左侧或右侧拨转 90°，则此时望远镜所瞄方向即为横断面的方向。

2. 曲线段横断面方向的测定

园路曲线段中桩的横断面方向指向圆心，即垂直于该中桩在圆曲线上的切线。曲线段横断面方向虽然通过圆心，但在实际工作时却往往无须确定圆心，因此，横断面方向可利用求心十字架上的定向杆来确定。如图 6—14 所示，求心十字架是在十字架上安装一根可在水平方向旋转的定向杆，杆的两端钉有小钉 *E*、*F*，并装有一个制动螺旋，可以固紧定向杆。

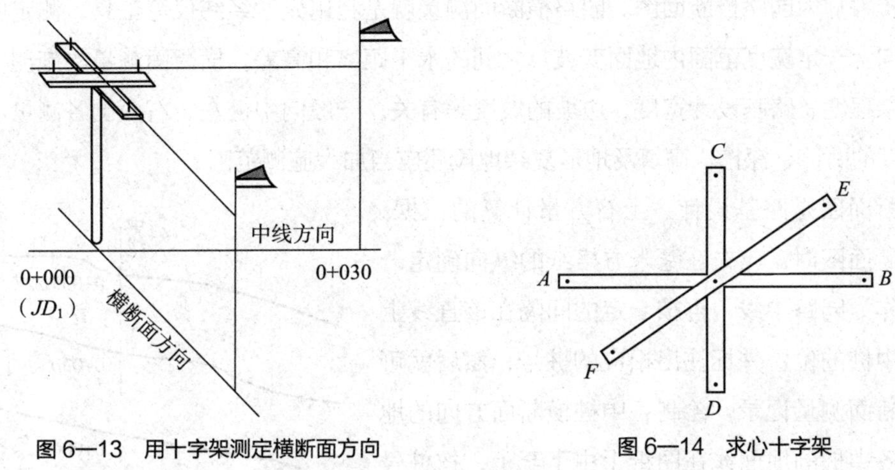

图 6—13　用十字架测定横断面方向　　图 6—14　求心十字架

图 6—15 所示为园路的一个圆曲线，横断面方向的测定步骤为：

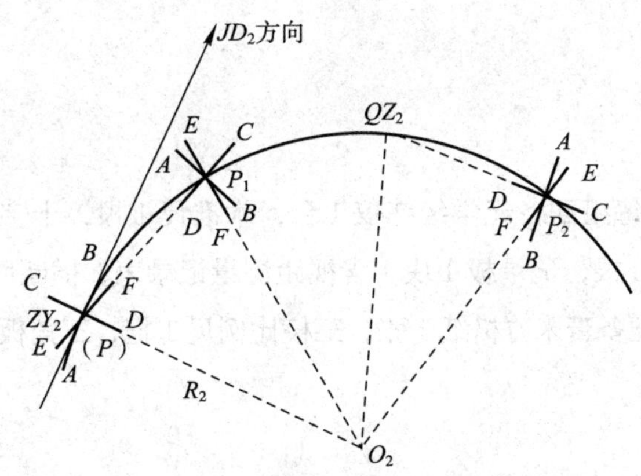

图 6—15　用求心十字架在圆曲线上测定横断面方向

（1）欲测定圆曲线上 P_1 点的横断面方向，应在曲线起点 ZY_2（令其为 P）处设立求心十字架，使其 *AB* 轴线照准交点 JD_2，则垂直于 *AB* 的 *CD* 方向必然指向圆心 O_2，即为通过起点 ZY_2 的横断面方向。此时，转动定向杆使 *EF* 轴线对准曲线上的 P_1 点并加以固定，则 *EF* 与 *AB* 间的夹角为 P_1 点的偏角。

（2）将求心十字架移至 P_1 点，并使 CD 方向瞄准 ZY_2 点，此时，因为 P_1 点上的 $\angle DP_1F$ 与十字架在 ZY_2 点上的 $\angle DPF$ 相等，则定向杆 EF 指向圆心 O_2，也就是 P_1 点的横断面方向。

（3）同理，可用求心十字架测定出 P_2 点及其他圆曲线上中桩的横断面方向。

二、园路横断面图

将各中桩点横断面方向上的地面高低起伏变化情况，按照一定的比例和要求测绘而成的图样资料称为园路横断面图。园路横断面测量就是利用光学经纬仪等工具，测定中桩横断面方向上一定宽度范围内地面变坡点之间的水平距离和高差。横断面测量的施测宽度与地形复杂程度、路基设计宽度、边坡的坡度等有关，一般向中桩左、右两侧各测量不少于路基宽度的两倍，深挖、高填及地形复杂地段还应当加大施测范围。

横断面图是路基设计、土石方量计算的依据。绘制横断面图时，应先在毫米方格纸的纵向确定一条直线作为园路中线，再按一定的间隔在该直线上定出各中桩的位置并标注出相应的桩号，然后就可根据横断面测量记录，绘制各中桩横断面方向的地面线。各中桩的地面线在图纸上由下至上，按桩号递增顺序依次进行绘制，如图 6—16 所示。

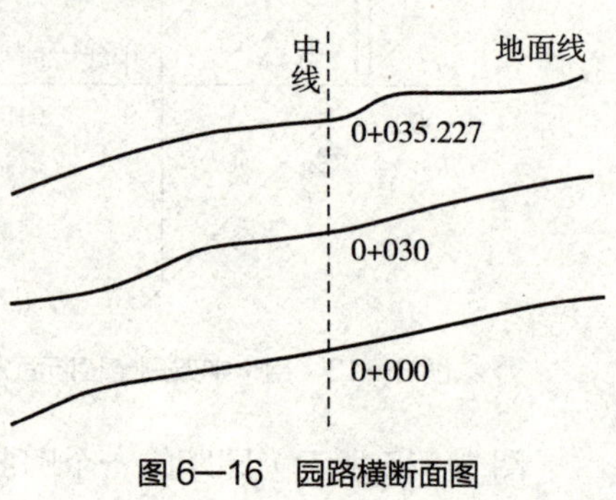

图 6—16　园路横断面图

任务实施

一、工具准备

4~5 人为一组，每组配备光学经纬仪 1 台，水准尺 1 根，十字架、求心十字架各 1 个，钢尺 1 副，标杆 3 根，记录板 1 块（含视距测量记录表、横断面测量记录表等），计算器等；另外，每人配备毫米方格纸 1 张，三棱比例尺 1 把，三角板 1 副，绘图铅笔、橡皮等。

二、实施步骤

1. 测量园路中线横断面

参考园路纵断面情况，根据有关技术要求，采用视距测量法测出园路中线两侧各 7 m 范围内横断面方向上变坡点间的高差、水平距离。视距测量法就是在中桩上安置光学经纬仪，在中桩横断面方向上的变坡点处竖立水准尺，分别测量每个变坡点与仪器安置点之间的水平距和高差。为方便横断面图的绘制，通常将视距测量数据换算为中桩与相邻变坡点、一变坡点与相邻另一变坡点之间的水平距和高差。换算后的数据应严格按照中桩的左、右两侧各自采用分式形式进行记录，其中，分子表示高差并注明正负号，分母表示水平距离，见表 6—13。

表 6—13　　横断面测量记录

左侧横断面数据（m）			里程桩桩号	右侧横断面数据（m）		
$\frac{0}{2.5}$	$\frac{-0.50}{2.0}$	$\frac{-0.55}{2.5}$	0+000	$\frac{+0.20}{2.5}$	$\frac{+0.10}{2.5}$	$\frac{+0.30}{2.0}$
$\frac{-0.50}{2.0}$	$\frac{-0.80}{3.0}$	$\frac{-0.90}{2.0}$	0+030	$\frac{+0.80}{3.0}$	$\frac{+0.57}{2.0}$	$\frac{+0.35}{2.0}$
	…		…		…	
$\frac{+0.90}{1.5}$	$\frac{+0.50}{3.0}$	$\frac{+0.70}{2.5}$	0+120	$\frac{+0.50}{3.0}$	$\frac{-0.80}{2.5}$	$\frac{-0.65}{1.5}$
	…		…		…	

2. 绘制园路中线横断面图

通过对表 6—13 中各中桩横断面测量数据的分析，现采用 1∶200 的纵横比例尺，分别在毫米方格纸上绘制每一个中桩的横断面图，绘制过程见表 6—14。

表 6—14　　绘制各中桩的横断面图

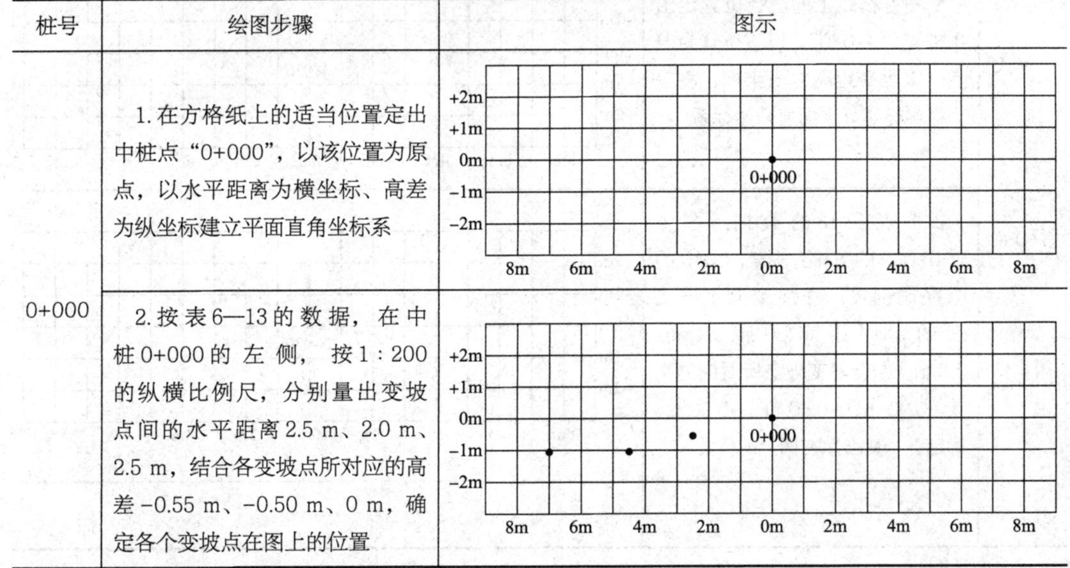

桩号	绘图步骤	图示
0+000	1. 在方格纸上的适当位置定出中桩点“0+000”，以该位置为原点，以水平距离为横坐标、高差为纵坐标建立平面直角坐标系	+2m +1m 0m −1m −2m；0+000；8m 6m 4m 2m 0m 2m 4m 6m 8m
	2. 按表 6—13 的数据，在中桩 0+000 的左侧，按 1∶200 的纵横比例尺，分别量出变坡点间的水平距离 2.5 m、2.0 m、2.5 m，结合各变坡点所对应的高差 −0.55 m、−0.50 m、0 m，确定各个变坡点在图上的位置	+2m +1m 0m −1m −2m；0+000；8m 6m 4m 2m 0m 2m 4m 6m 8m

续表

<table>
<tr><th>桩号</th><th>绘图步骤</th><th>图示</th></tr>
<tr><td rowspan="3">0+000</td><td>3. 将确定的各个变坡点位置用折线连接起来，即得到 0+000 桩在中线左侧的横断面线</td><td>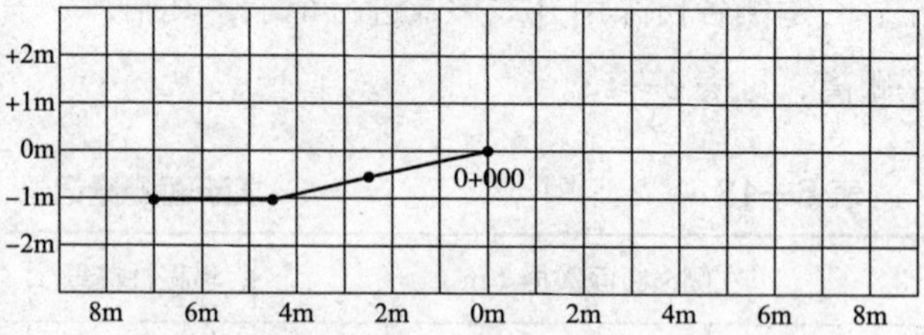
</td></tr>
<tr><td>4. 按表 6—13 的数据，用同样的方法，按照 1 : 200 的绘图比例尺，在中桩 0+000 右侧分别量出变坡点间的水平距离 2.5 m、2.5 m、2.0 m，结合各变坡点所对应的高差 +0.20 m、+0.10 m、+0.30 m，确定各个变坡点在图上的位置</td><td>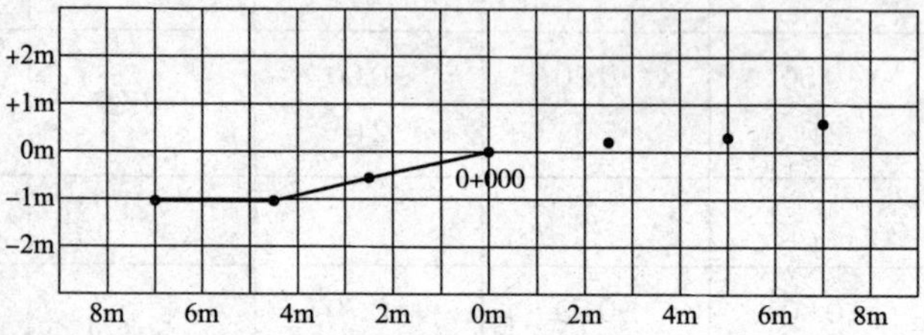
</td></tr>
<tr><td>5. 将确定的各个变坡点位置用折线连接起来，可得到 0+000 桩在中线右侧的横断面线。至此，便绘制出了 0+000 桩的横断面图</td><td>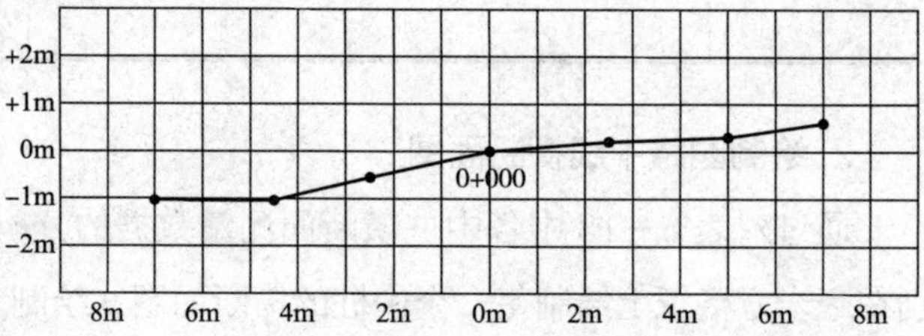
</td></tr>
<tr><td rowspan="3">0+030</td><td>1. 在方格纸上的适当位置定出中桩点“0+030”，以该位置为原点，以水平距离为横坐标、高差为纵坐标建立平面直角坐标系</td><td>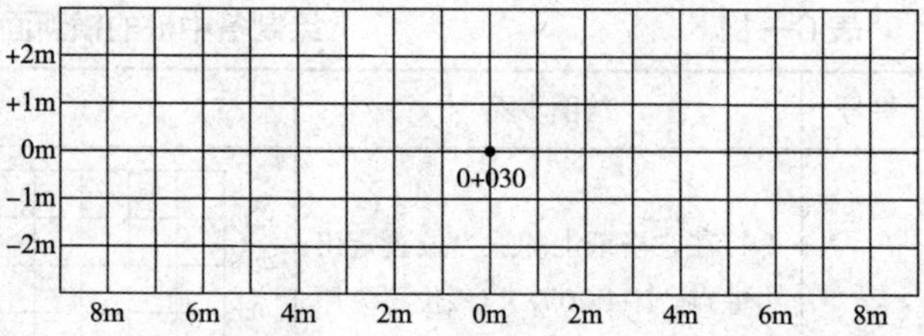
</td></tr>
<tr><td>2. 按表 6—13 的数据，在中桩 0+030 的左侧，按 1 : 200 的纵横比例尺，分别量出变坡点间的水平距离 2.0 m、3.0 m、2.0 m，结合各变坡点所对应的高差 −0.90 m、−0.80 m、−0.50 m，确定各个变坡点在图上的位置</td><td>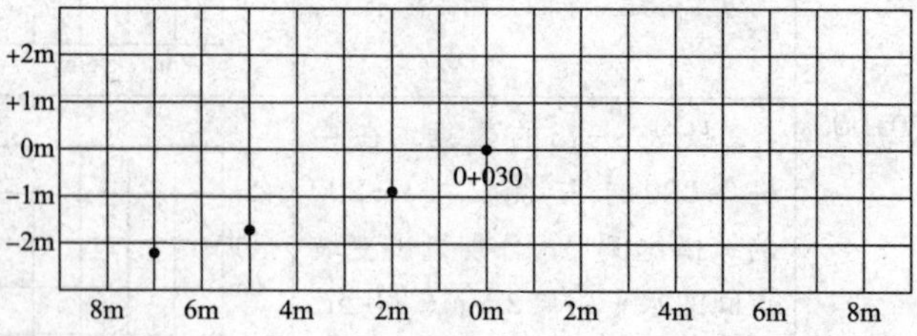
</td></tr>
<tr><td>……</td><td>……</td></tr>
</table>

续表

桩号	绘图步骤	图示
0+030	5. 将确定的各个变坡点位置用折线连接起来，可得到 0+030 桩在中线右侧的横断面线。至此，便绘制出了 0+030 桩的横断面图	+2m +1m 0m −1m −2m 0+030 8m 6m 4m 2m 0m 2m 4m 6m 8m
……	……	……

三、操作注意事项

1. 具体需要观测中桩两侧多大范围内的横断面情况，应综合考虑园路的设计功能、园路的设计要求及园路中线纵断面的起伏状况等条件后，再加以确定。

2. 绘制横断面图时，一定要分清园路中线的左侧和右侧，数据不能混淆；为了便于有关计算，横断面图的水平距离和高差一般采用相同的比例尺，常用 1∶100 或 1∶200。

评分标准

序号	项目与技术要求	配分	评分标准	实测记录	得分
1	能测定园路横断面的方向	20	直线段横断面的方向确定有误扣 10 分，曲线段横断面的方向确定有误扣 10 分		
2	能测量园路横断面数据	40	光学经纬仪使用不熟练扣 10 分，变坡点间水平距离测算错误扣 10 分，变坡点间高差测算错误扣 10 分，数据记录错误扣 10 分		
3	能绘制园路横断面图	40	绘图比例尺选择不合适扣 10 分，平面直角坐标系建立不当扣 10 分，变坡点的位置确定有误扣 10 分，变坡点位置连接时出现错误扣 10 分		
合计得分					

思考与练习

在图 6—17 所给的方格图纸中，按表 6—13 中“0+120”桩的测量数据，以 1∶200 的纵横比例尺绘制其横断面图。

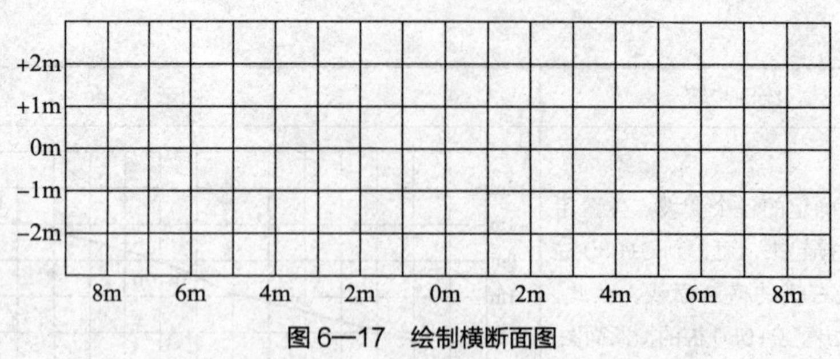

图 6—17　绘制横断面图

课题四

园路路基设计与路基测设

任务目标

◇绘制园路路基设计图
◇进行园路路基测设
◇掌握园路土石方工程量计算的方法

任务提出

以表 6—14 中绘制的各中桩横断面图为基础，按照图 6—11 中各中桩所对应的填、挖数据，根据规定的路基宽度、边坡和边沟大小，进行园路路基设计、计算园路土石方工程量，并实施路基测设。

任务分析

欲完成路基设计与测设任务，首先，应综合分析园路的设计功能及园路所在地的景观、水文、地质等情况，确定出合理的路基宽度与边坡坡度，并选取适宜的排水沟边坡坡度与沟深、沟宽；其次，必须依据各中桩的填高或挖深数据，按绘制横断面图时所采用的比例尺，在各自的中桩横断面图上设计园路路基、求算填方或挖方断面积，进而计算出每桩段及园路全线的土石方量；最后，将设计好的路基横断面和各中桩的填、挖高度在实地构成轮廓，以便于园路施工。

相关知识

一、园路的路基

1. 路基的形式

路基即园林道路的地面基础部分，根据园路纵向设计后中桩的填高或挖深数据，以及规定的路基宽度、边坡和边沟大小，在园路中线横断面图上绘制出路基横断面图，称为路基设计。路基有路堤、路堑、半填半挖路基三种形式。高于自然地面的填方路基称为路堤，如图 6—18a 所示；低于自然地面的挖方路基称为路堑，如图 6—18b 所示；介于路堤和路堑之间的路基称为半填半挖路基，如图 6—18c 所示。

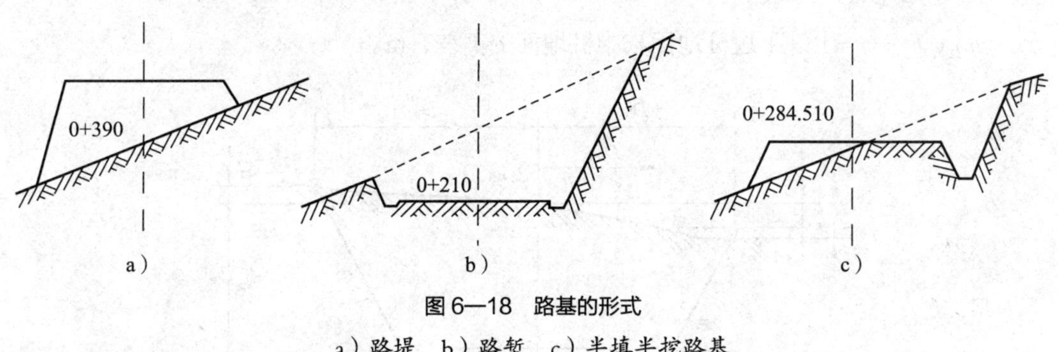

图 6—18　路基的形式

a）路堤　b）路堑　c）半填半挖路基

2. 路基的宽度

路基的宽度包括路面宽和路面两侧的路肩宽。一般情况下，园路的主干道、次干道主要供园务运输车辆通行，车速较慢，因而路基设计可以不考虑错车道，曲线段的路基无须加宽，同时曲线段路基的外侧也不需要抬高。园路路基宽度参考值见表 6—15。

表 6—15　园路路基宽度参考值

公园大小与路基宽度 / 园路类型	公园陆地面积（hm^2）			
	<2	2～10	10～50	>50
主干道	2.0～3.5 m	2.5～4.5 m	3.5～5.0 m	5.0～7.0 m
次干道	1.5～2.0 m	2.0～3.5 m	2.0～3.5 m	3.5～5.0 m

3. 路基的测设

为了便于园路工程施工，需要用木桩标定出设计的路基边坡线与原地面线的交叉点，即路基测设，交叉点上钉设的木桩称为边桩。边桩的位置与中桩的填土高度或挖土深度，以及边坡坡度和横断面所在的地形情况有关，通常经过计算得到路基中桩至边桩的距离后，再到实地进行边桩标定。

（1）路堑边桩与中桩的距离关系　如图 6—19 所示，该路基为路堑，路基边坡与排水沟边坡均为 1∶*m*，其坡上、坡下边桩至中桩的距离 $D_{上}$、$D_{下}$应采用式（6—14）计算

$$\left.\begin{aligned} D_{上} &= \frac{B}{2}+S+m\,(h+h_{上}) \\ D_{下} &= \frac{B}{2}+S+m\,(h-h_{下}) \end{aligned}\right\} \quad 式（6—14）$$

式中　*B*——路基设计宽度，m；

S——边沟沟顶宽度，m；

m——边坡坡度“1∶*m*”指高差与水平距离的比值，并化为分子为 1 的分数；

h——中桩挖土深度，m；

$h_{上}$、$h_{下}$——上、下边桩地面与中桩地面的高差，m。

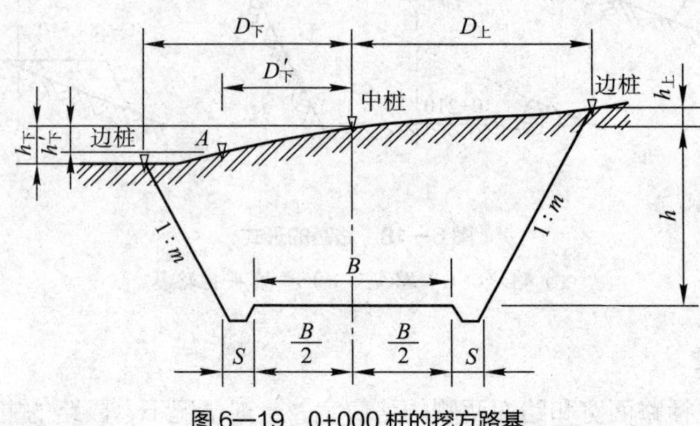

图 6—19　0+000 桩的挖方路基

（2）路堤边桩与中桩的距离关系　如图 6—20 所示，该路基为路堤，路基边坡与排水沟边坡均为 1∶*m*，其坡上、坡下边桩至中桩的距离 $D_{上}$、$D_{下}$为

$$\left.\begin{aligned} D_{上} &= \frac{B}{2}+m\,(h-h_{上}) \\ D_{下} &= \frac{B}{2}+m\,(h+h_{下}) \end{aligned}\right\} \quad 式（6—15）$$

式中　*B*——路基设计宽度，m；

m——边坡坡度“1∶*m*”指高差与水平距离的比值，并化为分子为 1 的分数；

h——中桩填土高度，m；

$h_{上}$、$h_{下}$——上、下边桩地面与中桩地面的高差，m。

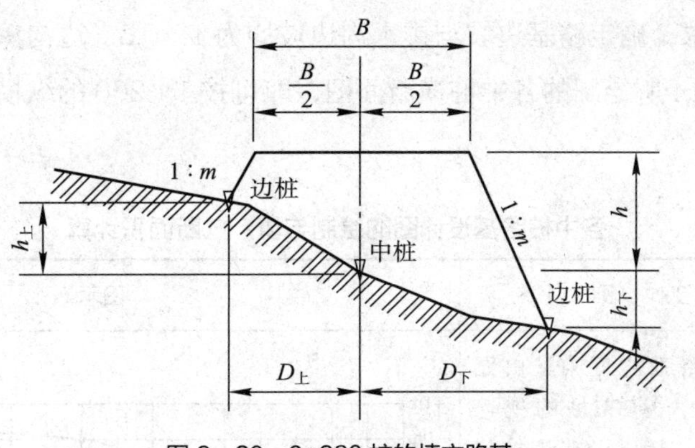

图 6—20　0+360 桩的填方路基

二、平均断面积法

园路土石方量的计算采用平均断面积法。即先利用方格法或求积仪法等方式测算出各中桩路基设计后的填、挖断面积，然后分别取相邻两中桩填、挖断面积的平均值，再各自乘以这两个中桩之间的距离，便得到该段桩距之间的填、挖土石方量。其计算公式为

$$V=\frac{1}{2}(A_1+A_2)L \qquad 式（6—16）$$

式中　V——两相邻中桩间填或挖的土石方量，m^3；

A_1、A_2——两相邻中桩路基的填方或挖方断面积，m^2；

L——两相邻中桩之间的距离，m。

任务实施

一、工具准备

4～5 人为一组，每组配备水准仪 1 台，水准尺 2 根，钢尺 1 副，标杆 2 根，记录板 1 块（含水准测量记录表、距离丈量记录表等），斧头 1 把，红油漆 1 小桶，毛笔 1 支，计算器 1 台，木桩（5 cm×5 cm×30 cm）和铁钉若干，边坡样板、边坡尺等；另外，每人配备各中桩的横断面图 1 套，园路纵断面图与纵向设计图 1 张，毫米方格纸 1 张，三棱比例尺 1 把，三角板 1 副，绘图铅笔、橡皮等。

二、实施步骤

1. 设计园路路基

参照表 6—15，选取路基宽度为 5 m（中桩两侧各 2.5 m），并根据园路所在地的综

合情况和有关要求，确定路基边坡与排水沟边坡均为 1∶0.5、边沟深度和沟底宽度均为 0.4 m。由表 6—14 所绘制的各中桩横断面图，即可按 1∶200 的纵横比例尺进行路基设计，见表 6—16。

表 6—16　　各中桩路基设计图的绘制与填、挖断面积计算

桩号	工作步骤	图示
0+000	1. 确定路基中间点。由图 6—11 可知，0+000 桩的挖深为 5.020 m，因此，在该桩横断面图的中线上，按 1∶200 的比例尺，从中桩点向下量取 5.020 m，便确定出设计路基的中间点位置。若是填高，则从中桩点起，沿中线向上量取填高大小，即可确定出路基中间点	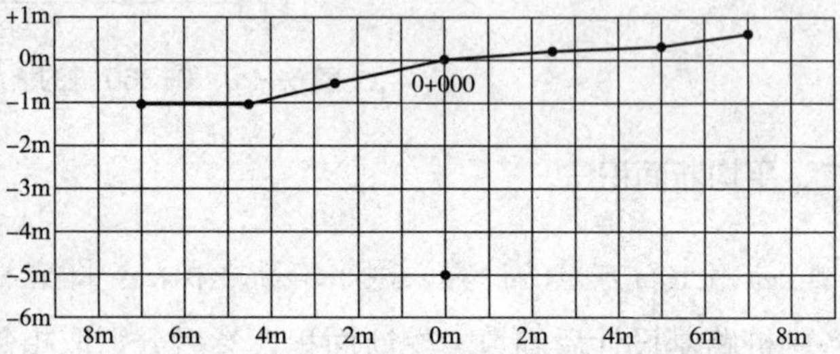 +1m 0m -1m -2m -3m -4m -5m -6m；0+000；8m 6m 4m 2m 0m 2m 4m 6m 8m
	2. 确定路基端点。从设计的路基中间点位置开始，按 1∶200 的比例，分别向中线的左右两侧水平量取 2.5 m，便确定出路基的端点位置	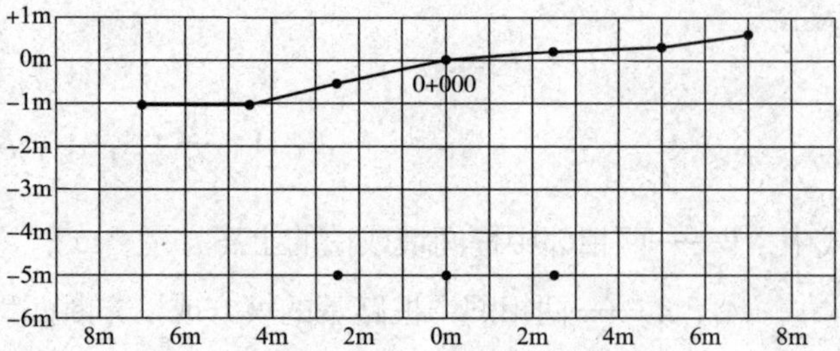 +1m 0m -1m -2m -3m -4m -5m -6m；0+000；8m 6m 4m 2m 0m 2m 4m 6m 8m
	3. 获得路基宽度。将确定出的路基中间点与两个端点连接起来，可得到设计路基的表面线。路基线的长度包含用作路面的宽度和两侧作为路肩的宽度	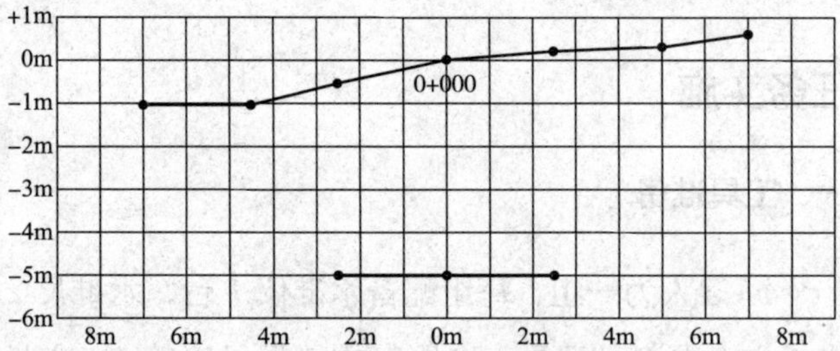 +1m 0m -1m -2m -3m -4m -5m -6m；0+000；8m 6m 4m 2m 0m 2m 4m 6m 8m
	4. 绘制排水沟。为了防止积水，对挖方路基和高度小于 0.5 m 的低填方路堤都需要设置排水沟。该路基为路堑，根据要求，在路基的两个挖方侧，从路基端点向外，按设计边沟深度 0.4 m、沟底宽度 0.4 m、沟坡坡度 1∶0.5，并按 1∶200 的比例尺，确定出梯形排水沟的位置	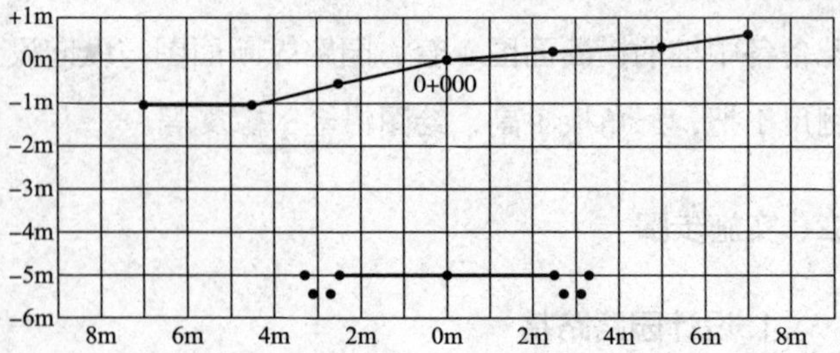 +1m 0m -1m -2m -3m -4m -5m -6m；0+000；8m 6m 4m 2m 0m 2m 4m 6m 8m

续表

<table>
<tr><th>桩号</th><th>工作步骤</th><th>图示</th></tr>
<tr><td rowspan="2">0+000</td><td>5. 绘制边坡。从梯形排水沟的外侧起，按边坡坡度为 1：0.5，确定路基边坡位置。连接确定后的各边沟点、边坡点，便得到 0+000 桩的路基设计图。填方路基除一般不设置边沟外，路基设计图的绘制方法与路堑基本相同</td><td>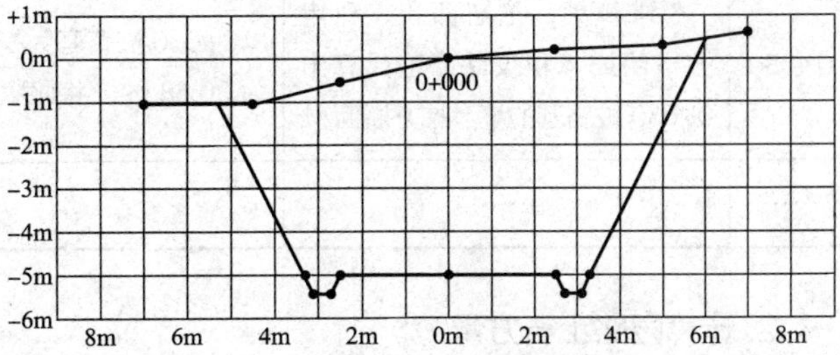</td></tr>
<tr><td>6. 求算填、挖断面积。利用方格法或求积仪法，可计算出 0+000 桩路基的填、挖方断面积</td><td>0+000 桩路基为挖方路基，即路堑。经求算，该桩挖方断面积为 43.83 m^2。将此数据填入表 6—17 的相应栏中</td></tr>
<tr><td rowspan="4">0+030</td><td>1. 确定路基中间点。由图 6—11 可知，0+030 桩的挖深为 3.642 m，因此，在该桩横断面图的中线上，按 1：200 的比例尺，从中桩点向下量取 3.642 m，便确定出设计路基的中间点位置。若是填高，则从中桩点起，沿中线向上量取填高大小，即可确定出路基中间点</td><td>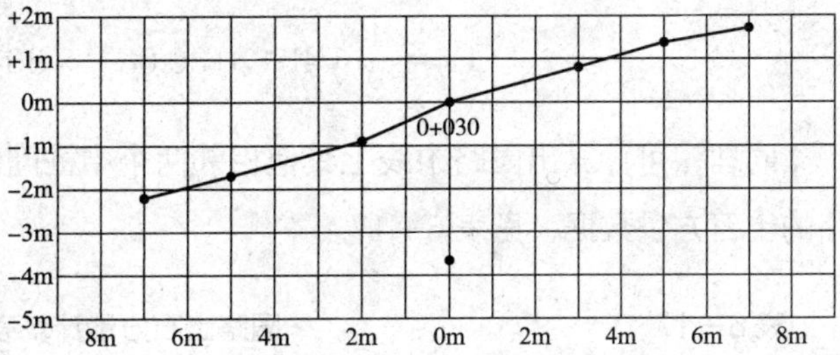</td></tr>
<tr><td>2. 确定路基端点。从设计的路基中间点位置开始，按 1：200 的比例，分别向中线的左右两侧水平量取 2.5 m，确定出路基的端点位置</td><td>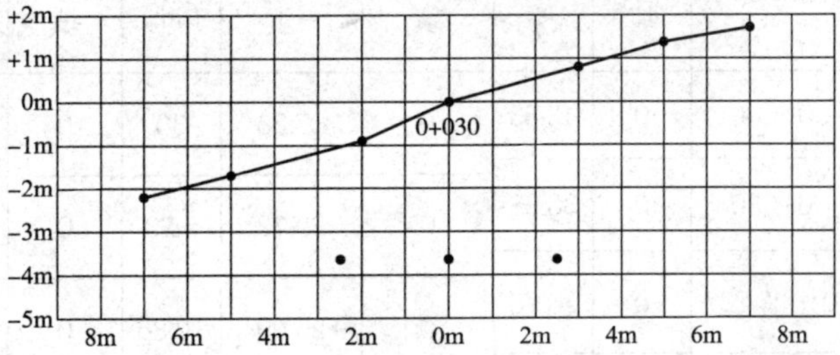</td></tr>
<tr><td>……</td><td>……</td></tr>
<tr><td>5. 绘制边坡。从梯形排水沟的外侧起，按边坡坡度为 1：0.5，确定路基边坡位置。连接确定后的各边沟点、边坡点，便得到 0+030 桩的路基设计图。填方路基除一般不设置边沟外，路基设计图的绘制方法与路堑基本相同</td><td>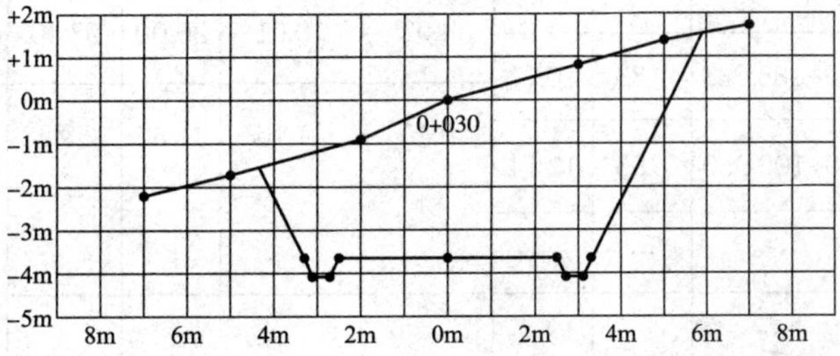</td></tr>
</table>

续表

桩号	工作步骤	图示
0+030	6. 求算填、挖断面积。利用方格法或求积仪法，可计算出 0+030 桩路基的填、挖方断面积	0+030 桩路基为挖方路基，即路堑。经求算，该桩挖方断面积为 30.68 m^2。将此数据填入表 6—17 的相应栏中
……	……	……

2. 计算园路土石方量

当园路各中桩的路基设计与填、挖方的断面积求算完成后，便可计算出园路的土石方工程量。根据式（6—16），计算 0+000、0+030 两个中桩间的填、挖土石方量为

$$V_{填}=\frac{1}{2}(0+0)\times 30=0\ m^3$$

$$V_{挖}=\frac{1}{2}(43.83+30.68)\times 30=1\ 117.80\ m^3$$

同理，可计算出园路中线上其他相邻两个中桩间的填、挖土石方量，最终得到整条园路的土石方量数据，见表 6—17。

表 6—17　　园路土石方量计算表

桩号	断面积（m^2）		平均断面积（m^2）		桩距（m）	土石方量（m^3）		本段利用方（m^3）	本段余方（m^3）	本段缺方（m^3）
	填	挖	填	挖		填	挖			
0+000	0	43.83								
			0	37.26	30	0	1 117.80	0	1 117.80	
0+030	0	30.68								
			0	29.72	5.23	0	155.44	0	155.44	
0+035.227	0	28.76								
			0	25.99	12.86	0	334.23	0	334.23	
0+048.088	0	23.21								
			0	17.43	20.00	0	348.60	0	348.60	
0+068.088	0	11.65								
			4.92	10.91	20.00	98.40	218.20	98.40	119.80	
0+088.088	9.83	10.17								
			9.40	11.16	12.86	120.88	143.52	120.88	22.64	
0+100.950	8.96	12.14								
…	…	…								
Σ										

3. 测设园路路基

（1）测设路基的边桩

1）测设路堑的边桩。图 6—19 所示为园路 0+000 桩的路堑设计图，由式（6—14）可知，当 B、S、h 和 m 为已知时，$D_{上}$、$D_{下}$将随着 $h_{上}$、$h_{下}$的变化而变化，但在测设之前，边桩在地面的位置尚未被确定，$h_{上}$、$h_{下}$又均为未知数，因此，实际测设时应采用“逐渐趋近法”。

如图 6—19 所示，首先根据中桩的挖土深度 h 和地面边坡中 m 的大小，假定中桩到边桩的距离为 $D'_{下}$，并在地面上从中桩向左侧用钢尺丈量此距离得 A 点，即估计出边桩的位置。然后，用水准仪实测出 A 点与中桩地面的高差 $h'_{下}$，代入式（6—14）计算 $D_{下}$，将结果与 $D'_{下}$进行比较，若 $D_{下}=D'_{下}$，说明 A 点即为边桩位置；若 $D_{下}>D'_{下}$，说明假定边桩 A 离中桩太近，而 $D_{下}<D'_{下}$则说明假定边桩 A 离中桩太远，此时，必须重新“估计边桩位置”和“实测高差”，直至得到边桩的正确位置为止。

当园路中线两侧地面平坦或路基挖方较小时，可直接在路基设计图上量取或计算中桩至边桩的水平距离，然后到实地沿横断面方向由中桩向边桩进行丈量，并打木桩标定位置即可。

同理，可对园路的其他路堑边桩进行测设。

2）测设路堤的边桩。图 6—20 所示为园路 0+360 桩的路堤设计图，在图上量取或利用式（6—15）计算中桩至边桩的水平距离 $D_{上}$、$D_{下}$，然后到实地沿横断面方向从中桩向边桩进行钢尺丈量，并打上木桩标定出路基边桩的位置即可。

同理，可对园路的其他路堤边桩进行测设。

（2）测设路基的边坡　在园路路基施工中，当边桩测设完成后，还需要按照设计的路基横断面将边坡放出来。

1）测设路堑的边坡。如图 6—21 所示，在 0+000 桩路堑的开挖过程中，分别于坡顶处的边桩 P、边桩 Q 外侧，按路基设计边坡 1∶m 设置固定的边坡样板，可随时指示并检核开挖及修整情况。

同理，可对园路的其他路堑边坡进行测设。

2）测设路堤的边坡。如图 6—22 所示，活动的边坡尺为三角板形状的直角架，其纵、横直角边的长度之比与路基设计边坡相同，且横向直角边上应放置水平尺。在图 6—22 中，分别于 0+360 桩路堤坡脚处的边桩 M、边桩 N 处放置边坡尺，当水平尺上的水准气泡居中时，边坡尺的斜边所示坡度即为设计边坡的坡度 1∶m。

同理，可对园路的其他路堤边坡进行测设。

三、操作注意事项

1. 园路路基的边坡大小、排水沟边坡大小及沟深和沟底宽度，需根据园路所在地的水文、地质等情况综合确定。一般土质边坡坡度较小，边沟的横断面为梯形，而石质边坡坡度较大，边沟的横断面多为矩形。

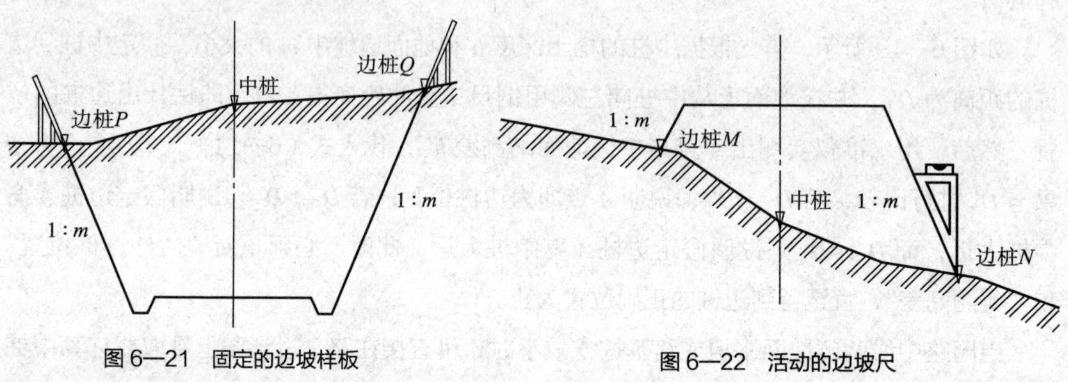

图 6—21　固定的边坡样板　　图 6—22　活动的边坡尺

2. 绘制路基设计图所用的比例尺，应与绘制横断面图时所用的比例尺相同。

3. 计算园路土石方量时，应分别将相邻两个中桩路基横断面的填方与填方断面积、挖方与挖方断面积取平均数，然后再各自与桩距相乘，得出填方量与挖方量。

评分标准

序号	项目与技术要求	配分	评分标准	实测记录	得分
1	能绘制园路路基设计图	25	路基宽度、路基边坡与排水沟边坡坡度、边沟深度和沟底宽度选取不合适扣5分，绘图比例尺使用不当或路基设计图绘制错误扣20分		
2	会计算路基填、挖方断面积	25	路基填方或挖方断面积求算错误全扣		
3	会计算土石方工程量	25	某相邻两个中桩间或园路全线土石方量计算错误全扣		
4	能合理测设园路路基	25	路基测设数据计算错误扣5分，路基的边桩位置测设错误扣10分，路基边坡测设错误扣10分		
合计得分					

思考与练习

根据图 6—17 中绘制出的“0+120”桩的横断面图，结合图 6—11 中“0+120”桩的填高或挖深数据，按 1：200 比例尺进行路基设计，并用方格法求算出填、挖断面积。要求：路基宽 5 m，路基边坡及排水沟边坡均为 1：0.5，边沟深度和沟底宽度均为 0.4 m。

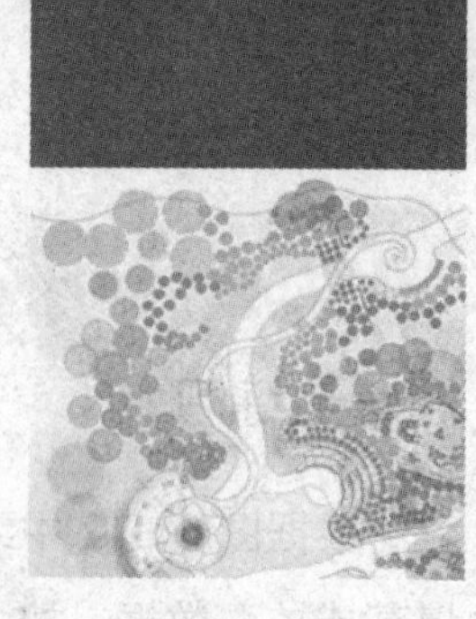

模块七

园林工程施工放样

园林工程主要包括掇山理水、改造地形、辟筑园路、营造建筑和绿化栽植等项目，在工程实施之前，它们多以规划设计图的形式出现，而图样资料仅仅是园林工程的一个构思，必须通过现场施工才能得到落实。施工放样是将设计意图转变为现实工程的重要中间环节，园林工程质量在很大程度上取决于施工放样的效果。本模块以常见园林工程的施工放样为任务，涉及的主要内容包括施工放样的基本工作、堆山与挖湖工程施工放样、园林给排水工程施工放样、园林绿化种植工程施工放样、园林建筑工程施工放样等。

课题一

园林测量基本要素的放样

任务目标

◇熟悉放样的基本工作和放样程序

◇熟练进行放样所需数据的计算

◇能够对已知的水平距离、水平角和高程进行放样

任务提出

根据表 7—1 所提供的数据，将图 7—1 所示四边形广场的轮廓放样到园林施工场地上。

表 7—1　　四边形广场的基本数据

磁方位角	水平距离（m）	水平角度	已知高程（m）	设计高程（m）
α_{AB}=90°30′	D_{AB}=36.800	β_A=65°35′00″	H_A=456.230	
	D_{BC}=38.500	β_B=65°24′30″		H_B=457.556
	D_{CD}=30.200	β_C=115°35′30″		H_C=459.236
	D_{DA}=38.300	β_D=113°25′00″		H_D=458.025

任务分析

欲将图 7—1 所示的四边形广场的轮廓放样到园林施工场地上，首先要考虑如何根据表 7—1 所提供的数据，将 *A*、*B*、*C*、*D* 点的图上位置标记在地面，实质上也就是如何利用罗盘仪、光学经纬仪、水准仪、钢尺等测量仪器和工具，把图上已知的方位角、水平距离、水平角度和高程放样到地面上，这与图样资料的测绘工作程序相反。

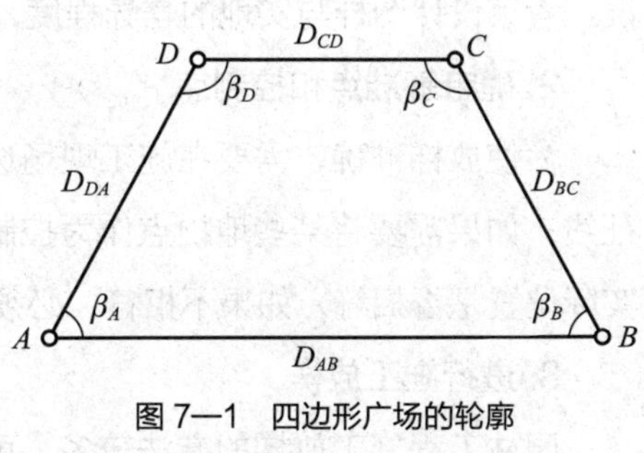

图 7—1　四边形广场的轮廓

相关知识

一、施工放样及其基本工作

园林场地图样资料的测绘，是通过测量距离、角度和高程这三个基本要素，来确定地面点位之间的关系，从而为园林规划和设计部门提供基础信息。而施工放样则是根据设计图上已经设计好的各类工程的平面位置和高程，通过它们和已知点位之间距离、角度和高差关系，将其标定在实地上作为施工的依据，也常称为测设。

施工放样是园林测量的任务之一，其基本工作是水平角、水平距离和高程的放样。水平距离的放样，是在地面上从线段的一个已知点出发，沿给定的方向量出已知的水平长度，并在地面上定出另一端点的位置；水平角的放样，就是在角的顶点根据一已知方向标定出另一边方向，使两方向间的水平夹角等于已知角值；高程的放样则是利用水准测量的方法，根据附近已知的水准点，将设计高程标定到地面上的过程。

二、园林工程施工放样的程序

园林规划设计图是根据园林场地的地形、气候等立地条件，综合运用山石、水体、建筑和植物等造园要素，经过合理布局和艺术构思所绘制的图样，也是放样和施工的依据。园林工程的内容要通过施工来表达，而施工的技巧在很大程度上受到放样的制约，因此，放样是整个工程的重中之重，放样时应尊重设计意图，理论联系实际，并按“由整体到局部、先控制后碎部，由点到线、由线到面”的原则进行。

1. 放样前的准备工作

（1）**了解设计意图**　为了按照园林规划设计要求进行施工放样，施工者需要全面地了解设计的意图；而设计人员也必须向施工者详细地介绍设计思路，强调施工放样中应特别

注意的问题，以便使施工者掌握整个园林工程的概况。

（2）进行现场踏勘　施工者在放样前应进行现场踏勘，以了解待放样区域的地形等情况，考察设计图样与实地的差异程度，并确定施工放样的总体范围和放样方法。

2. 确定基准点和控制点

为使放样准确，需要在施工现场选择好定点放样的依据，并确定基准点或基准线、特征线；如果需要将某些地物点作为控制点用来定点放样，应检查这些点在图样上的位置与实际位置是否相符，如果不相符，必须对图样上的位置进行修正。

3. 进行施工放样

园林工程施工放样的方法较多，可根据不同工程及其具体情况而灵活选用；放样时还要考虑施工的先后顺序，以免人为踩坏已经放好的线，在放好线的特征点位置需要钉立木桩，并用红油漆加以标注。

任务实施

一、工具准备

4~5 人为一组，每组配备罗盘仪 1 台，光学经纬仪 1 台，水准仪 1 台，水准尺 2 根，标杆 4 根，钢尺 1 副，记录板 1 块（含距离测量、角度测量和水准测量等有关记录表），斧头 1 把，计算器 1 台，木桩、小铁钉、红油漆、毛笔、铅笔等。

二、实施步骤

1. 水平距离与磁方位角放样

如图 7—2 所示，由表 7—1 中的基本数据，使用罗盘仪、钢尺将 A、B 两点及水平距离 D_{AB} 放样到地面。

（1）根据广场设计要求，先在地面确定 A 点的位置并钉设木桩；安置罗盘仪于 A 点，对中、整平后，水平旋转仪器，当磁方位角读数为 α_{AB}=90°30′ 时，罗盘仪物镜所指方向即为直线 AB 方向。

（2）根据罗盘仪所指方向，从 A 点开始，沿 AB 方向用钢尺丈量距离，按照已知设计长度 D_{AB}=36.800 m 在地面定出 B' 点位置。

（3）返测一次 $B'A$ 的距离，并使其结果与 36.800 m 进行比较，若相对误差 $K \leq 1/2\,000$，则取往返丈量结果的平均值 D' 作为 AB' 的长度。

（4）调整端点 B' 到正确位置 B 点，并使 $\delta=D_{AB}-D'$，则 B 点到 A 点的正确水平距离 $D_{AB}=D'+\delta$，当 $\delta>0$ 时，B' 向外移动；反之，则向内移动。

（5）同理，可对图 7—1 中四边形广场的其他轮廓边进行放样。

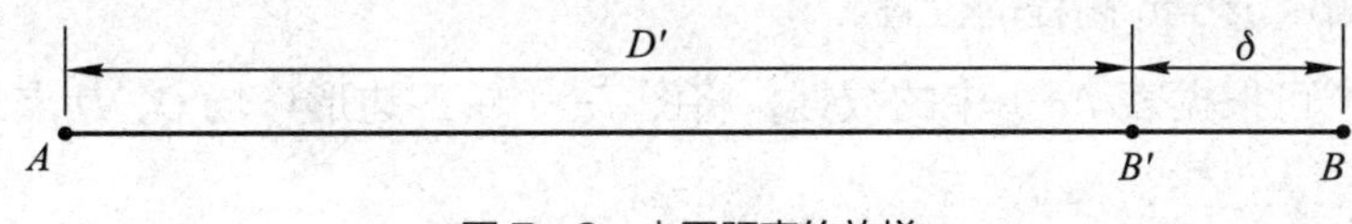

图 7—2 水平距离的放样

2. 水平角放样

如图 7—3 所示，当 AB 的水平距离 D_{AB} 与磁方位角 α_{AB} 被放样后，以 B 点为角顶，按表 7—1 中水平角度 β_B=65°24′30″，用光学经纬仪进行水平角度放样，便可得到欲确定的方向线 BC。

（1）盘左放样。在 B 点安置光学经纬仪，在 A 点竖立一根标杆，对中、整平后，用盘左位置后视照准 A 点，调节水平度盘位置变换手轮，使水平度盘读数为 0°00′00″；然后顺时针转动照准部，使得水平度盘读数为 β_B=65°24′30″，在此视线方向上用标杆标定一点 C'。

（2）盘右放样。松开照准部制动螺旋，用盘右位置后视 A 点，读取水平度盘读数为 x，顺时针转动照准部使得水平度盘读数为 x+65°24′30″，用同样的方法在地面上定出 C'' 点位置，并使 $BC'=BC''$。

（3）确定水平角。连接 C' 与 C''，取连线 $C'C''$ 的中间点位置 C，则 BC 即为放样角 β_B 的另一个方向边，$\angle ABC$ 即为放样角 β_B。

（4）同理，可对图 7—1 中四边形广场的其他水平角进行放样。

（5）沿 BC 方向，用水平距离放样的方法，便可确定出 C 点在地面上的正确位置。

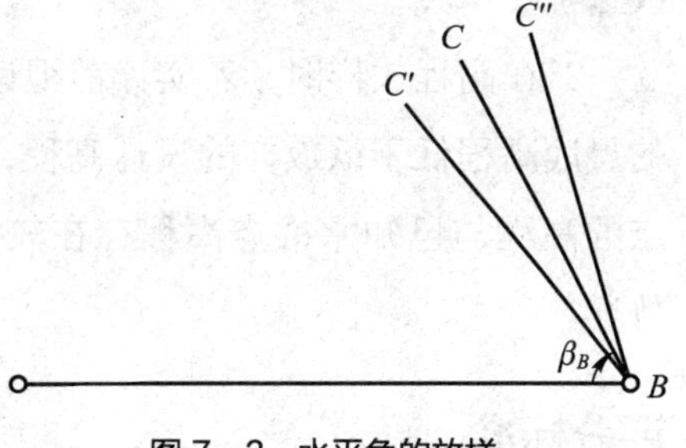

图 7—3 水平角的放样

3. 高程放样

由表 7—1 可知，A 点的高程 H_A=456.230 m，B 点的设计高程 H_B=457.556 m，采用如下操作步骤，可根据 A 点的高程将 B 点的设计高程放样到地面上。

（1）如图 7—4 所示，在 A、B 两点的中间位置安置水准仪，并在此两点分别竖立水准尺。

（2）当仪器粗平后，瞄准后视点 A 的水准尺，精平后读出后视读数 a，设 a=1.536 m，则前视点 B 的读数应为：

$$b=(H_A+a)-H_B=(456.230+1.536)-457.556=0.210\text{ m}。$$

（3）用水准仪照准前视点 B 处的水准尺，精确整平后，将水准尺沿着 B 点处木桩的

侧面上、下移动，当水准尺读数刚好为 0.210 m 时，便紧靠水准尺底部在木桩侧面画一条线，该线即为 457.556 m 高程的位置。

（4）同理，可根据表 7—1 中的数据，将图 7—1 中四边形广场 *C*、*D* 点的高程在地面标定出来。

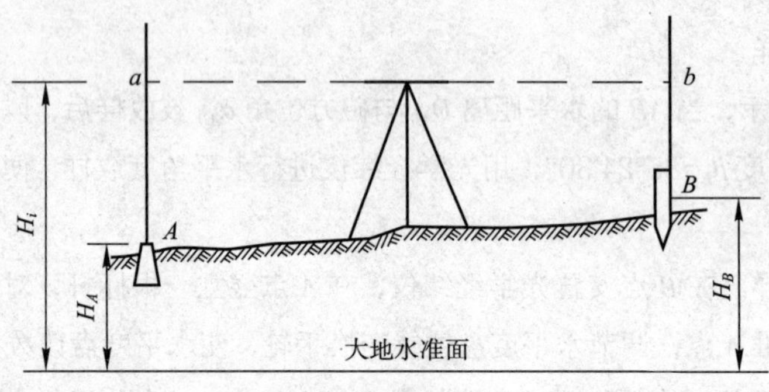

图 7—4　高程的放样

三、操作注意事项

1. 对放样的结果必须实施校核，距离放样的相对误差一般不大于 1/2 000，角度放样的限差不大于 ±40″，高程放样的限差不大于 ±10 mm。若超限，应查明原因，予以修正或重新放样。

2. 在高程放样时，若实读前视读数大于计算出的理论前视读数值，说明前视水准尺的尺底高程低于欲放样的设计高程，应将水准尺升高；反之，应降低水准尺。若待放样点的高程与已知水准点高程存在较大高差，可用悬挂钢尺代替水准尺的方法进行高程放样。

评分标准

序号	项目与技术要求	配分	评分标准	实测记录	得分
1	能正确操作测量仪器和工具	10	仪器与工具操作不熟练扣 5 分，放样所需数据计算有误扣 5 分		
2	能对水平距离进行放样	30	放样误差超限扣 20 分，放样方法错误全扣		
3	能对水平角进行放样	30	放样误差超限扣 20 分，放样方法错误全扣		
4	能对高程进行放样	30	放样误差超限扣 20 分，放样方法错误全扣		
合计得分					

思考与练习

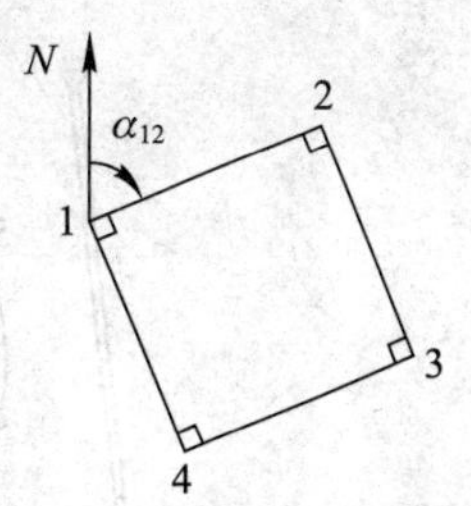

图 7—5　距离与角度的放样

如图 7—5 所示，1、2、3、4 点分别为某园林设计中正方形花坛的拐点，现已知该花坛的边长为 45 m，磁方位角 α_{12}=67°30′，且 1 点在地面的位置已定，试问，如何在平面上进行花坛外轮廓的放样？

课题二

堆山与挖湖工程施工放样

任务目标

◇掌握点位放样的主要方法

◇掌握堆山工程施工放样技能

◇了解驳岸的类型，掌握挖湖与驳岸工程施工放样技能

任务提出

假山和人工湖都是常见的园林工程项目，根据图 7—6、图 7—7 中所标注的数据等信息，对堆山工程和挖湖工程进行施工放样。

任务分析

图 7—6 所示为一假山的等高线图，所反映出的假山与大多自然山体一样，都是基部高程低，但占地面积大，而随着高程的增加，空间范围减小，因此，假山的放样实际上就是不同高程等高线在地面的放样；相对于堆山来讲，如图 7—7 所示的挖湖则属于在地面上挖深，两者施工放样的方法相似，即高程的放样都采用水准仪测设，而平面位置的放样除方格网法外，也常使用经纬仪极坐标法。

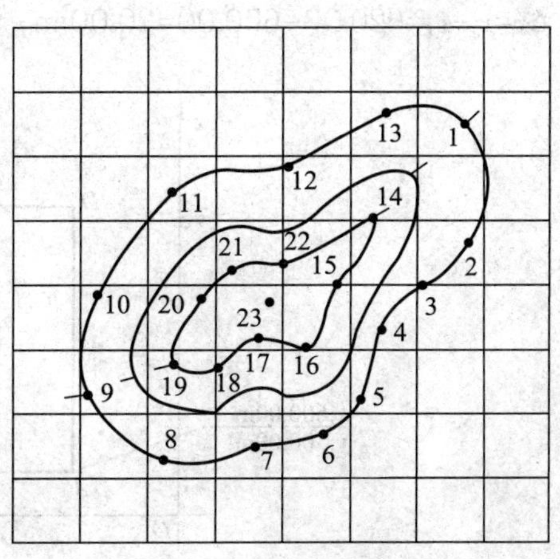

图 7—6　假山工程放样

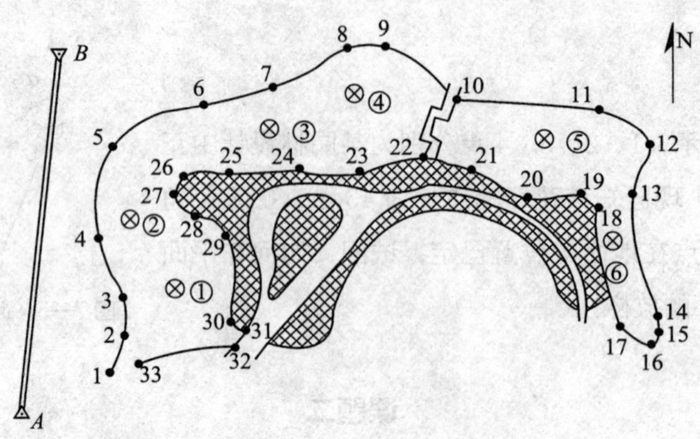

图 7—7 挖湖工程放样

相关知识

一、点的平面位置放样方法

各种园林工程项目均由若干具有代表性的特征点构成，放样的实质是在地面标定出各特征点的平面位置和高程。点的平面位置放样常用以下方法：

1. 直角坐标法

直角坐标法是根据已知点与待放样点的纵、横坐标之差，在地面上标定点的平面位置，适用于相邻两控制点的连线平行于坐标轴线的矩形控制网。

如图 7—8 所示，A、B、C、D 为控制方格网点，e、f、g、h 为一待放样矩形水池的四个角点，根据设计图上各点的坐标，便可进行点位的放样。首先安置光学经纬仪于 A 点，并照准 B 点进行定线，沿 AB 方向量取 $\Delta y=y_e-y_A$=530.00−500.00=30.00 m，定出 P 点；然后，搬迁仪器至 P 点，瞄准 B 点后，将照准部逆时针旋转 90°，在其方向线上丈量出 $\Delta x=x_e-x_A$=620.00−600.00=20.00 m，即得 e 点的位置。

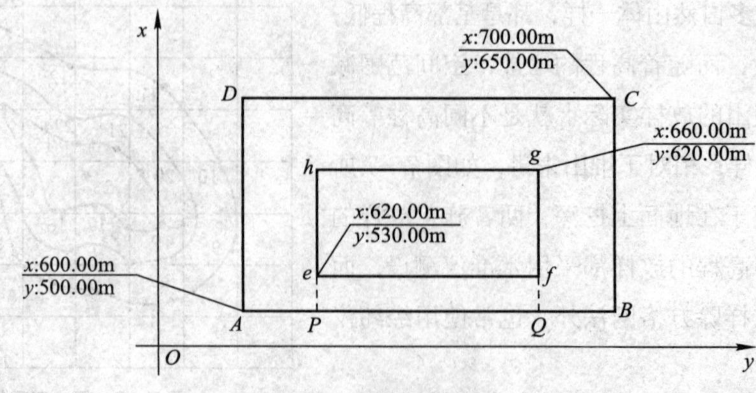

图 7—8 直角坐标法

同理，可对 f、g、h 等点进行放样。

2. 极坐标法

极坐标法是根据已知水平角和水平距离，对地面点平面位置进行放样。此法适用于量距方便，并且放样点距离控制点较近的情况。

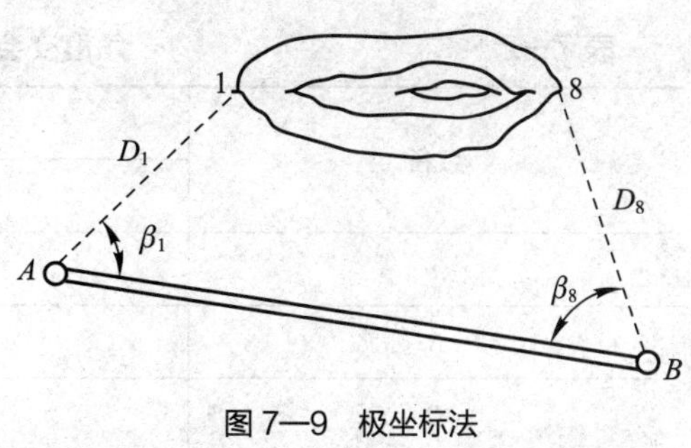

图 7—9　极坐标法

（1）放样数据的计算　如图 7—9 所示，1、8 是某拟堆山等高线上的两个已知坐标点，A、B 为其附近的控制点，若 1、A 点的坐标 x_1=370.000 m、y_1=458.000 m，x_A=348.758 m、y_A=433.570 m，则由坐标反算公式可求得 A—1 的水平距离和坐标方位角为

$$D_1=\sqrt{(x_1-x_A)^2+(y_1-y_A)^2}=\sqrt{(370.000-348.758)^2+(458.000-433.570)^2}=32.374\text{ m}$$

$$\alpha_{A1}=\arctan\frac{y_1-y_A}{x_1-x_A}=\arctan\frac{458.000-433.570}{370.000-348.758}=48°59'34''$$

因 B 点坐标已知，故同样可得 A—B 的坐标方位角为

$$\alpha_{AB}=\arctan\frac{y_B-y_A}{x_B-x_A}$$

现设 $\alpha_{AB}=103°48'48''$，那么，$\beta_1=\alpha_{AB}-\alpha_{A1}=103°48'48''-48°59'34''=54°49'14''$

同理，根据 B、8 两点的已知坐标，可求出 8 点的放样数据 D_8、β_8。

当然，在放样精度要求不高时，也可使用三棱比例尺、量角器在园林设计图上直接量测出放样数据的大小。

（2）平面点位的放样　如图 7—9 所示，在控制点 A 处安置光学经纬仪，后视 B 点，逆时针转动照准部，放样出水平角 $\beta_1=54°49'14''$，可得 A—1 方向线；以 A 为起点，沿 A—1 方向线用钢尺放样 D_1=32.374 m 的水平距离，便得到 1 点位置。同样，在 B 点安置光学经纬仪，则可放样出 8 点。

3. 角度交会法

角度交会法是分别在两个控制点上用光学经纬仪测设方向线，其交点即为待放样点的平面位置。该法适用于放样点离控制点较远或量距较困难的园林工程中。

如图 7—10 所示，设 P（x_P、y_P）点为某湖心亭的中心位置，A（x_A、y_A）、B（x_B、y_B）为岸边上的两个控制点，现由表 7—2 所提供的数据，根据控制点 A、B 放样出 P 点的平面位置。

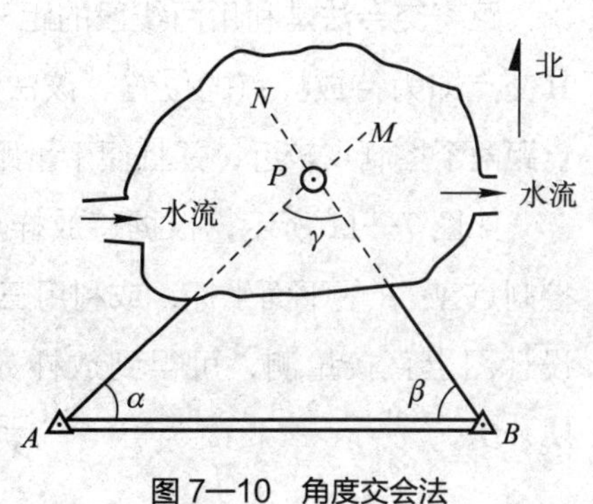

图 7—10　角度交会法

表 7—2　　角度交会中各点的坐标值

点名	平面直角坐标	
	X（m）	Y（m）
A	502.367	1011.488
B	504.489	1212.699
P	600.000	1100.000

（1）坐标方位角的计算

$$\alpha_{AB}=\arctan\frac{y_B-y_A}{x_B-x_A}=\arctan\frac{1\,212.699-1\,011.488}{504.489-502.367}=89°23'45''$$

$$\alpha_{AP}=\arctan\frac{y_P-y_A}{x_P-x_A}=\arctan\frac{1\,100.000-1\,011.488}{600.000-502.367}=42°11'41''$$

$$\alpha_{BP}=\arctan\frac{y_P-y_B}{x_P-x_B}=\arctan\frac{1\,100.000-1\,212.699}{600.000-504.489}=310°16'51''$$

（2）水平角和水平距离的计算

由图 7—10 可看出，$\alpha=\alpha_{AB}-\alpha_{AP}=89°23'45''-42°11'41''=47°12'04''$

$$\beta=\alpha_{BP}-\alpha_{BA}=310°16'51''-(89°23'45''+180°)=40°53'06''$$

经过坐标反算，各边的边长为：D_{AB}=201.222 m，D_{AP}=131.782 m，D_{BP}=147.728 m

（3）平面点位的放样　如图 7—10 所示，在 A 点安置光学经纬仪，后视 B 点，放样 α 角（实际放样的角度为 360°—α，称为反拨），得方向线 AM；在 B 点安置光学经纬仪，后视 A 点，放样 β 角（称为正拨），得方向线 BN；则 AM 和 BN 的交点即为待放样点 P 的位置。

为了提高放样点位的精度，放样时应合理选择控制点，以使交会角 γ 处于 60°～150°。

4. 距离交会法

距离交会法是利用两线段的距离进行交会，其交点即为待放样点的位置。该法适用于放样点距两个控制点较近，并且便于量距的场合。

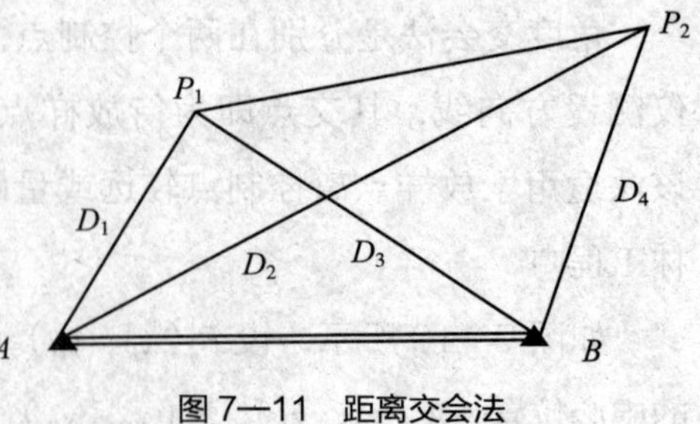

图 7—11　距离交会法

如图 7—11 所示，根据待放样点 P_1、P_2 和控制点 A、B 的平面坐标，或利用三棱比例尺在设计图上直接量测，可得到放样数据 D_1、D_2、D_3、D_4。

放样时，使用两副钢尺，其零刻划线分别对准控制点 A、B，将钢尺拉平，各自放样出水平距离 D_1、D_3，其交点即为 P_1 点的位置。同法，将两副钢尺的零刻划线分别对准控制点 A、B，分别放样出水平距离 D_2、D_4，其交点即为待放样点 P_2。

5. 方格网法

方格网法就是先在设计图纸上以一定的尺寸画好方格网，并在实地依照相应比例布设出 10 m×10 m 或 20 m×20 m 的方格，然后根据设计图中各园林工程特征点在方格网中的位置，将其放样到地面上。方格网法放样虽受制于园林场地现有地物的数量、施工区域的大小、地形条件的复杂程度等条件，但因其简便易行，常用于各种园林工程的施工放样。

二、驳岸及其主要形式

驳岸为园林工程中保护水体的构筑物，也是亲水景观中应重点处理的部位；园林驳岸按断面形状可分为整形式和自然式两种形式。

大型风景区或布局规则的园林中，水体的水位变化较大，常采用整形式直驳岸，一般比较简洁、开阔，可与水面、园路及园林植物共同组成美丽的景观，如图 7—12 所示。对于小型水体及自然式布局的园林水体，因水位较稳定，则采用自然式山石驳岸，通常可做成岩、矶、崖、岫等形状，布置细致，且与各色花草、石块相得益彰，如图 7—13 所示。

图 7—12 整形式直驳岸

图 7—13 自然式山石驳岸

任务实施

一、工具准备

4~5 人为一组，每组配备光学经纬仪 1 台，水准仪 1 台，水准尺 2 根，标杆 4 根，钢尺 2 副，记录板 1 块（含距离测量、角度测量、水准测量等有关记录表），三棱比例尺 1 把，三角板 1 副，量角器 1 个，计算器 1 台，斧头 1 把，木桩和小铁钉若干，竹竿、细绳索、边坡尺、边坡样板、白石灰、红油漆、毛笔、铅笔等。

二、实施步骤

1. 堆山工程施工放样

（1）方格网法放样假山的平面位置

1）图 7—6 所示为欲放样假山的等高线，根据其高程变化等情况，按一定边长在图上画出方格网。

2）在图上找出假山等高线外轮廓的拐点并标注数字，如点 1、2、3 等，同时求算出每个拐点在各自方格中的位置。

3）在图 7—6 所示的设计图上，选择一个对地面有定位作用的明显地物点（可靠的固定点），并在实地确定出点位，然后以此点为基准点，按照实际尺寸在地面上布设施工方格网。

4）根据假山设计图中各等高线外轮廓拐点在方格网中的位置，于地面方格网中找出点 1、2、3 等的相应点位，并钉设木桩；再依照图上等高线的形状，用细绳索将高程相等的相邻点连接成圆滑的曲线，最后顺着曲线撒上白石灰，便形成了假山在地面的底部模样。

（2）测定各个桩点的标高并堆山

1）在平面位置放样后的各桩点 1、2、3 等上分别插立竹竿，竹竿的长度依该点堆山高度而定；为进一步提高放样精度，有时还要在已撒上白石灰的等高线上，每隔 3～5 m 加插一根竹竿。

2）由假山设计等资料所提供的数据，根据附近水准点的已知高程，利用水准仪和水准尺测定出设计等高线在 1、2、3 等各点的高度，并用不同颜色一次标注于相应的竹竿上，作为堆山时掌握堆高的依据。

3）根据放样出的假山平面位置和各竹竿上的高度标志，对照假山设计图，然后进行填土堆山，如图 7—14a 所示。

4）如图 7—14b 所示，对于较高的山体，堆山的施工大多采用分层放样、分层堆叠。也就是在第一层堆土完成后，采用与第一层同样的放样方法测设第二层的高度标志，然后进行第二层的填土堆山，如此操作，直至山顶。

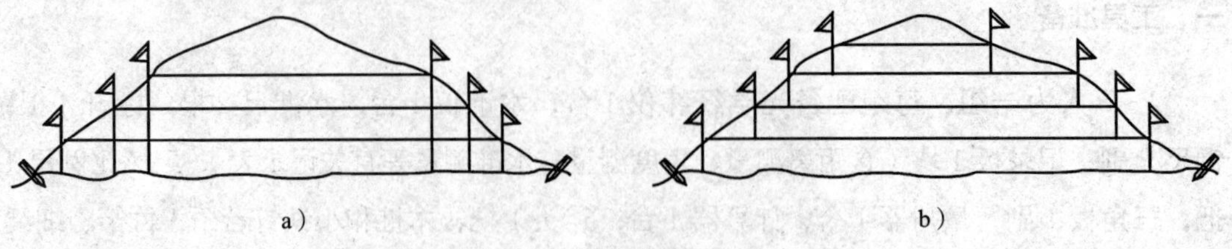

图 7—14　堆山高度的标记

a）堆山高度较低时　b）堆山高度较高时

5）在堆山时，还应随时用边坡尺来控制山体的坡度。

2. 挖湖工程施工放样

（1）人工湖平面位置的放样 开挖人工湖的放样可采用堆山放样时的方格网法，但通常使用经纬仪极坐标法进行施工放样。

1）如图 7—7 所示，在设计图上找出人工湖外轮廓曲线上的拐点 1、2、3、4 等，分别用三棱比例尺量算出这些拐点到控制点 A 的实地距离 D_{Ai}；然后用铅笔将各拐点分别与 A 点连接，并用量角器量出每一连线与基线 AB 之间的水平夹角 β_i。

2）将光学经纬仪安置于地面点 A，对中、整平后，后视控制点 B，放样出水平角 β_i，找出某拐点相对于基线 AB 的方向，在此方向上用钢尺放样出对应的水平距离 D_{Ai}，便得到各拐点的地面位置，在这些位置钉上木桩。

3）把人工湖周围边界的转折点全部标定在实地后，依照设计图，将各桩点用白石灰、细绳索加以连接标定，即得到人工湖在地面的平面位置。

（2）测定基底标桩的高程并挖湖

1）在欲挖人工湖内设定若干点位，打上木桩，如图 7—7 中的①、②、③、④等点，用白石灰连线作为开挖线。

2）使用水准仪利用附近控制点 A 或 B 的高程，根据设计给定的水体基底标高进行高程放样，并在木桩上画线标明开挖深度。

3）根据放样出的人工湖平面位置和各基底标高木桩上的挖深标志，对照挖湖设计图，进行开挖，如图 7—7 所示；在开挖过程中，尽量不要破坏各桩点，可以留出土墩，待挖深接近完成时，再将这些土墩挖掉。

（3）驳岸等水体边坡的放样

1）首先按照人工湖设计图，在一些边坡转折处定出边坡的上坡和下坡点位，并打上木桩，然后按设计坡度 $1:m$ 制成边坡样板置于边桩处，以控制和检查各边坡的坡度。

2）待挖湖放样的各项工作完成以后，还要依据设计图逐一进行核对，以确保准确无误。

三、操作注意事项

1. 当采用推土机等机械堆筑假山时，只需要在地面上标出堆山的边界线，便可参照假山设计模型进行堆土，待堆至一定高度后，再利用水准仪检查标高，对不符合设计要求之处，则由人工加以修整；若使用机械挖湖，也只需要定出湖边线和边坡样板就可施工，待挖至接近设计深度时，同样用水准仪检查挖深，直至达到设计要求。

2. 假山工程除填土堆山外，通常还要进行置石，置石以观赏为主，一般体量小而分散，故无须准确放样。因人工湖的挖深大多较一致，而且湖底长期隐没在水下，所以，施

工放样可以粗放一些，但水体底部应尽量平整，不留土墩。

评分标准

序号	项目与技术要求	配分	评分标准	实测记录	得分
1	能确定假山在地面的平面位置	25	方格的边长选择不当或在地面上布设的施工方格网不准确扣 15 分，图上所选择的拐点没能准确地标定于地面扣 10 分		
2	会测定堆山时各桩点的标高	25	各桩点的堆山高度测设有误扣 15 分，用边坡尺控制山体的坡度有误扣 10 分		
3	能测设人工湖在地面的平面位置	25	极坐标法放样时所需的水平距离、水平角量算错误扣 15 分，图上所选择的拐点没能准确地标定于地面扣 10 分		
4	会测定挖湖时基底标桩的高程	25	各基底标桩的挖湖深度放样有误扣 15 分，驳岸边坡的坡度放样有误扣 10 分		
合计得分					

思考与练习

图 7—15 所示为某一假山的设计平面图，试根据点的平面位置放样方法和点的高程放样方法，简述该假山的施工放样步骤。

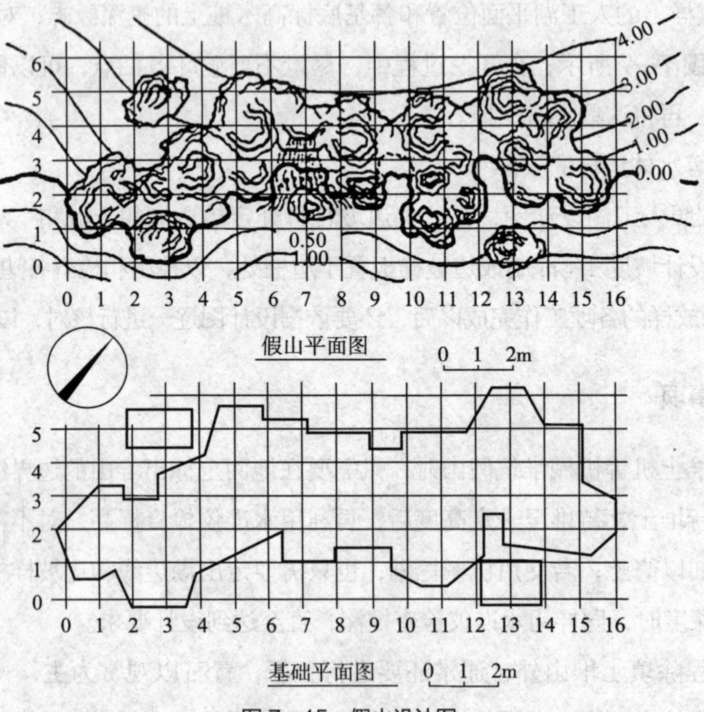

图 7—15 假山设计图

课题三
园林给排水工程施工放样

任务目标

◇掌握已知坡度的放样方法

◇能够对给排水管道进行施工放样

任务提出

根据管道施工设计图所提供的数据信息，参照管道施工平面图、断面图、附属构筑物图等有关资料，对园林给排水工程进行施工放样。

任务分析

为了合理地铺设园林给排水管道，要先进行规划设计，确定管道中线的位置并给出定位的数据，即管道的起点、转向点及终点的坐标和高程等；然后将图样上所设计的中线放样于实地，作为施工的依据。因此，园林给排水工程施工放样的主要任务是，根据工程进度的要求，随时向施工人员提供管道中线方向和标高位置。

相关知识

一、已知坡度的放样

园林工程中的管道都设计有一定的坡度，在工程施工之前，需要按照设计坡度在实地放样出一定密度的坡度标志点（即设计的高程点）并连成坡度线。坡度线的放样是根据附近水准点的高程、设计坡度和端点的设计高程，应用水准测量的方法将坡度线上各点的设计高程标定在地面上。

1. 水平视线法放样已知坡度

如图 7—16 所示，A、B 为设计坡度线的两个端点，其设计高程分别为 H_A、H_B，AB 的设计坡度为 i_{AB}。为施工方便，在 A、B 两点进行高程放样后，还需要在 AB 方向上，用钢尺每隔一定距离定出中间点位置 1、2、3，然后打上木桩，并在木桩上标定出坡度线。

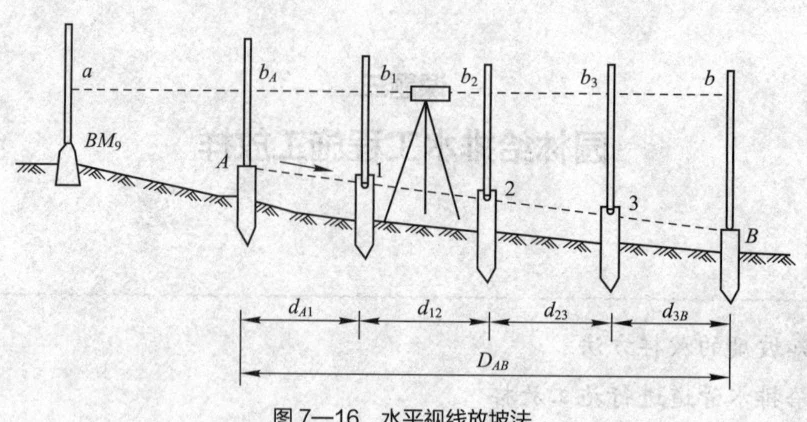

图 7—16　水平视线放坡法

（1）计算各桩点的设计高程 H_i

$$\left.\begin{aligned} H_1&=H_A+i_{AB}d_{A1}\\ H_2&=H_1+i_{AB}d_{12}\\ H_3&=H_2+i_{AB}d_{23}\\ H_B&=H_3+i_{AB}d_{3B}\text{（校核）}\end{aligned}\right\}\qquad\text{式（7—1）}$$

式中，坡度 i 有正有负（上坡为正，下坡为负），计算设计高程时，应将坡度符号一起代入公式。

（2）各桩点设计高程的放样　如图 7—16 所示，在水准点 BM_9 的附近安置水准仪，后视读数为 a，可计算得出视线高程 $H_{视}=H_{BM9}+a$，故各点的前视读数应为 $b_i=H_{视}-H_i$，其中，i=1，2，3；H_i 为各点的设计高程。将水准尺分别靠在木桩 1、2、3 的侧面，上下移动水准尺，直至水准尺读数为 b_i，这时便可沿水准尺底面画一条横线，各横线的连线即为 AB 设计坡度线。

2. 倾斜视线法放样已知坡度

如图 7—17 所示，A、B 为设计坡度线的两端点，其水平距离为 D_{AB}，A 点的高程为 H_A。为了工程施工，需沿 AB 方向放样一条坡度为 i_{AB} 的坡度线。

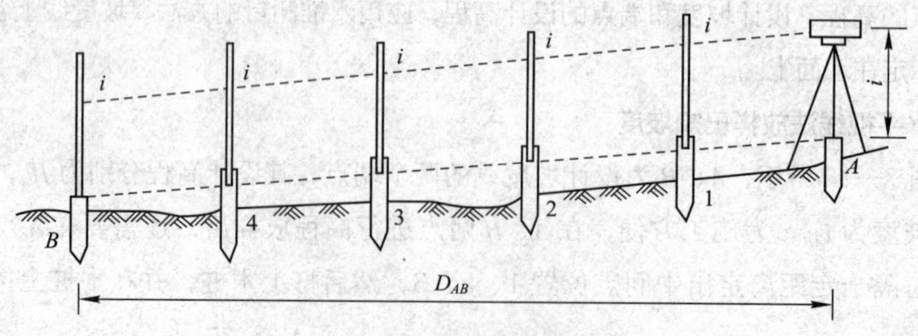

图 7—17　视线倾斜放坡法

（1）A、B 两点的高程放样　根据 A 点的高程 H_A、放样坡度 i_{AB} 及 A、B 两点间的水平距离 D_{AB}，计算出 B 点的设计高程，然后再按已知高程的放样方法，将 A、B 两点的高程放样在地面上。

（2）在地面放样已知坡度

1）如图 7—17 所示，将水准仪安置在 A 点，使基座上一个脚螺旋在 AB 方向上，其余两个脚螺旋的连线与 AB 方向垂直，量取仪器高 i；转动微倾螺旋和 AB 方向上的脚螺旋，用望远镜瞄准 B 点上的水准尺，使十字丝中丝读数等于仪器高 i，此时，仪器的视线与设计坡度线平行。

2）在 AB 方向的中间各点 1、2、3、4 的木桩侧面立尺，上、下移动水准尺，直至尺上读数等于仪器高 i 时，沿尺子底面在木桩上画一条横线，则各桩横线的连线就是设计坡度线。

二、管道的放样

1. 给水管道的施工放样

给水管道的铺设一般采取地面浅埋方式，埋地深度可根据管径大小、当地土质情况及冻土层厚度、管道上部地面的承载重量等综合确定。施工时，先要核对园林给水设计图所规定的水管位置与走向、管头连接方式和阀门井的位置，然后在地面准确地定线、挖槽；待管道在槽中铺设后，还需按照设计要求连接好水管的接头，安装上阀门和水龙头，最后将挖出的槽土回填并压实。

2. 排水管道的施工放样

在园林工程中，地面雨水常被引入路边、场地边所设的排水沟或集水口，然后再排放到园林排水管网系统中。

（1）集水口施工　集水口一般用砖石材料砌筑成一个进水坑，坑壁的中部与排水管的管口结合。集水口的外面要设透水的盖子，且盖子要结实，一般用铸铁或钢筋混凝土制作，能承受车辆碾压；盖子上的孔洞、空槽面积要足够大，以利于排水。

（2）检查井施工　检查井的直径比排水管道大，砌筑检查井时，砖缝中水泥砂浆要填满，使井壁有足够的强度。井壁与排水管口的连接要牢固，不能有松动。检查井顶面的竣工高度，要与园林道路场地铺装面高度平整衔接；井盖一般选用标准的制成品。井边回填作业时，应分层填埋、层层筑实，以防因侧土下沉或经受震动而造成井壁、管口的破损。

（3）管道的铺设　排水管道一般属于重力自流管道，施工前，首先要核对设计的上下游管道管底标高是否正确。施工时，埋管的土槽各处深度要达到设计的管底标高，槽宽应至少比管径大 1 倍。因为管道埋于地下，当损坏时维修很困难，所以，为了防止埋管后

因地基不均匀沉降而造成管道折裂与变形，对槽底土质松软段应夯实加固，并且要使槽底相对平整。埋管时，应先从下游的管道开始铺设，逐步向上游推移，以利排水；铺设过程中，还要随时复核各处管底标高是否符合设计要求。管内若有异物要随手清除，管口连接要紧密，不得漏水；管道铺设好后，再进行回填作业，回填土同样需要压实。

任务实施

一、工具准备

4～5 人为一组，每组配备园林管道工程施工平面图等资料 1 套，光学经纬仪 1 台，水准仪 1 台，标杆 2 根，水准尺 2 根，钢尺 1 副，记录板 1 块（含水准测量等有关记录表），斧头 1 把，木桩、小铁钉、细线绳、白石灰、铅笔等。

二、实施步骤

1. 地下管道中线放样

（1）施工控制桩的放样　根据规划设计中确定的管道中线位置和定位数据，用光学经纬仪在实地放样出管道的起点、转向点及终点位置，并钉设中线桩。在施工时，因中线上的各桩将被挖掉，因此，应在不受施工干扰、便于引测和保存点位之处放样出施工控制桩，用以恢复中线；而对地物位置控制桩的放样，则是用来恢复管道附属构筑物的位置，如图 7—18 所示。中线控制桩的位置一般放样在管道起止点、各转点处中心线的延长线上；附属构筑物控制桩则放样在管道中线的垂线上。

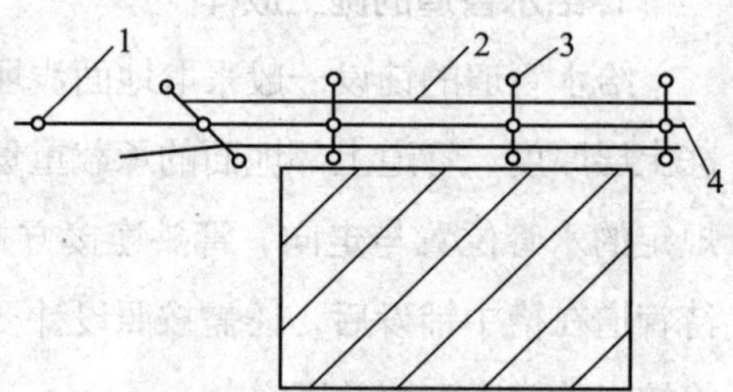

图 7—18　施工控制桩放样

1—中线控制桩　2—槽边线

3—地物位置控制桩　4—中线

（2）槽口放线　定出管道中线控制桩后，根据管径大小、埋设深度和土质情况，决定开槽宽度，并在地面上钉上边桩，然后沿开挖边线撒出灰线，作为开挖的界限。如图 7—19 所示，当横断面上坡度比较平缓时，若槽底宽度为 B，管道中线上的挖土深度为 h，管槽放坡系数为 m，则开挖宽度为 $D=B+2mh$。

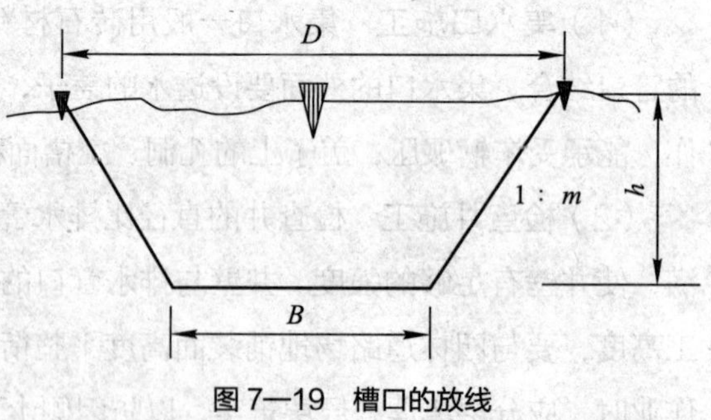

图 7—19　槽口的放线

2. 地下管道施工放样

园林地下管道主要为给水、排水管道，施工精度一般要求不高，因此，可用平行轴腰桩法放样施工控制标志。

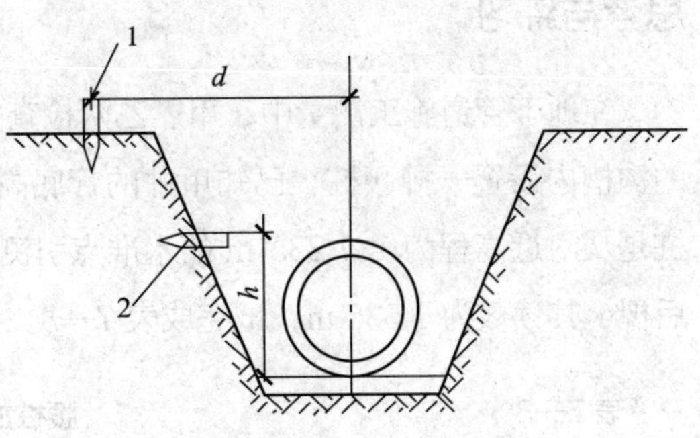

图 7—20　平行轴腰桩法放样

1—平行轴线桩　2—腰桩

（1）设置平行轴线桩　施工之前，在管道中线一侧或两侧，于开挖槽边线以外且距离管道中线为 d 处，设置一排平行于管道中线的轴线桩，如图 7—20 中的“1”；轴线桩的间距以 10 ~ 20 m 为宜，各检查井位也相应地在平行轴线上设桩。

（2）设置腰桩　为了控制管底高程和中线，在距槽底约 1 m 的槽沟坡上，设置一排与平行轴线桩相对应的桩，称为腰桩，如图 7—20 中的“2”；在腰桩的上侧面水平钉设一个小铁钉，并用水准仪测出各腰桩上小钉的高程，小钉高程与该处管底设计高程之差 h，称为下反数；管道施工时，只需用水准尺量取小钉到槽底的距离，然后与下反数相比较，便可检查是否挖到管底设计高程。

三、操作注意事项

1. 给排水管道在埋设时有一定的坡降，因此，在施工放样过程中，管线各个控制点的高程不同。为了在施工过程中便于高程引测，应根据设计阶段布设的水准点位置，于管线附近每隔 100 ~ 150 m 再增设一个临时水准点。

2. 平行轴腰桩法的施工和测量较烦琐，且各腰桩的下反数不一致，容易出错，为此，应先选定到管底的下反数为某一整数，并计算出各腰桩的高程；然后再放样出各腰桩，并用小钉标明其位置，此时各腰桩小钉的连线就与设计坡度平行。

评分标准

序号	项目与技术要求	配分	评分标准	实测记录	得分
1	会测设地下管道的中线	50	施工控制桩的位置不合适扣 25 分，开槽宽度错误扣 25 分		
2	能进行地下管道的施工测量	50	平行轴线桩的位置或桩间距不合适扣 25 分，腰桩位置不合适或高程测量错误扣 25 分		
合计得分					

思考与练习

在地下管道施工测量中，甲、乙两检查井之间相距 50 m，现需要每隔 10 m 在两井间的沟槽内设置一排腰桩。已知甲井的管底高程为 135.251 m，其坡度为 -0.9%，若设置腰桩是从附近高程为 137.235 m 的水准点引测的，选定下反数为 1.000 m，现以水准点作为后视，其读数为 1.535 m，试完成表 7—3。

表 7—3　　腰桩放样手簿

检查井和腰桩编号	距离（m）	坡度（%）	管底高程（m）	选定下反数（m）	腰桩高程（m）	起始点高程（m）	后视读数（m）	各腰桩前视读数（m）
甲井（1）			135.251					
2								
3								
4								
5								
乙井（6）								

课题四

园林绿化种植工程施工放样

任务目标

◇识读园林绿化种植设计图

◇掌握各种种植形式的施工放样方法

任务提出

图 7—21 所示为某游园种植设计图，要求在熟练识读该图的基础上，对所设计的园林植物进行种植定点放样。

任务分析

在园林绿化种植设计图中，通常标明了植物的种类与规格、株数与种植形式、种植点位与范围等，绿化种植的施工放样就是根据图样的设计方案在现场测出苗木栽植的位置和

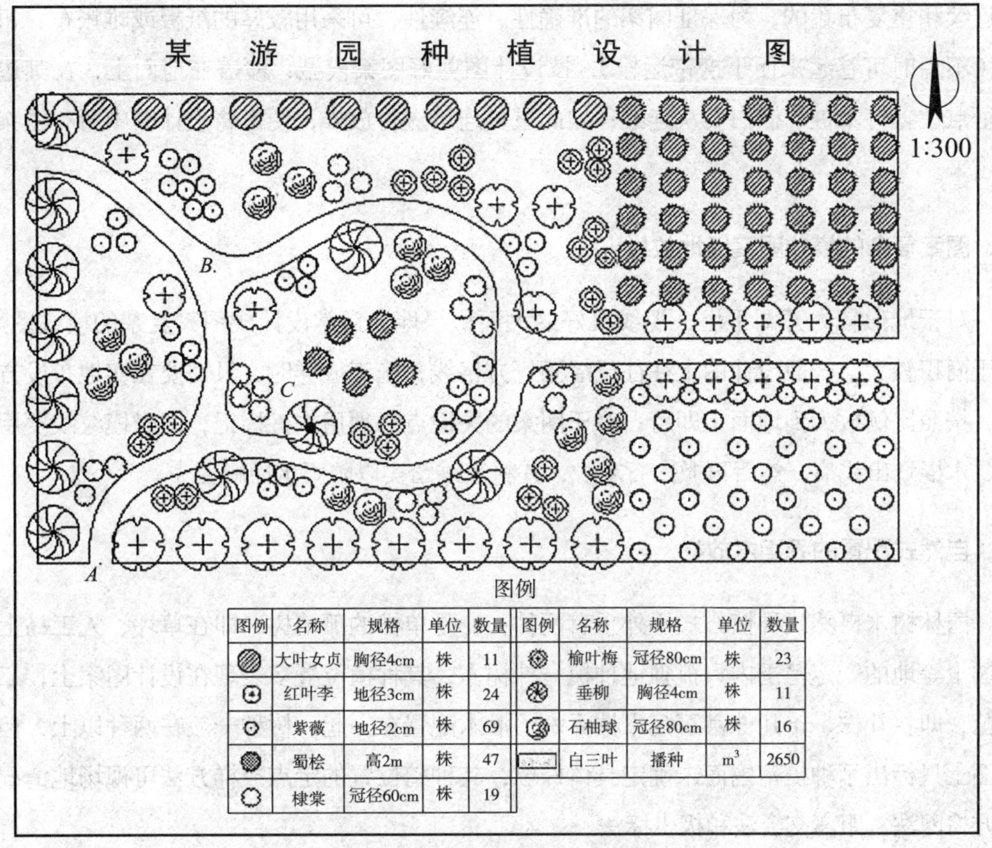

图例	名称	规格	单位	数量	图例	名称	规格	单位	数量
	大叶女贞	胸径4cm	株	11		榆叶梅	冠径80cm	株	23
	红叶李	地径3cm	株	24		垂柳	胸径4cm	株	11
	紫薇	地径2cm	株	69		石柚球	冠径80cm	株	16
	蜀桧	高2m	株	47		白三叶	播种	m^3	2650
	棣棠	冠径60cm	株	19					

图 7—21　某游园种植设计图

株行距，并通过准确的施工放样来体现设计意图，达到绿化工程所要求的效果。园林植物种植放样精度虽然比建筑或道路施工低，但是，当所种植的树木作为独立景观或采用规则式种植时，设计图上树木间的相互位置关系同样应准确地标定于实地。如图 7—21 所示的设计图中有自然式孤植型种植、丛植型种植，也有规则式行植型种植、片植型种植，放样时，应根据实地情况灵活选用方格网法、极坐标法、距离交会法、矩形或三角形定植法等确定种植点位置。

相关知识

一、规则式绿地、连续或重复图案绿地的放样

图案简单的规则式绿地，根据设计图样直接用钢尺量好实际距离，并用白石灰线做出明显标记即可。图案整齐、线条规则的小块模纹绿地，放线时要求图案线条准确无误，故可用较粗的铁丝按设计图案的式样编好图案轮廓模型；图案较大时可分为若干节组装，检查无误后，在绿地上轻轻压出清楚的线条痕迹轮廓，再撒上白石灰连线。有些绿地的图案

是连续和重复布置的，为保证图案的准确性、连续性，可采用较厚的纸板或帷帐布、帆布等（不用时可卷起来便于携带运输），按设计图剪好图案模型，覆盖在地面上，在其边缘特征点位置钉木桩、撒白石灰连线；如此重复连续进行放样，便可将设计图中所有图案撒放出来。

二、图案复杂的模纹图案绿地放样

对于地形较为开阔平坦、视线良好的大面积绿地，常常设计成图案复杂的模纹图案。由于面积较大，一般设计图上往往已经画好方格线，施工放样时，只需要在实地布设方格网，按照比例放大到地面上即可；对于图案的关键点必须用木桩标记，同时模纹线要用铁锹、木棍划出线痕，然后再撒白石灰线，并将灰线踏实以防雨水冲刷丢失。

三、自然式配置的乔灌木放样

园林树木自然式种植方式不外乎有两种：一是单株的孤植树，即在草坪、人工岛上或山坡上等地的一定范围内只孤独地种植一株树木，其种植位置多表现在设计图案上；二是丛植，即将几株、十几株甚至几十株乔木、灌木配置在一起，树种一般在两种以上，但设计图上只标出了种植范围而未确定具体株位，其种植位置的定点放样方法可视场地情况采用方格网法、距离交会法和极坐标法。

任务实施

一、工具准备

4~5 人为一组，每组配备园林植物种植设计图等资料 1 套，光学经纬仪 1 台，标杆 2 根，钢尺 2 副，记录板 1 块（含距离测量、角度测量等有关记录表），三棱比例尺 1 把，三角板 1 副，量角器 1 个，计算器 1 台，斧头 1 把，铁锹 1 把，木桩、帷帐布或帆布、粗铁丝、白石灰、铅笔等。

二、实施步骤

1. 自然式孤植型、丛植型种植放样

如图 7—21 所示，种植设计图西区内部的树木为自然式孤植、丛植型，可采用方格网法对种植位置进行放样。其步骤如下：

（1）先在种植设计图上按一定比例画出方格，然后在种植现场打出与之对应的方格网。

（2）在设计图上量出各苗木在某方格中的纵、横坐标尺寸。

（3）以控制点或基线为依据，在实地找到与图上相对应的方格，用钢尺放样出相应的实地距离，便得到种植穴的位置或地被物种植范围，最后钉上标有苗木名称的木桩或撒上白石灰线。

2. 规则式行植型种植放样

如图 7—21 所示，种植设计图西区周边及东区园路两侧的树木为规则式行植型，根据实地情况，一般首先用距离交会法测设出行植范围的起点、终点和转折点，然后依照设计株距的大小定出单株的位置，做好标记即可。

园路主干道两侧的行道树，一般要求对称且栽植位置较准确、株距相等。在有路牙的道路上，可根据路牙进行定植点放样；无路牙时则应找出道路中线，并以此作为定点的依据。行道树定植放样时，先用钢尺定出行距，再按设计株距大约每隔 10 株钉一个木桩作为控制标记，并要求与道路另一侧的植株位置一一对应，最后用白石灰标定出每个单株的位置。

3. 规则式片植型种植放样

如图 7—21 所示，在种植设计图东区范围内有规则式的片林，放样时，首先将种植区域的界限在实地标定出来，然后采用矩形或三角形定植法确定种植点位。

（1）矩形定植　如图 7—22 所示，$abcd$ 为一园林树木种植区的边界，种植放样步骤如下：

1）根据种植设计图在地面定出基线 AB，按半个行距、半个株距确定出 a 点位置；作基线 AB 的平行线 ab，然后丈量 ab 并使其长度为行距的整数倍，得到端点 b；在 a 点安置光学经纬仪，作 $ad \perp ab$，且使 ad 为株距的整数倍，钢尺量距确定出 d 点。

2）在 b 点作 $bc \perp ba$，且使 $bc=ad$，得到 c 点；丈量出 cd 的长度并与 ab 进行比较，若相对误差大于 1/1 000，应查明原因予以改正或重新测定。

3）在 ad、bc 线段上量取若干个分段，使每分段的长度为株距的若干整数倍，得到 e、g、f、h 等点。

4）于 ab、gh、ef、dc 等线段上，按设计的行距定出 a_1、a_2、a_3、a_4 等和 g_1、g_2、g_3、g_4 等点。

5）在 ag、a_1g_1、a_2g_2 等和 ed、e_1d_1、e_2d_2 等线段上，按设计株距定出树木各种植点，并撒白石灰作为标记。

（2）三角形定植　如图 7—23 所示，$mnqp$ 为一园林树木种植区域，按设计要求，需要放样出三角形种植点位。

1）首先根据种植设计图在地面定出基线 MN，然后按半个主行距、半个主株距确定出 m 点位置；作基线 MN 的平行线 mn，丈量 mn 并使其长度为主行距的整数倍，得到端点 n；在 m 点安置光学经纬仪，作 $mp \perp mn$，且使 mp 的长度为主株距的整数倍，钢尺量距确定出 p 点。

2）在 n 点作 $nq \perp nm$，并使 $nq=mp$，由此确定出 q 点；丈量 pq 的长度与 mn 进行比较，当相对误差大于 1/1 000 时，应查明原因，重新测定。

3）从 m 点开始，沿 mn 方向按照半个主行距定出点 a、b、c、d 等；从 p 点开始，沿 pq 方向按半个主行距定出 a_1、b_1、c_1、d_1 等点，并连接 aa_1、bb_1、cc_1、dd_1 等线段。

4）在 mp、bb_1、dd_1、ff_1、hh_1、nq 线段上，分别以 m、b、d、f、h、n 点起，按主株距定出各种植点；而在 aa_1、cc_1、ee_1、gg_1、ii_1 线段上，则分别从 a、c、e、g、i 点开始，首先以半个主株距定出第一个种植点，然后再从各自的第一个种植点起，在种植区域按主株距定出其余各种植点，并钉上木桩，写出树木名称。

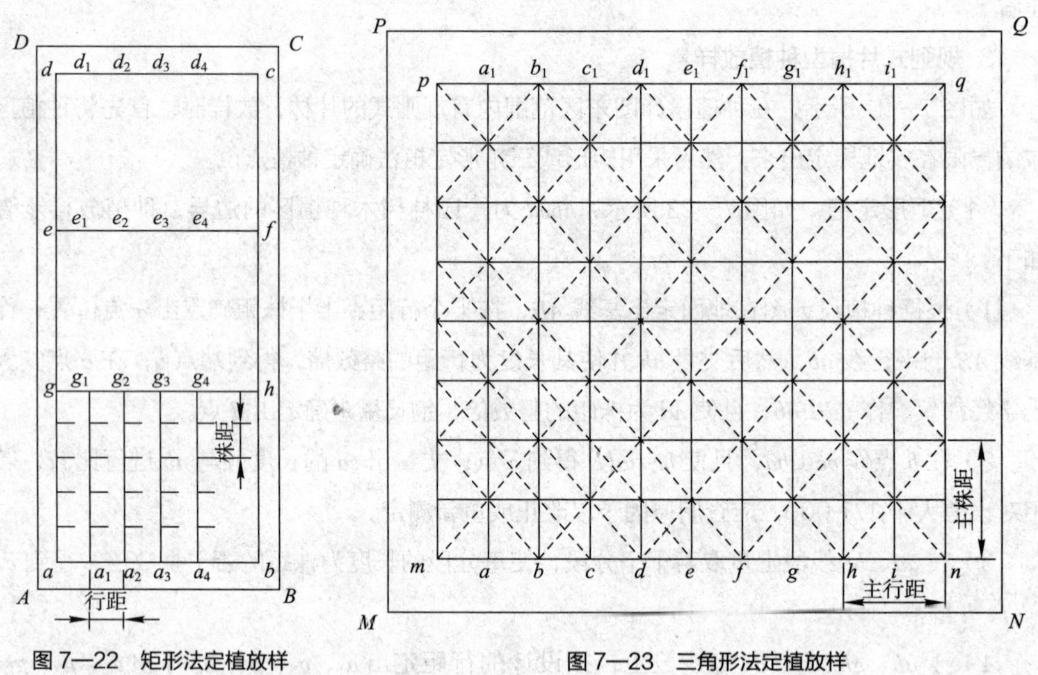

图 7—22　矩形法定植放样　　图 7—23　三角形法定植放样

三、操作注意事项

1. 当园林苗木的规格或实地种植范围临时发生变化时，应在现场依据设计图及时调整放样方案；当种植设计图或基础设施的数量临时改变时，也应对放样方案进行适时调整，以最大限度地体现原种植设计的预期目的。

2. 在自然式种植放样时，对于一些景点及景观带，应根据树形及造景需要确定每株树木的具体位置；在兼顾生态要求及美观的基础上，对于设计图中无固定点的绿化种植，应先用方格法或使用仪器定出栽植范围，然后可采用目测法确定每株树木的位置。

评分标准

序号	项目与技术要求	配分	评分标准	实测记录	得分
1	能识读种植设计图	10	没有完全理解设计意图扣 5 分，识读内容不完整或不准确扣 5 分		
2	会进行自然式孤植型、丛植型种植放样	25	使用的放样方法不当扣 10 分，放样位置不准确扣 15 分		
3	会进行规则式行植型种植放样	25	使用的放样方法不当扣 10 分，放样位置不准确扣 15 分		
4	会进行规则式片植型种植放样	40	矩形法定植放样错误或放样位置不准确扣 20 分，三角形法定植放样错误或放样位置不准确扣 20 分		
			合计得分		

思考与练习

对种植区的范围较大，而测量基准点、控制点准确的绿地，可以利用光学经纬仪放样。如图 7—21 所示，在种植设计图的园路上有 *A*、*B* 两个已知地物点，且实地位置准确、明显，现有一株“垂柳” *C* 需要在地面栽植，其种植点为图中该株苗木图例的中心点，那么，如何利用光学经纬仪采取极坐标法进行种植点放样呢？

课题五

园林建筑工程施工放样

任务一　园林建筑物的定位

任务目标

◇能够识读园林建筑各种设计图样

◇进行园林建筑主轴线的放样

任务提出

识读如图 7—24 所示的总平面图，然后对拟建园林建筑物进行定位。

任务分析

建筑物的构造由各种轴线组成，园林建筑物的定位就是将图 7—24 所示拟建建筑物的外轮廓各轴线交点（简称角点）用坚固的木桩标定于地面上（称为角桩），并在桩顶上钉小铁钉以准确标明点位，这些角点是进行建筑物详细放样的依据。

相关知识

一、园林建筑工程施工放样的任务

园林建筑是园林工程的重要内容，包括亭、廊、榭、厅、阁、斋、轩等游憩设施，餐厅、售票房等服务设施，以及办公室、变电室等管理设施。

园林建筑工程施工放样主要包括园林建筑物主轴线放样、建筑物的详细放样、基础放样和施工放样等，其任务就是按照图样设计的要求，将园林建筑物的平面位置和标高测设到地面上，以便施工。在园林建筑工程放样时，应首先核对各设计图样的尺寸，从图样上了解施工建筑物与相邻地物的相互关系、建筑物的尺寸与施工要求等，然后到现场勘查地物地貌和原有测量控制点的分布情况，并根据设计要求、定位条件、现场地形等因素制定出施工放样方案，准备有关放样资料。

二、园林建筑物放样所依据的图样资料

1. 总平面图

总平面图是表示园林设计范围内各种地物总体布局情况的图样资料，园林建筑物就是根据总平面图上所设计的尺寸关系进行定位的，如图 7—24 所示。从建筑总平面图上查取或计算设计建筑物与原有建筑物或测量控制点之间的平面尺寸和高差，可作为对建筑物总体位置进行放样的依据。

2. 建筑平面图

如图 7—25 所示，建筑平面图上标有建筑物各定位轴线间的总尺寸和内部各定位轴线之间的关系尺寸，是施工放样的基础资料。

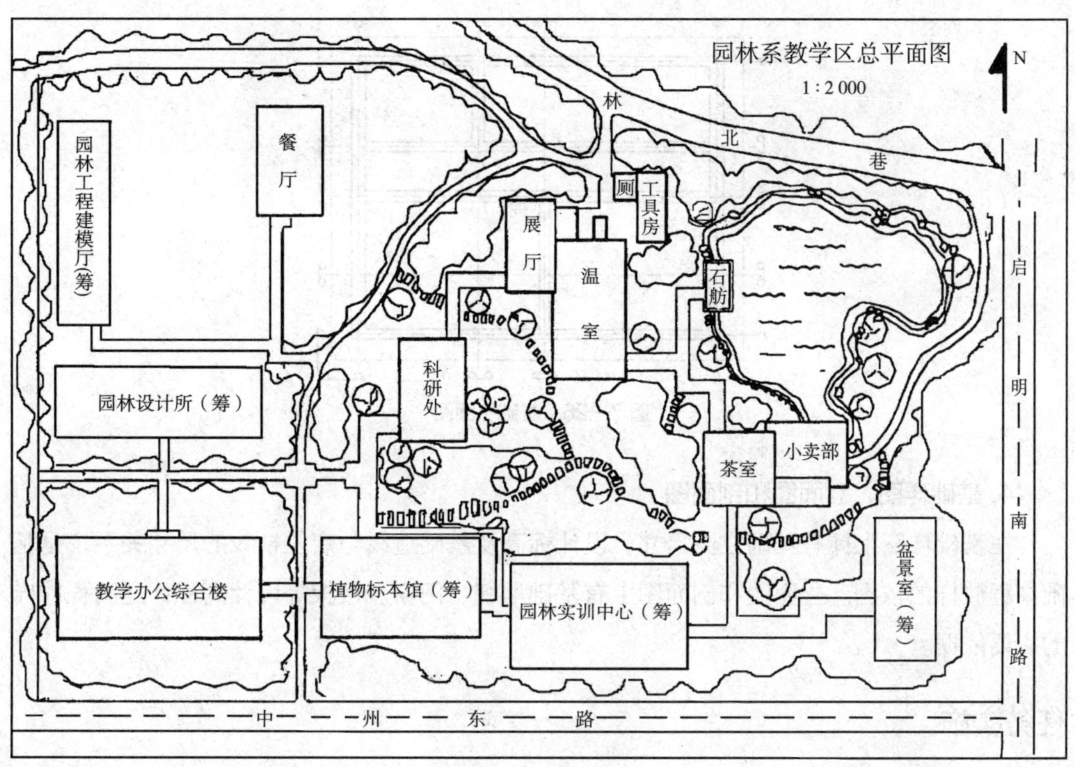

图 7—24　总平面图

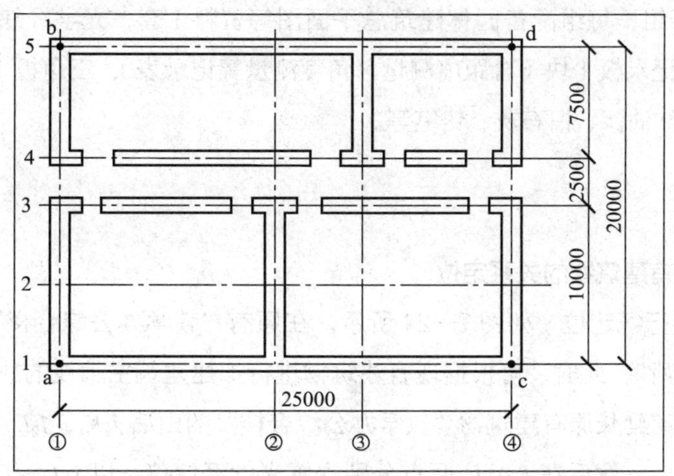

图 7—25　建筑平面图

3. 基础平面图

如图 7—26 所示，基础平面图上有基础边线与定位轴线的平面尺寸，以及基础布置与基础剖面位置的关系，挖基槽的灰线就是根据该图所给尺寸放样的；另外，图上还标有已建建筑和拟建建筑之间的平面尺寸、定位轴线之间的平面尺寸和定位轴线控制桩等。

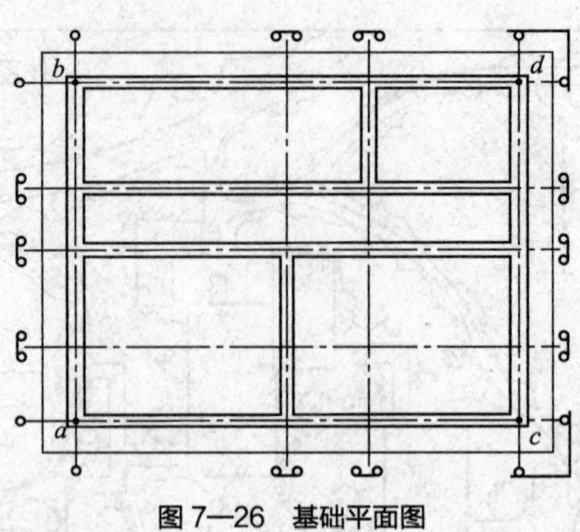

图 7—26　基础平面图

4. 基础详图、立面图和剖面图

在基础详图上标有基础立面尺寸、设计标高及基础边线与定位轴线的尺寸关系，是基础高程放样的依据。立面图和剖面图上有基础地坪、门窗、楼板等设计高程，是高程放样的主要依据。

任务实施

一、工具准备

4～5 人为一组，每组配备园林建筑总平面图等资料 1 套，光学经纬仪 1 台，标杆 2 根，钢尺 1 副，记录板 1 块（含距离测量、角度测量等记录表），三角板 1 副，斧头 1 把，木桩、小铁钉、红油漆、白石灰、铅笔等。

二、实施步骤

1. 根据与现有建筑物的关系定位

（1）利用平行线定位　如图 7—24 所示，在原有“教学办公综合楼”的正北方拟建一座“园林设计所”，此时，可根据现有建筑物进行拟建建筑主轴线的放样。如图 7—27 所示，首先等距离延长原有建筑物“教学办公综合楼”的山墙 J_1K_1、J_2K_2 两条直线，定出 K_1K_2 的平行线 L_1L_2；然后在 L_1、L_2 两点分别安置光学经纬仪，以 L_1L_2、L_2L_1 为起始方向，放样出 90° 角，并按设计图给定尺寸在 K_1L_1 方向上放样出 M_1、P_1 两点，在 K_2L_2 方向上定出 M_2、P_2，从而得到拟建新建筑物“园林设计所”的主轴线。

（2）应用延长直线定位　如图 7—24 所示，在原有“教学办公综合楼”的正东侧拟建“植物标本馆”，可应用延长直线进行拟建建筑的定位。如图 7—28 所示，首先等距离延长“教学办公综合楼”的山墙 J_1K_1、J_2K_2 两直线，定出 K_1K_2 的平行线 L_1L_2；作 L_1L_2 的延长线，在此延长线上依设计图给定的距离放样出 L_3、L_4，然后在 L_3 和 L_4 点安置光学经纬仪，分别以 L_3L_4、L_4L_3 为零方向，放样出 90° 角定出两条垂线，并依设计的尺寸放样出 P_3、M_3 和 P_4、M_4，从而得到拟建新建筑物“植物标本馆”的主轴线 P_3P_4 和 M_3M_4。

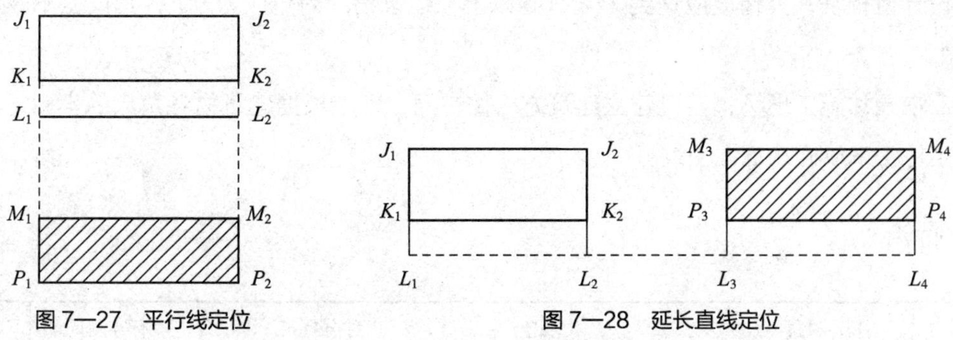

图 7—27　平行线定位　　　图 7—28　延长直线定位

（3）应用相互垂直的直线定位　如图 7—24 所示，在原有“教学办公综合楼”的西北侧拟建“园林工程建模厅”，可应用相互垂直的直线定位。首先，如图 7—29 所示，等距离延长原有建筑物“教学办公综合楼”的山墙 J_1K_1 和 J_2K_2，作出平行于 K_1K_2 的直线 L_1L_2；安置光学经纬仪于 L_1 点，作 L_1L_2 的延长线，丈量出 y 值，定出 Q 点。其次，在 Q 点上安置光学经纬仪，以目标 L_1 为零方向放样出 90° 角的方向，丈量 QP_5 使其等于 x，定出 P_5 点，并依设计的尺寸放样出 P_6 点；最后，在 P_5 和 P_6 点分别安置光学经纬仪，放样出 M_5 和 M_6，便得到拟建建筑物“园林工程建模厅”的主轴线 P_5P_6 和 M_5M_6。

2. 根据现有道路中心线定位

在图 7—24 中，拟建建筑物“园林实训中心”的主轴线与现有道路“中州东路”的中心线平行，此时，可根据现有道路进行建筑物主轴线的放样。如图 7—30 所示，在道路中心线上的 L_5、L_6 安置光学经纬仪，根据设计图上给定的各项尺寸关系，可测设出平行于道路中线的拟建建筑物主轴线 P_7P_8 和 M_7M_8。

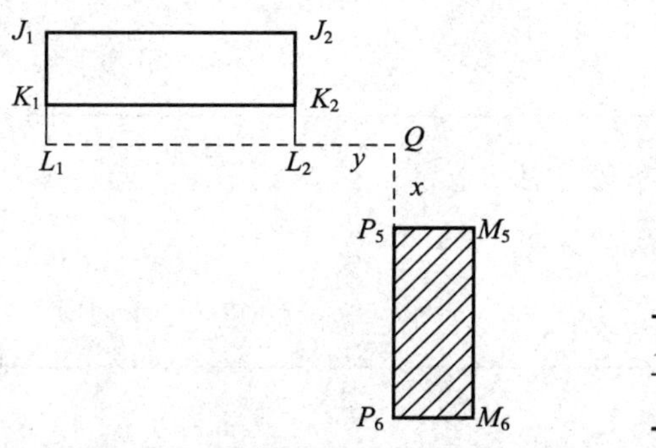

图 7—29　相互垂直的直线定位

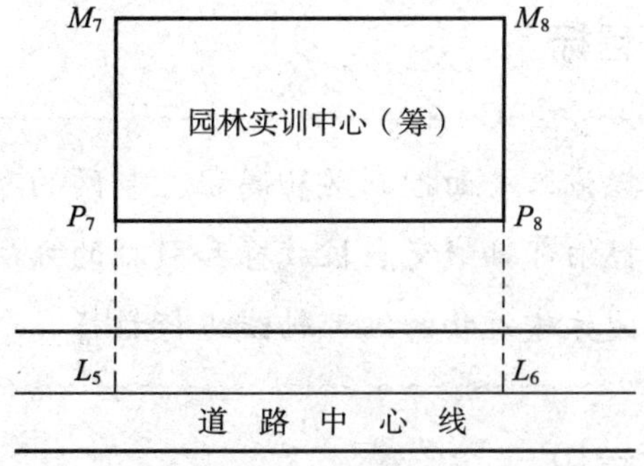

图 7—30　由现有道路测设主轴线

三、操作注意事项

1. 对各项放样均应作出校核，主要是用钢尺实量新建筑物的各边长及各对角线长度是否与设计值相符，其精度应达到 1/2 000 以上；建筑物的内角应为 90°，其误差不应超过 ±40″。

2. 在园林施工现场，若已建立建筑方格控制网，则应根据建筑物各角点的坐标，利用直角坐标法来放样建筑主轴线。

评分标准

序号	项目与技术要求	配分	评分标准	实测记录	得分
1	能根据与现有建筑物的关系进行定位	75	具体定位方法选择不当扣 10 分，放样误差超限全扣		
2	能根据现有道路中心线进行定位	25	放样误差超限全扣		
合计得分					

思考与练习

由城市规划部门批准并经测定的具有法律效用的建筑物边界线，称为建筑红线，建筑红线一般与道路中心线相平行。如图 7—24 所示，拟建建筑物“盆景室”位于已有道路“中州东路”和“启明南路”的交叉口内侧，且建筑物主轴线与建筑红线平行或垂直。试简述利用“建筑红线”定位建筑物主轴线的步骤。

任务二　园林建筑物的详细放样

任务目标

◇掌握施工平面控制网和高程控制网的布设方法
◇掌握细部轴线交点桩放样和引测的方法
◇对园林建筑物的细部轴线进行放样

任务提出

根据如图 7—25 所示的园林建筑平面图，对建筑物进行详细放样，确定其细部轴线交点桩的位置，并对轴线交点桩实施引测。

任务分析

园林建筑物的详细放样，就是根据园林建筑平面图和已经放样出的建筑物主轴线角桩，应用光学经纬仪、钢尺等仪器工具，首先详细放样出建筑物的细部轴线交点，并在交点处打木桩定位，然后挖槽施工；但在施工开挖基槽时，角桩、交点桩往往要被挖掉，为了便于在施工中恢复各轴线的位置，需要再将各轴线引测到槽外安全地点，同时做好标志。

相关知识

由于施工现场土方的大量填挖，在工程勘测阶段布设的测图控制点往往会遭到破坏，因此，施工前应在建筑场地重新建立统一的施工控制网，以供建筑物的施工放样和变形观测等使用。相对于测图控制网来说，施工控制网具有控制范围小、控制点密度大、精度要求高和使用频繁等特点。

一、施工平面控制网的布设

施工平面控制网的布设形式，应根据施工总平面图、施工现场的地形条件和测量仪器的精密程度等综合考虑。施工控制网一般布置成矩形的格网，称为建筑方格网；当建立方格网有困难时，常用导线或导线网作为施工测量的平面控制网；当建筑物面积不大、结构又不复杂时，只需布置一条或几条基线用于平面控制，称为建筑基线。

1. 施工坐标系与测量坐标系的转换

施工坐标系也称建筑坐标系，它与测量坐标系往往不一致，为便于进行建筑物的放样，施工测量前需要进行坐标系的换算。

如图 7—31 所示，xoy 为测量坐标系，$x'o'y'$ 为施工坐标系，（x_0，y_0）为施工坐标系的原点 o' 在测量坐标系中的坐标，α 为施工坐标系的纵轴 $o'x'$ 在测量坐标系中的方位角。

当 P 点的施工坐标为（x'_P，y'_P）时，可按式（7—2）将其换算为测量坐标（x_P，y_P）

$$\left.\begin{aligned} x_P &= x_0 + x'_P\cos\alpha - y'_P\sin\alpha \\ y_P &= y_0 + x'_P\sin\alpha + y'_P\cos\alpha \end{aligned}\right\} \quad \text{式（7—2）}$$

如已知 P 点的测量坐标为（x_P，y_P），则可按式（7—3）将其换算为施工坐标（x'_P，y'_P）

$$\left.\begin{aligned} x'_P &= (x_P - x_0)\cos\alpha + (y_P - y_0)\sin\alpha \\ y'_P &= -(x_P - x_0)\sin\alpha + (y_P - y_0)\cos\alpha \end{aligned}\right\} \quad \text{式（7—3）}$$

2. 建筑基线的布设

建筑基线应邻近建筑物并与其主要轴线平行，以便使用比较简单的直角坐标法来进行建筑物的放样。通常建筑基线可布置成三点直线形、三点直角形、四点丁字形和五点十字形，如图 7—32 所示。建筑基线主点之间应相互通视，边长为 100～400 m，点位应便于保存。

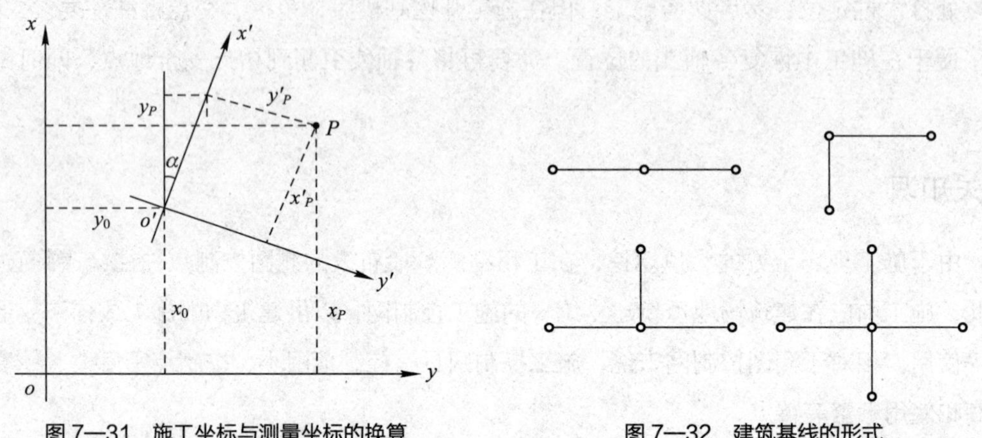

图 7—31 施工坐标与测量坐标的换算　　图 7—32 建筑基线的形式

3. 建筑方格网的放样

（1）建筑方格网的设计　根据建筑设计总平面图上的建筑物和各种管线的布设，并结合现场的地形情况设计方格网。设计时应先定方格网的主轴线，然后设计其他方格点；格网可设计成正方形或矩形，如图 7—33 所示。

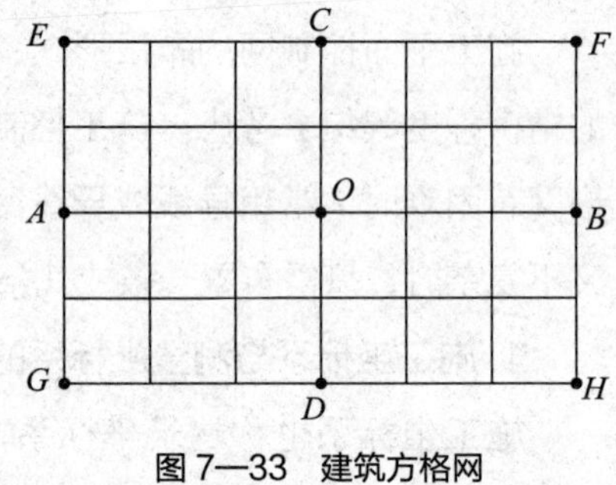

图 7—33 建筑方格网

方格网设计时，要求其主轴线布设在整个场地中部，并与拟建主要建筑物的基本轴线相平行；方格网的转折角应严格成 90°；方格网的边长一般为 100～200 m，边长的精度不低于 1/2 000；方格网的边线应通视，点位标石应埋设牢固，以便长期保存。

（2）建筑方格网主轴线的放样　首先应将测图控制点的测量坐标换算成施工坐标，如图 7—34 所示，N_1、N_2、N_3 为测量控制点，A、O、B 为主轴线点，按坐标反算公式计算出放样元素 β_1、β_2、β_3、D_1、D_2、D_3；然后，用光学经纬仪配合钢尺以极坐标法在地面放样出 A、O、B 点的位置，并用混凝土桩将点位标定下来。由于存在测量误差，放样后的三个主轴线点 A、O、B 有时不在同一条直线上，因此，要在 O 点安置光学经纬仪，精确地测量 $\angle AOB$ 的角值，如果它和 180° 之差超过 ±40″，应进行微小调整，直至 AOB 成为一条直线。

定好 A、O、B 三个主点后，将光学经纬仪安置在 O 点，再放样图 7—33 中与 AOB 轴线相垂直的另一主轴线 *COD*。

（3）建筑方格网的详细放样　在主轴线测定后，需要详细放样方格网。对照图 7—33，在主轴线的四个端点 *A*、*B*、*C*、*D* 分别安置光学经纬仪，每次都以 *O* 点为起始方向，分别向左、向右放样 90° 角，找出方格网的四个交点 *E*、*F*、*G*、*H*。

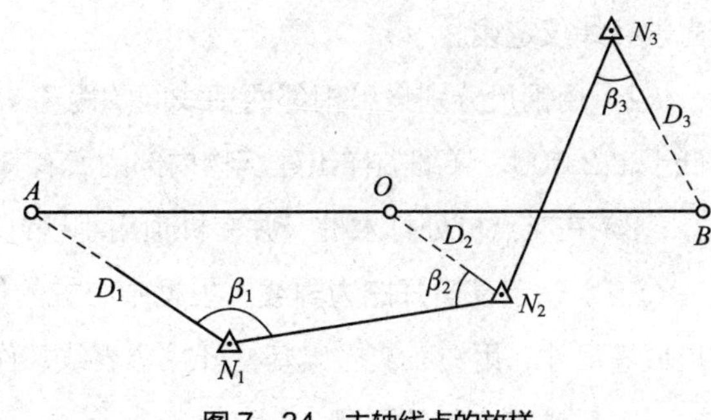

图 7—34　主轴线点的放样

为了校核，要将仪器安置在方格网点上，测量其角值是否为 90°，再测量方格网各边距离是否与设计距离相等，若误差分别在容许范围 ±40″和 1/2 000 以内，可作适当调整直至符合要求。

二、施工高程控制网的布设

高程控制网一般用三、四等水准测量法与国家水准点联测，水准点通常布设在土质坚实、不受振动影响、便于长期使用的地点，并埋设永久标志。水准点的数量应满足测量施工放样的要求，当布设的水准点密度不足时，建筑基线点、建筑方格网点和导线点也可兼作高程控制点。

高程控制一般分两级布设，即布满整个工程测区的基本高程控制和直接为高程放样的加密高程控制。基本高程控制一般采取三等以上水准测量进行观测；加密的临时水准点可以采用四等水准测量观测，其水准点一般选在已经浇筑的混凝土上。

任务实施

一、工具准备

4～5 人为一组，每组配备园林建筑平面图、基础平面图等资料 1 套，光学经纬仪 1 台，标杆 2 根，水准仪 1 台，水准尺 2 根，钢尺 1 副，三角板 1 副，计算器 1 台，记录板 1 块（含距离测量、角度测量、水准测量等记录表），斧头 1 把，木桩、小铁钉、细线绳、细钢丝、红油漆、白石灰、铅笔等。

二、实施步骤

1. 细部轴线交点桩的放样

（1）确定交点桩的位置

1）根据建筑物主轴线放样时已经定位好的外廓各轴线角桩，参照建筑平面图，应用

光学经纬仪定线。

2）用钢尺分别量出相邻两轴线间的距离（钢尺零点端始终在同一点上），量距精度不低于 1/2 000，详细放样出建筑物内部的所有其他各轴线的交点桩（或称中心桩）位置。

3）在交点桩处打木桩，并在桩顶用小铁钉准确定位。

（2）确定基槽开挖边界线　根据中心桩的位置和基础平面图标明的基础宽度、深度及边坡等尺寸，用白石灰撒出基槽开挖边界线，作为开挖基槽的依据。

2. 轴线交点桩的引测

在开挖基槽过程中，由于角桩和交点桩将被挖掉，为了便于在施工中恢复各轴线的位置，应把各轴线引测到基槽外的安全地点，并做好标记。

（1）轴线控制桩的设置　房屋轴线的控制桩又称引桩，在多层建筑物施工中，引桩是向上层投测轴线的依据。目前，施工单位多在基槽外各轴线的延长线上放样轴线控制桩，一般钉在基槽开挖边线 2～4 m 的地方，如果是较高大的园林建筑，间距还应再大一些，如图 7—35a 所示。

1）如图 7—35a 所示，将光学经纬仪安置在角桩或交点桩 6 上，瞄准另一个对应的角桩或交点桩 7，沿视线方向用钢尺向基槽外侧量取 2～4 m，便得到轴线控制桩 5，打上木桩并在桩顶钉上小钉，以准确标志出轴线位置，并用混凝土包裹木桩。

2）采用同样的方法放样出其余的轴线控制桩。若附近有建筑物等，可用光学经纬仪将轴线延长，投影到现有建筑的基础顶面或墙壁上，用红油漆涂上标记代替轴线控制桩，则更为安全。

3）此外，还应将 ±0.000 m 标高在桩上画线标明。

（2）龙门板的设置　除设置轴线控制桩的形式外，在低层、小型的园林建筑中，还常用钉设龙门板的方法来引测轴线。

1）如图 7—35b 所示，根据土质和基槽深度，在建筑物四角和中间定位轴线的基槽开挖线外 1.5～3 m 处钉设龙门桩，桩要钉得竖直并且牢固，桩的外侧面应与基槽平行。

2）根据建筑场地内的水准点，用水准仪将 ±0.000 m 的地坪标高放样在每个龙门桩上，并用红油漆画一横线，如图 7—35b 所示。

3）沿龙门桩上放样的 ±0.000 m 标高线钉设龙门板，使板的上边缘高程正好为 ±0.000 m；若现场条件不允许，也可放样比 ±0.000 m 高或低一整数的高程，放样龙门板高程的容许误差为 ±5 mm。

4）根据交点桩的位置及设计图上建筑物的位置，将光学经纬仪安置在角桩 6 上，瞄准另一个对应的角桩 7，沿视线方向在 7 点附近的龙门板上定出一点，并钉小钉（称轴线钉）标志；倒转望远镜，沿视线在 6 点附近的龙门板上定出一点，也钉小钉标志。

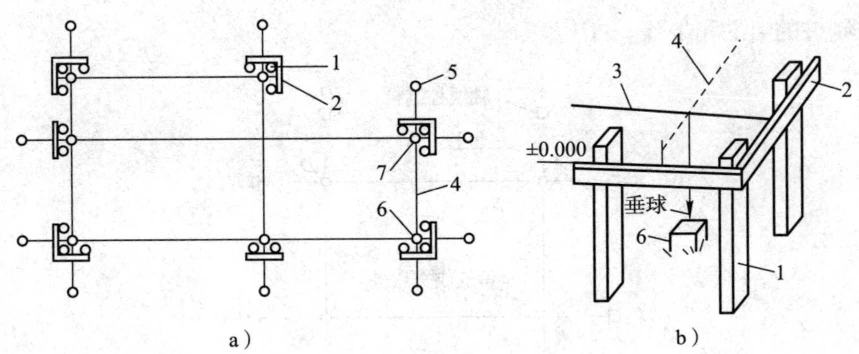

图 7—35　轴线控制桩与龙门板

1—龙门桩　2—龙门板　3—细线绳　4—轴线　5—轴线控制桩　6，7—角桩或交点桩

5）采用同样的方法用光学经纬仪将建筑物墙、柱等各轴线都引测到各相应的龙门板顶面上，并钉小钉标明；在轴线钉之间拉紧细钢丝，可吊垂球随时恢复角桩或交点桩的位置，如图 7—35b 所示。

6）在龙门板顶面将墙边线、基础边线、基槽开挖边线等标定在龙门板上；标定基槽上口开挖宽度时，应按有关规定考虑放坡的尺寸。

7）当园林建筑物的详细放样结束后，就可按设计的基础宽度、深度及边坡，用石灰撒出基槽开挖边界限线。

三、操作注意事项

1. 龙门板常设在建筑物转角和中间隔墙处，便于将来随时寻找建筑物轴线桩。

2. 用机械开挖基础时，一般只放样轴线控制桩而不设置龙门板和龙门桩。

评分标准

序号	项目与技术要求	配分	评分标准	实测记录	得分
1	能进行建筑物细部轴线交点桩的放样	50	交点桩的位置确定不准确扣 20 分，基槽开挖边界线确定不准确扣 20 分，光学经纬仪定线不准或钢尺量距精度超限扣 10 分		
2	能进行建筑物细部轴线交点桩的引测	50	设置轴线控制桩或龙门板方法不当扣 20 分，交点桩引测的位置不合适或不正确扣 30 分		
合计得分					

思考与练习

如图 7—36 所示，*A*、*B*、*C*、*D* 为某拟建园林建筑物轴线的角桩或交点桩，试简述设

置轴线控制桩的目的和步骤。

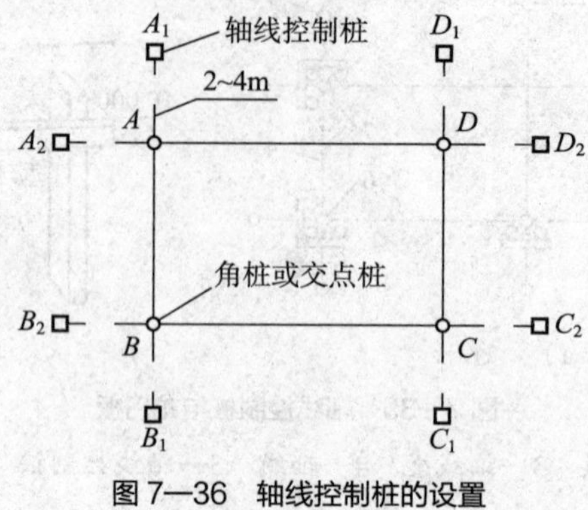

图 7—36　轴线控制桩的设置

任务三　园林建筑的基础与墙体施工放样

任务目标

◇掌握基槽高程放样与控制基础标高的方法

◇掌握墙体定位与控制墙体各部位标高的方法

任务提出

为便于园林建筑工程施工，必须对详细放样后的建筑物进行基础施工放样和墙体施工放样，那么，具体应该如何操作呢？

任务分析

园林建筑物的基础和墙体是建筑的主要组成部分，放样工作尤为重要；当龙门板测设或轴线控制桩放样完成后，即可进行基槽开挖。建筑基础施工放样包括基槽抄平、打基础垫层及投测墙中心线、控制基础标高等工作，而墙体施工放样主要是墙体的定位和控制墙体各部位的标高等。

相关知识

一、基槽开挖深度的控制

如图 7—37 所示，在施工过程中，基槽是根据基槽石灰线破土开挖的，为了控制基槽的开挖深度，当基槽挖到离槽底设计标高 0.4 ~ 0.5 m 时，要用水准仪在槽壁各拐角和槽

壁每隔 3～4 m 处均放样出一个水平的小木桩（水平桩），使木桩的上表面离槽底的设计高程为一固定值，此过程也称为基槽高程放样或基槽抄平。

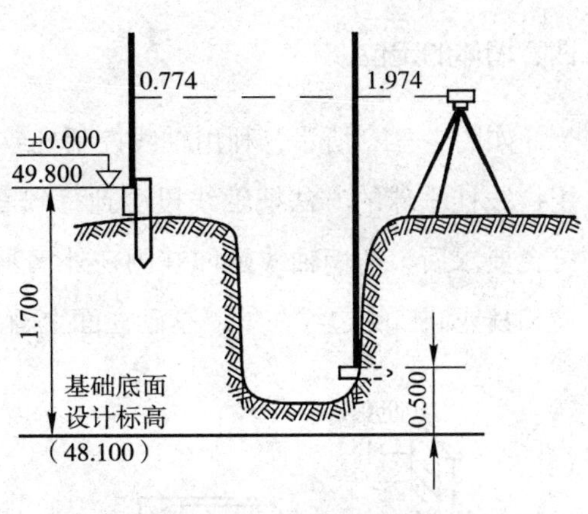

图 7—37　水平桩的放样

二、垫层中心线的投测

基槽开挖完成后，若检查槽底的标高符合要求，可按设计要求的材料和尺寸打基础垫层。垫层打好以后，根据轴线控制桩或龙门板上的轴线钉，用光学经纬仪或用拉线挂垂球的方法把细部轴线投测到垫层上，如图 7—38 所示。基础垫层高程可以在槽壁弹线，或者在槽底钉入小木桩进行控制，也可直接在模板上弹出高程控制线。

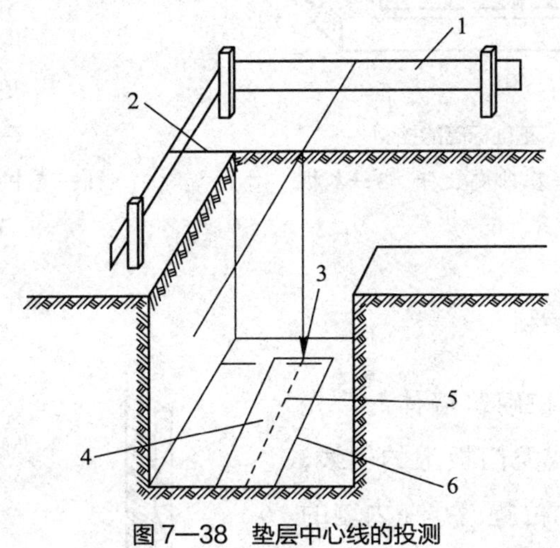

图 7—38　垫层中心线的投测

1—龙门板　2—细线绳　3—垂球　4—垫层　5—墙中心线　6—基础边线

三、基础标高的控制

建筑物基础墙（±0.000 m 以下的砖墙）的高度是利用基础皮数杆来控制的。如图 7—39 所示，基础皮数杆是一根木制的杆子，在杆上事先按照设计尺寸，将砖、灰缝的厚度画出线条，并标明 ±0.000 m 和防潮层等的标高位置。立皮数杆时，可先在立杆处打一木桩，用水准仪在木桩侧面定出一条高于垫层标高某一数值（如 10 cm）的水平线，然后将皮数杆上相同高度的一条线与木桩上的水平线对齐，并用大铁钉将皮数杆与木桩钉在一起，作为基础墙的标高依据。

四、墙体的定位

如图 7—40 所示，利用轴线控制桩或龙门板上的轴线和墙边线标志，用光学经纬仪或用拉线挂垂球的方法把轴线投测到基础面或防潮层上。检查外墙轴线交角是否等于 90°，符合要求后，把墙轴线延伸并画在外墙基础上，作为向上投测高程的依据。同时也把门、窗和其他洞口的边线在外墙基础立面上画出。

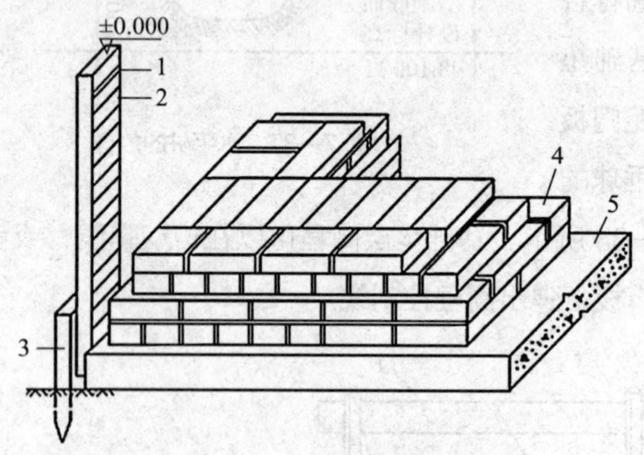

图 7—39 基础标高的控制

1—防潮层 2—基础皮数杆 3—木桩 4—墙身 5—垫层

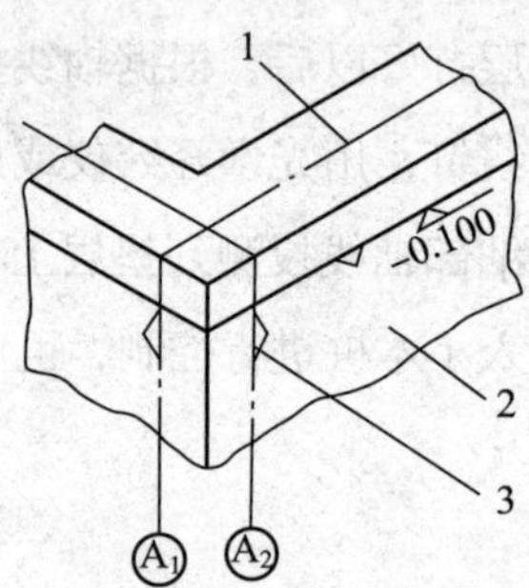

图 7—40 墙体的定位

1—墙中心线 2—外墙基础 3—轴线标志

五、墙体各部位标高的控制

如图 7—41 所示，在砌筑墙体时，先在基础上根据定位桩或龙门板上的轴线，弹出墙的边线和门洞的位置，并在内墙的转角处和隔墙处竖立墙体皮数杆，且每隔 10～15 m 立一根。墙体皮数杆是根据建筑物剖面图，标有每皮砖和灰缝的厚度，并注明墙体上窗台、门窗洞口、过梁、雨篷、圈梁、楼板等构件高度位置的专有木杆，是砌墙时掌握高程和砖缝水平的主要依据。在立墙体皮数杆时，要用水准仪测定皮数杆的标高，使皮数杆的 ±0.000 m 标高与室内地坪标高相吻合；墙体的竖直则可用垂球进行校正。

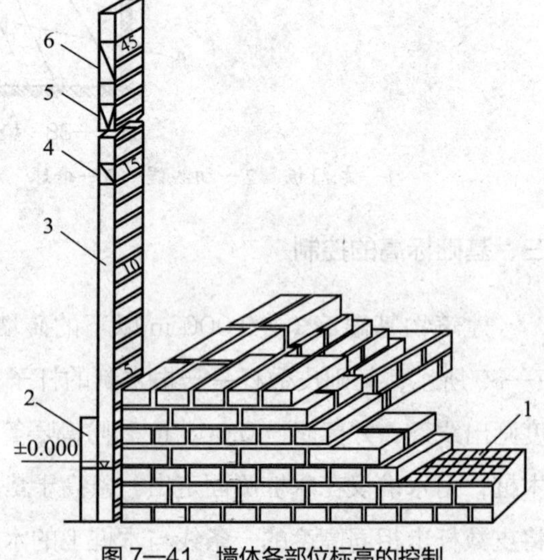

图 7—41 墙体各部位标高的控制

1—防潮层 2—木桩 3—墙体皮数杆 4—窗口出砖 5—窗口过梁 6—楼板

六、上层楼面轴线的投测

在多层园林建筑施工中，需要把底层轴线逐层投测到上层，作为上层楼面施工的依据。

1. 吊锤球法

用较重的垂球吊在楼板或柱顶边缘，当垂球尖对准基础墙面上的轴线标志时，垂线在楼板或柱顶边缘的位置即为楼层轴线端点的位置，并画线标志；采用同样的方法投测其他轴线端点。该法简便易行，但投测误差较大。

2. 经纬仪投测法

为提高投测精度，在建筑施工过程中，常用光学经纬仪将轴线投测到各层楼板边缘或柱顶上。投点时仰角不要过大，因此，要求光学经纬仪到建筑物的水平距离大于建筑物的高度，否则应采用盘左、盘右延长直线的方法将轴线向外延长，然后再向上部投点。

任务实施

一、工具准备

4～5 人为一组，每组配备光学经纬仪 1 台，水准仪 1 台，标杆 2 根，水准尺 2 根，钢尺 1 副，垂球 1 个，三角板 1 副，计算器 1 台，记录板 1 块（含水准测量等有关记录表），斧头 1 把，墨线斗 1 只，基础皮数杆、墙体皮数杆、木桩、铁钉、细线绳、细钢丝、红油漆、铅笔等。

二、实施步骤

1. 基础施工放样

如图 7—37 所示，基槽槽底的设计标高为 -1.700 m，若水平桩的标高比设计槽底高 0.500 m，则基础施工放样按如下步骤进行：

（1）安置水准仪于基槽旁，将一根水准尺立于龙门板顶面上作为后视，进行基础抄平；精确调平水准仪，读取后视读数为 0.774 m。

（2）求出前视读数为 0.774+1.700−0.500=1.974 m。

（3）将另一根水准尺立于基槽内一侧并上下移动，直至水准仪读数为 1.974 m，然后在尺底面的槽壁处打入木桩即水平桩。

（4）沿水平桩的上表面拉上线绳，将它作为开挖基槽、清理槽底和打基础垫层的依据。

（5）在垫层上用墨线弹出墙中心线和基础边线，以便砌筑基础。

2. 墙体施工放样

基础施工完成后，在基础面或防潮层上，利用墨线进行墙体的弹线定位，作为砌筑墙体的依据。当墙体的边线在基础上弹出后，就可以根据其边线和墙体皮数杆砌墙。

（1）如图 7—41 所示，在墙拐角处打一木桩，用水准仪在木桩上放样出 ±0.000 m 高程位置，并画一横线作为标志，其测量容许误差为 ±5 mm。

（2）把墙体皮数杆上的 ±0.000 m 线与木桩上 ±0.000 m 线对齐，并用铁钉钉牢。

（3）用水准仪检测墙体皮数杆的标高，并用垂球校正皮数杆的竖直状态。

（4）把光学经纬仪安置在轴线控制桩上，后视首层墙底部的轴线标志点，用盘左、盘右取平均值的方法，将轴线投到上层楼板边缘或柱顶上。

（5）当各轴线投到楼板上之后，用钢尺实量其间距作为校核，其相对误差不得大于 1/2 000，经校核合格后，可开始进行第二层的施工。

三、操作注意事项

1. 基槽内水平桩常根据现场已测好的 ±0.000 m 或龙门板顶标高测设，高程测量容许误差为 ±10 mm。

2. 基础施工结束后，要对龙门板或控制桩位置进行核对，并检查基础面的标高是否符合设计要求。

评分标准

序号	项目与技术要求	配分	评分标准	实测记录	得分
1	能进行基础施工放样	50	基槽开挖深度控制不当扣 20 分，在基槽的垫层上投测墙中心线不准确扣 20 分，基础皮数杆使用不正确扣 10 分		
2	能进行墙体施工放样	50	墙体的定位不符合要求扣 20 分，墙体皮数杆使用不正确或墙体各部位标高控制有误扣 20 分，对建筑物的上层楼面轴线投测错误扣 10 分		
合计得分					

思考与练习

如图 7—42 所示，已知水准点 BM_A 的高程为 150.128 m，基槽坑底设计标高为 145.263 m，现欲在离坑底高 0.500 m 处设置水平桩 B，首先在基槽坑边沿选择一个转点 C，将水准仪安置在 BM_A、C 两点之间，后视读数为 1.308 m，前视读数为 2.131 m；然后把水准仪搬入基槽坑内设站，用水准尺在转点 *C* 上立倒尺，即水准尺的“0”与 *C* 桩的上表面齐平，其后视读数为 1.689 m，当在水平桩 *B* 上立水准尺时，试问，水准仪在 *B* 点处的前视读数应为多大，尺底才是设置水平桩的位置？

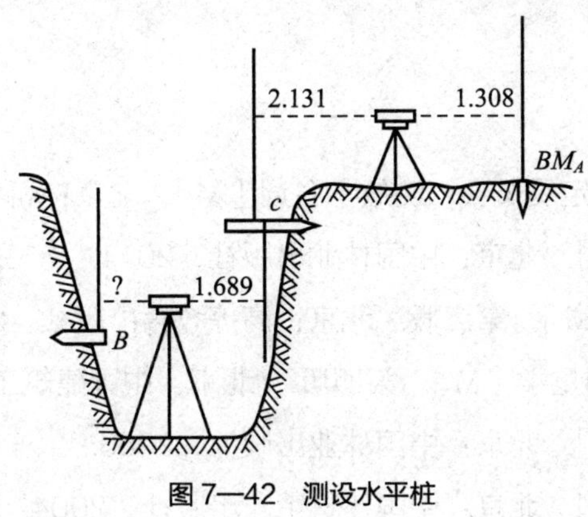

图 7—42　测设水平桩

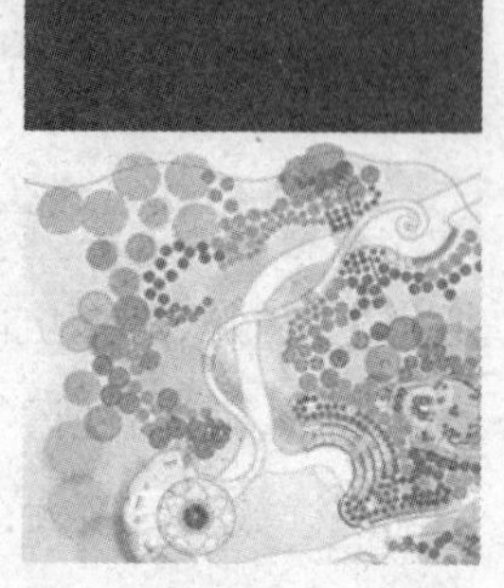

参考文献

全国科学技术名词审定委员会. 测绘学名词［M］. 北京：科学出版社，2010.

陈涛. 园林测量［M］. 北京：中国林业出版社，2014.

郑金兴. 园林测量［M］. 第二版. 北京：高等教育出版社，2014.

合肥工业大学等. 测量学［M］. 第四版. 北京：中国建筑工业出版社，1995.

李秀江. 测量学［M］. 北京：中国林业出版社，2003.

陈学平. 测量学［M］. 北京：中国建材工业出版社，2004.

林致福，王云江. 市政工程测量［M］. 北京：中国建筑工业出版社，2003.

李生平. 建筑工程测量［M］. 北京：高等教育出版社，2002.

冷超群，余翠英. 建筑工程测量［M］. 南京：南京大学出版社，2013.

陈正耀，李梅. 土木工程测量［M］. 北京：高等教育出版社，2014.

刘绍堂. 控制测量［M］. 郑州：黄河水利出版社，2007.

董晓华，赵建民. 园林规划设计［M］. 第二版. 北京：高等教育出版社，2015.

刘玉华. 园林工程［M］. 北京：高等教育出版社，2015.

陈科东. 园林工程技术［M］. 北京：高等教育出版社，2012.

徐绍铨，张华海，杨志强，等. GPS 测量原理及应用［M］. 第三版. 武汉：武汉大学出版社，2008.